# 电力系统应用与新能源发电技术

迟兴江　谢　祥　田　虎　主编

黄河水利出版社

·郑　州·

**图书在版编目(CIP)数据**

电力系统应用与新能源发电技术/迟兴江,谢祥,
田虎主编. —郑州:黄河水利出版社,2024.2
ISBN 978-7-5509-3843-4

Ⅰ.①电… Ⅱ.①迟… ②谢… ③田… Ⅲ.①电力系
统-研究 ②智能控制-电网-研究 Ⅳ.①TM7 ②TM61

中国国家版本馆 CIP 数据核字(2024)第 050249 号

**电力系统应用与新能源发电技术**

审稿:席红兵 14959393@qq.com

责任编辑 陈彦霞 责任校对 鲁 宁
封面设计 张心怡 责任监制 常红昕
出版发行 黄河水利出版社
地址:河南省郑州市顺河路 49 号 邮政编码:450003
网址:www.yrcp.com E-mail:hhslcbs@126.com
发行部电话:0371-66020550、66028024
承印单位 河南新华印刷集团有限公司
开 本 787 mm×1 092 mm 1/16
印 张 14.75
字 数 340 千字
版次印次 2024 年 2 月第 1 版 2024 年 2 月第 1 次印刷

定 价 72.00 元

# 《电力系统应用与新能源发电技术》
# 编委会

# 前　言

现代社会对电力的依赖，决定了电力系统在国民经济中的地位，社会对电力系统运行的稳定性、安全性、经济性和可靠性要求也越来越高。现代的电力系统规模巨大、装备先进，运行管理离不开技术先进、功能完善的自动化系统。因此，电力系统自动化是电力系统中的重要环节。随着经济社会的发展，电力系统自动化在现代电力系统运行管理中的作用越来越重要，其发展趋势是在电力系统的各个方面实现自动化技术的综合。目前，电力系统自动化正在向着功能更加强大的、更高层次的综合自动化技术方向发展。同时，电力系统学科也得到更新、丰富与发展，对电力技术工作者的要求也越来越高，各电力部门亟须大量的既懂电力知识又懂计算机、通信技术等方面的综合型人才。

进入 21 世纪，我国新能源发电技术研究取得了巨大进展，在新能源领域取得了惊人的成果，新能源发电机组装机容量迅速增长，一跃成为世界新能源产业大国。然而，由于我国新能源资源与用电需求的逆向分布、新能源接入电网的电能质量与电网强度较差，以及新能源本身具有不规律性与波动性等因素，新能源机组大规模并入电网也给电能质量乃至电网安全带来了一定的挑战。为了解决相关问题，已有国内外学者做了大量有价值的研究，提出了较为成熟的分析方法、理论体系与解决方案，相关领域包括但不限于锁相同步技术、不平衡及谐波电网下的新能源发电机组运行与控制技术、储能技术、并网运行稳定性分析及治理方法等，这些理论都对提高新能源发电电能质量、提高新能源消纳能力、促进新能源产业的进一步发展做出了重要贡献。

与此同时，消耗化石能源所带来的环境污染问题，也在影响着我国人民的生活质量。因此，为应对能源危机与环境污染问题，实现可持续发展，需要大力发展以风力发电与光伏发电等新能源发电技术为主的相关产业。这不仅是整个能源供应系统的有效补充手段，也是环境治理和生态保护的重要措施，是满足人类社会可持续发展需要的必然选择。

本书围绕"电力系统应用与新能源发电技术"这一主题，以电力系统自动化基本技术为切入点，由浅入深地阐述了电力系统自动化系统、高压架空输电线路施工关键技术与智能化应用，并系统地分析了电力系统自动化与智能电网理论、火电厂自动化控制、新能源发电技术等内容，以期为读者理解与践行电力系统应用与新能源发电技术提供有价值的参考和借鉴。本书内容翔实、条理清晰、逻辑合理，兼具理论性与实践性，适用于从事相关工作与研究的专业技术人员。

限于作者的能力和水平，且新能源发电技术正处于快速发展阶段，本书内容难免存在疏漏和不妥之处，欢迎广大读者不吝批评指正。

作　者

2024 年 1 月

# 目　录

# 第一章　电力系统自动化基本技术

## 第一节　基于 PLC 的电力系统自动化设计

### 一、PLC 概述

PLC 作为一种可编程的控制器,属于现代电力系统中最新型的控制器,是以计算机技术为基础开展的。多数 PLC 技术是一种以大规模集成电路和生产工艺而形成的装置,电路自身就有较高的可靠性,可以在工作时更好地保证其处于无故障状态。PLC 系统具有较强的自动检测功能,如果硬件在使用过程中出现了故障,则可以在第一时间保证系统的可靠性。

### 二、PLC 技术的优点

PLC 技术既是一种可以进行编程的逻辑控制器,更是一种常用的存储器。目的是通过以计算机技术为基础,在存储器内部进行运算、顺序控制和计数指令来借助模拟数字进行输出和输入,从而有效地控制整个机器设备的控制过程。在实际使用时,PLC 技术表现出如下几点优点:第一,PLC 技术显得非常简单,普通的电力工人并不需要直接掌握编程语言就可以更好地了解电子电路,实践中也不需要全面了解整个电子电路就可以实现对继电器的编程。第二,整个 PLC 控制器内部含有不同类型的产品,可以在生产中满足各类要求。此外,PLC 技术拥有非常强大的运算能力,在数字领域被广泛应用。第三,PLC 技术的可靠性较高,实际生产的工艺也非常严格。例如,较为先进的控制器可以实现长时间的无障碍工作。第四,常规的 PLC 存储器可以在较短的时间内被更好地维护,使得系统安装和维护过程变得更加方便。

### 三、基于 PLC 的电力系统自动化设计的现实意义

#### (一)有效增大电力系统自动化设备的存储量

PLC 作为计算机技术中的一项主要技术,在其编制过程中具有独立存储器,以及很强的存储功能。电力系统自动化设计中通过运用 PLC,不但能够实现对系统数据信息的实时存储,而且能够依据用户个性化需求对相应信息进行快速、高效地记录和存储,可以为设备故障提供完整、有效的数据参考,为电力系统自动化设备检修工作提供参考数值,

增大了电力系统自动化设备的存储量。

## (二)促使电力系统向智能化方向发展

传统的电力系统设备在运行过程中,因为未引入 PLC 这一技术,工作效率低、设备发生故障的概率高、智能化水平不高,现如今,将 PLC 技术运用于电力系统设备运行中,切实做到了自动化操控,使得 PLC 技术在行业领域内得到广泛运用。以 PLC 技术为核心,坚持科学化监管,充分利用 PLC 技术对系统、设备产生的数据进行实时记录、实时分析及整合,确保了故障问题处理的及时性,更好地保证了系统数据传输的准确性。

# 四、基于 PLC 的电力系统自动化设计重点

## (一)基于 PLC 的电力系统硬件设计

设计电力自动化硬件系统时,需对自动化控制系统应用的功能需求进行分析,秉承科学化、实用性等基本原则,强化自动化系统的硬件结构设计。将供电区域以模块形式划分为多个供电单元,以 PLC 为核心。运用传感器采集电力信号,便于对电力输入系统信息进行实时监测及控制,设计人员将上位机与 PLC 一起接入供电网内部,进行有效的地址配对,这种设计可以为电力系统工作人员提供参考数据。借助虚拟网络对各个电力设施设备进行远程控制,同时可以对相应供电体系进行整体操控。远程移动通信设施与电力设备一起接入自动化控制装置上,依托自动化装置进行无线访问操作,通过通信服务功能对电力系统进行实时预警和维护。

输入电路设计:供电电源为 AC85-240V,为提高输入电路的抗干扰功能,及时加设隔离变压器、电源滤波器等净化元件,将线圈屏蔽层接入 PLC 输入电路接大地,采取双层隔离措施提高其抗干扰性能。

输出电路设计:严格按照标准化流程操作,采用晶体管输出方式启动和停止各种变频器、数字直流调速器、指示灯。以高频动作确保系统响应时间较短,以简单化的输出电路增强整个自动化系统的负载能力。当直流感性负载时应及时接入续流二极管;交流感性负载时并接浪涌吸收电路,保护 PLC 控制系统的安全性、可靠性。

## (二)基于 PLC 的中央处理器设计

设计中央处理器之前先考虑其功能:接收与存储用户由编程器送入的程序及数据信息;检查编程环节语法方面的错误,诊断 PLC 运行中的故障;以扫描形式工作,同时接收来自现场的输入信号,并将其快速输入至数据存储器;执行用户程序,完成用户程序规定的运算、数据处理等相应操作;依据运算结果刷新输出映像系统内容,由输出部件实现打印制表、数据通信等多项功能。

设计中央处理器时,第一步:考虑 PLC 系统选型,以自动化技术运用需求为主,在软件实际设计要求的基础上,及时明确中央处理器的性价比,出于运行可靠性考虑,选用 S7-300 的中央处理器,内置 80 kB RAM 和 20 kB BEEPROM,数据处理中通过加入 1 024

个处理点数模拟 128 个 I/O 通道;第二步:将该处理器与以太网络连接起来,形成自动化切换双加工模式,运用中央处理器进行编程操作,可以达到 4 倍频处理效果。

### (三)基于 PLC 的电力系统自动化软件设计

(1)基于 PLC 的自动化采集模块设计。自动化采集模块设计中,运用 AD603 芯片,同时借助 PLC 系统设计自动化采集模块的编程及加工。电力设备采集信息时,先全面分析电力设备有关信息的状态,以此确定运行状态下的配置节点,依据信息采集情况确定故障区域,然后记录故障信息,设备待机状态下,运用 PLC 改进模块采集系统,完成初始化设计。

(2)基于 PLC 的自动化控制数据库设计。设计人员依据自动化采集模块提供的设备登录名称、设备类型、运行状态、设备型号、故障信息、检修信息、耗电量等数据,开展系统登录信息整合活动,对这些数据进行综合化处理,使其成为自动化系统的初始化信息,这样设计可以缩短排查电力系统故障的时间,尽可能地降低电力设备自动化故障的发生概率。

## 五、基于 PLC 的电力系统自动化设计细节

### (一)确定自动化系统的规模

设计人员依据生产工艺流程确定自动化系统规模大小,同时将其分为大、中、小这三种规模。大规模自动化系统:生产过程是大规模控制、自动化网络控制、DCS 系统,选用具备智能控制、中断控制、函数运算、数据库、通信联网等功能的 SIEMENS S7-400;中规模自动化系统:生产过程涉及逻辑控制和闭环控制这两个方面,选用具有模拟量控制功能的 SIEMENS S7-300;小规模自动化系统:生产过程是条件控制、顺序控制,以开关量为主,选用 SIEMENS S7-200。

### (二)确定自动化系统模拟量类型

PLC 处理模拟量的过程为:传感器采样—变送器和 A/D 转换器量化—PLC 处理—D/A 转换器模化—输出至执行器。PLC 控制模拟量系统特点表现为:以增加 A/D 转换位数的方式提高控制精度;为避免信号失真,需及时调整采样频率;PLC 的采样、量化、模化、输出等过程都具有较高的准确性、快速性、稳定性;PLC 自动化系统具有抗干扰能力强的优势。设计人员根据被控对象的复杂程度,及时统计电力系统模拟量、数字量,估计内存容量,及时了解软硬件资源的余量,根据 PLC 输出端所带负载、动作频率确定输出方式,保证自动化系统稳定运行。

### (三)电力设备耗电量计算和程序误差设计

计算耗电量是电力系统自动化设计过程的关键任务,对电力设备耗电量的计算关乎电力系统运行状态。利用 PLC 对电力设备耗电量进行自动化计算,由此获得电量额定值,可以有效调整实际耗电量,实现对电力系统设备的自动化操控。系统程序误差消除设

计环节,以降低设备消耗值为主要目标,需要借助专业技术进行误差处理,及时关注耗电量偏高问题,认真分析电力设备与自动化系统间的抗震效应,及时了解抗震电压增加后引起的谐振补偿误差,将电力系统自动化运行中的误差降至最小,切实发挥自动化控制误差的功能。

### (四)确定 PLC 的编程工具

PLC 的编程有手持编程器编程、图形编程器编程、计算机软件编程这三种方式,手持编程器编程常用于用量小、系统容量小的情况中,具有明显的易于调试的优势;图形编程器编程采用梯形图编程,这种编程器价格较高,常用于中档 PLC 及微型 PLC;计算机软件编程的特点为价格高、效率高、开发价格昂贵。

## 六、基于 PLC 的电力系统自动化设计测试及控制方式

### (一)基于 PLC 的电力系统自动化设计测试

对电力系统进行自动化设计后,为保证其最佳的使用效果,应及时进行测试,做好相应系统的测试及硬件调试工作。首先,对芯片进行调试,严格按照规范化流程安装芯片后进行电能测试,接口指示灯均亮起,这表明各个接口可以正常投入使用;其次,对芯片进行试运行,将电力设备信号及时传送至自动化采集模块中,保证硬件系统可以正常使用;最后,安装中央处理器之后,及时处理中央处理器数据,在额定电压一定的前提下,分析自动化控制装置是否具备 4 倍频处理功能,这个标准作为中央处理器调试效果的判断依据。登录自动化系统输入用户名和密码后直接跳至自动化操作界面,经过相关调试,软件系统处于正常运作状态,如输入用户名和密码后退出界面,系统显示重新进入,表明软硬件系统调试异常。

### (二)基于 PLC 的电力系统自动化控制方式

(1)顺序化控制。电力系统自动化控制中,顺序化控制是最典型的一种方式,将 PLC 应用于电力设备顺序化控制过程中,可以有效降低设备损耗和能源损耗,确保电力系统自动化装置安全运行。顺序化控制在 PLC 运作环节的作用不可小觑,将 PLC 与顺序化控制深度融合,使其具有较高的应用价值,尽可能地提高电力系统自动化运作水平。

(2)分散性控制。分散性控制是电力系统自动化设计中需要考虑的一个重点方向,是由分散控制构成的 PLC 控制装置。为提高自动化设计效果,及时分析电力信号对自动化设计产生的影响,并积极掌握 PLC 自动化设计要点,以实现对电力设备的灵活性操控,提高其分散性控制能力。

(3)闭环式控制。闭环式控制现阶段在电力系统自动化改革中得到广泛运用,泵类电机是闭环式控制的一种目标,常见的方式有机旁手启动、现场控制启动等,不同类型电机的控制方式呈现自动保护、针对性等特点,目前在电力系统自动化设计工作中具有重要作用。

# 第二节　电力系统自动化与智能技术

## 一、电力系统自动化的意义与智能技术

在电力系统自动化过程中应用智能技术,对电力行业的发展起到进一步的推动作用。因此,电力系统自动化与智能技术的相关概念,是研究电力系统自动化中智能技术过程需要了解的第一个问题。

### (一)电力系统自动化的意义

电力系统自动化(power system automation)是经过时代的不断发展和科技的不断进步而产生的,主要依靠人来保证整个电力系统在控制传统电力系统的稳定运行。中华人民共和国成立初期,我国的社会生产处于较低的水平中,人们对于电力的需求较少,所以依靠人力运转的电力系统就足够维持人们的生产生活用电量。但是,随着我国社会生产水平的不断提高、经济水平的不断发展,对电力的需求也越来越大,这使得整个电力行业发展迅速,输电网络在不断地扩张,变电站与发电站的数量也在不断地增加,传统的人力运转电力系统已经无法满足现代社会发展的用电需求,而电力系统自动化就是在这样的背景下诞生的。这一技术研发的目的就是摆脱传统的人力运转电力系统,实现电力系统的自动化运行,进一步提高电力行业的供电效率。

电力系统自动化是指应用自动化技术在电力系统控制过程中对系统进行管理,从而实现变电、发电以及电力调控系统等装置与系统的智能化控制与管理,进一步提升电力系统自动化控制水平。实际上,电力系统自动化是一个动态的管理系统,是应用计算机在整个系统实际运行过程中对其进行控制和管理,有效地协调系统中各个部分之间的工作,从而使得整个系统中的每个部分都能稳定运转。并且,电力系统自动化中运用的技术非常多,大家比较熟知的技术有网络信息技术、计算机技术、智能技术、数据库技术以及云计算技术等,正是这些技术,支撑着电力系统自动化的发展,而这些技术的应用,也是目前我国电力系统自动化应用的主要技术。

不仅如此,许多的新兴技术也被逐渐应用到电力系统自动化当中,如大数据技术、物联网技术等。越来越多先进技术的加入,不仅可以使电力系统自动化程度进一步提高,而且可以对电力系统实现有效控制,使其能够进行更复杂的操作,加强了对于电力系统的控制与管理能力,保障社会生产与居民生活用电的稳定。

### (二)智能技术概述

在这个阶段,随着科技的不断发展,越来越多的新技术被研发和使用,例如:Internet技术、网络信息技术和物联网技术等;而智能技术则是由许多技术产生的,例如:网络信息技术、计算机技术等。智能技术就是让机械模仿人的行为与思考方式进行工作,并可以将这项技术应用到各项需要人工操作管理的工作当中,取代人工生产,提高生产效率,并且

还具有一定的学习能力、模仿能力以及适应能力，从而可以更加出色地完成工作。从现阶段电力系统的布局和实际使用情况来看，影响因素众多，而正是如此多的影响因素，使得电力系统在实际运行过程中，需要对系统的各种能力进行定义，如电力传输网络、电力能源调节等，只有这样才能在电力系统自动化中实现智能技术的应用，才能确定系统是否可以进一步提高相应的效率，才能够对电力系统中的数据参数进行收集，再依靠这些数据与参数对电力系统进行调整。运用智能技术的电力系统这方面的性能要远远优于传统的电力控制系统，因为运用智能技术能够及时地对系统进行控制与反馈。

此外，智能技术还能够及时地发现电力系统自动化系统中存在的一些问题与缺陷，并提供合理的解决方案，进一步提升电力系统的稳定性以及电力设备的运行效率。并且，智能技术的应用能够更好地解决系统中存在的不确定性，并且计算机技术的应用能够对系统中的数据信息进行精确地控制。现阶段，我国电力系统自动化过程中普遍采用了智能技术，为进一步保障电力系统的稳定运行，满足社会发展和居民生活用电需求的电力系统自动化控制范围也在不断加大，这一技术仍在不断优化。

## 二、应用智能技术的电力系统自动化过程

### （一）电力监控技术

电力系统自动化过程中有很多智能技术的实际应用，电力监控技术是其中最重要的一环。电力监控技术中检测功能所发挥的作用，起到了良好的辅助作用，在研究与应用监控技术的检测功能以及实际的应用效果上有着非常重要的意义。而对于电力系统中的站控层设备以及一些对应的功能作用来讲，是基于传统的变电站升级过来的，其本身就具有较强的规范统一性，又经过了一系列的整合处理，使得智能技术在站控设备中的操作更加规范合理。尽管如此，电力系统在应用过程中仍然有着非常庞大的数据信息需要采集与处理，而电力系统所应用的数据传输技术受到了一定的限制，同时调度管理以及通信技术自身的信息处理能力等存在局限性，这些都产生了一定的影响，使得在实际运行过程中，系统不能对数据信息进行有效的实时传输，这也就是在电力系统中应用数据传输技术的原因。而这个问题一旦无法得到有效的解决，经过长久的积压就会直接对整个电力系统的运转水平带来影响，并且对于电力企业的宣传与推广工作都是十分不利的。在电力系统的监控中应用智能技术，能够极大地提高监控效率，及时发现系统中出现的问题，从而既有利于电力系统自动化的发展，又能为电力企业带来较高的经济效益。

### （二）人工神经网络专家系统

只要在电力系统中建设能够使电力设备通过系统程序完成自动化运行效果的人工神经网络专家系统，就可以有效解决由于人工操作设备而产生的误差问题。人工神经网络专家系统的研究与使用，能够为电力操作体系提供更为强大的知识储备，因为这一系统本身所具有的数据信息基本涵盖了电力系统自动化控制的全部数据信息，从而为该系统在电力系统自动化过程中实现智能化的控制运行提供有力的数据支持。电力系统自动化控

制系统建设将得到进一步推进。

## （三）人工智能技术

人工智能技术在电力系统中的应用，主要是解决电力系统自动化过程中出现的故障问题，研究应用方向也是如此。在传统的电力系统当中，对电力设备故障与系统故障的检测维修工作是依靠人工进行的，而这样的方式不仅工作效率低下，还无法及时对出现故障的部位进行维修，严重影响到了电力设备的稳定运行。而应用人工智能技术对电力系统中的故障进行维修，可以准确地定位出现故障的位置，并分析故障形成的原因，进而应用科学合理的方法解决故障，从而确保电力系统稳定运行。准确、高效就是人工智能技术所具有的应用优势。

# 第三节　电力系统自动化中远动控制技术

## 一、远动控制技术研究

### （一）远动控制技术的原理

远动控制技术是一项远动信息产生与接受的技术手段，通常将发送端产生的远动信息通过信道完成传送，而信息内容会被终端设备接收，完成信息传递。远动控制系统是自动化系统，但其对信道的应用存在一定的差异性，因此应将远动控制系统与自动化系统深度结合，保证信息传递的稳定性。远动控制技术通常具备上行信道和下行信道两条，将信息通过输入、编码译码等流程完成加密，最终达到信息传递效果。远动控制技术由远动装置控制端、传送系统和远动装置被控端组成，这就使得远动控制技术在自动化系统中具有重要地位。

### （二）远动控制技术的作用

远动控制技术应用于不同系统中可以起到不同的作用，将其应用于电力系统中不仅能够弥补电力系统自动化发展中的不足，还能显著提高电力系统运行质量和稳定性，保证电力系统全面发展。在电力系统中，远动控制技术应用主要具备两点作用：系统管理和监视作用、满足需求并划分网段作用。系统管理和监视作用是远动控制技术应用的重点功能之一，系统操控人员可以通过远动控制技术实现对电力系统的全面监管，保证电力系统运行流畅、稳定，对可能存在的问题能够第一时间发现并解决，还能保证网段划分的合理性与科学性，维持网络节点设置满足不同需求，加强电力系统与网点的衔接。

### （三）远动控制技术的特点

电力系统作为维持社会稳定运转的基础系统之一，保证系统运行流畅、稳定就是电力系统发展的关键内容。因此，要对电力系统进行定期检查，确保电力系统状态完好。而随着自动化技术的全面普及与应用,电力系统自动化发展成为大势所趋,这就需要系统管理人员通过远动控制技术实现对电力系统的全面管控,降低系统运行过程中发生故障的概率。远动控制技术可以利用信道传输的形式加强控制端和执行终端的联系,确保管理人员具备对电力系统的实时控制。远动控制技术具备实时性、遥控性和调度性等特点,是电力系统自动化发展的关键技术。

## 二、远动控制技术的功能设计

### (一)遥控与遥调

遥控与遥调是电力系统自动化中远动控制技术的主要应用方向。遥控与遥调是远动控制技术应用的前端系统,主要作用是发布实时状态命令,确保电力系统运行的流畅性与稳定性。遥控与遥调主要通过信息发送与收集来完成远动控制,为后续自动化系统运转提供基础条件。遥控就是利用通信技术向电力系统发送执行命令,以达到预期运行目标,转变电力系统运行状态。调度中心接到指令后会通过遥信与遥测的方式对信息内容进行甄别,确定信息要求后对设备进行检测与管控,保证设备运行状态符合命令发布内容,对设备进行及时调整。而遥调作为电力系统运行过程中的直接控制手段,其本质是根据调度中心的实际用电需求进行直接抑制,将变电所、发电厂等部门进行串联,加强各部门的联动性。遥控与遥调还能满足实际需求扩容,维持运行设备状态平稳。

### (二)遥测与遥信

遥测与遥信是组成远动控制技术的基础功能之一。遥测的主要作用是完成检测变量传输,依靠通信传输技术的应用完成传输测量值任务。在执行遥测任务时,管理人员需要较深地掌握远动控制技术的应用,这样才能最大限度地激发遥测技术的实用性与科学性,为电力系统自动化体系建设提供基础数据支持。遥测还能实现对电力系统自动化设备的远程监控,通过技术手段实现电力传输,对相关电力数据进行远程测量,保证电力数据符合应用标准。而遥信是遥测技术的有力补充,与遥测技术相结合能够形成完善的监控体系,方便管理人员时刻掌握电力系统运行状态,保证电力系统运行状态良好,最大限度为各行各业提供电力传输。同时还能依托遥测与遥信建立远程控制手段,确保电力设备参数符合电力运用标准,为远动控制技术的深度使用提供有力支持。

### (三)诊断与维护

电力系统的诊断与维护是保证电力系统运行状态良好的关键工作,所以要加强对电力系统的诊断与维护内容,依托远动控制技术实现诊断技术创新和维护技术创新。电力系统由于其特殊性,一旦出现事故或损坏就会产生严重的影响,所以要保证诊断技术的全面性与严谨性,能够对电力系统进行深度检测。通常,电力系统的诊断系统是依托遥测与遥信功能进行搭建的,对电流值的波动峰值进行测算与评估,以此掌握电力系统状态。在进行诊断工作时,遥测与遥调技术、调度中心和终端接收设备是一个整体,利用自动化技术完成实际定位能够有效落实诊断工作,最大限度地维持电力系统运行的连贯性。而维护工作是一项长期任务,利用远动控制技术可以对电力系统进行全方位维护,确保整体系统的完整性,为不同领域提供电力输送。

## 三、电力系统自动化中远动控制技术应用

### (一)通信传输技术应用

通信传输技术是远动控制技术的核心技术之一,电力系统自动化运行离不开通信传输技术的支持与应用。通信传输技术的主要作用就是维持信道稳定,确保控制信息能够准时到达接收终端。其运行原理是利用不同信道的差异性完成信息传输,根据信息内容的重要程度选择不同频率的传输信道,保证电力系统自动化的平稳运转。通信传输技术还能实现特定频率范围内的信息传递,保证信息双方联系紧密,以传输技术为基点构建出合理的信息转化体系,加强不同标准的设备共同应用。通信传输技术主要体现在调制和解调两个方面,在调制过程中要重视电力信号的属性与特点,选择符合其运行规律的传输信道,实现电力资源的深度使用。而在解调过程中,应在系统内设定科学合理的标准数据区间,定期进行数据归位,以此优化信道架构。同时,要深度挖掘信息传递渠道内涵,保证光纤通信和电力线载波的综合使用。在传递渠道选择时,要保证电子数据信号的稳定,应结合不同规格的电线作为传输载体,保证信号传输流程的连贯与稳定。另外,要重视信道电压和电流形式管理,结合接收到的电子信号内容及时调节电压和电力形式,全面落实电子数据信息传递过程,完善通信传输技术手段,确保通信传输技术的实用性与时效性,可以最大限度地激活自动化体系优势。

### (二)信道编码技术应用

信道编码技术作为一项推动电力系统自动化转变的技术手段,是电力系统自动化发展的重要推手,因此要重视信道编码技术的全面应用。信道编码技术的本质就是对电子信息的二次加工,在提高信息内容隐蔽性的同时实现信息内容简化,确保命令信息能够准确得到实施。信道编码技术主要是以编码和译码技术为主体,其他相关技术编译手段为架构完成信息的二次传输。完成二次编辑能够最大限度降低外在因素对遥测与遥信功能的影响,维持信息内容的准确性与安全性。当下,我国电力系统信道编码技术应用主要采取线性分组码技术,能够有效降低信息数据传递过程中的误差,保证数据信息内容处于可控范围之内,实现以技术支持电力系统自动化运转。还能有效推进远动控制技术的循环控制功能应用,利用技术手段实现信息内容监管,加强信道编码技术的反馈体验。信道编码技术在远动控制技术的应用不仅能够完成外界信息因素屏蔽,加强传输命令准确性与稳定性,还能对已经存在的错误信息完成正向对比,引导系统管理人员及时进行数据校正,确保实际数据应用与理论数据的匹配性。同时,依托信道编码技术还能完成对电力系统信道体系的优化建设,维持远动控制技术功能的全覆盖,在加强电力系统运行质量的基础上实现技术性突破。

（三）信息采集技术应用

信息采集技术与信道编码技术能够有效保证电力系统自动化建设,信息采集技术是信道编码技术的前提条件。其运行原理主要涉及 A/D 转换技术、变送器技术等。

信息采集技术通常以 TTL 电平信号为主要信号来源,以此维持电力系统应用状态。信号电压根据需要通常维持在 0~5 V,但电力系统设备主要依托高压电维持稳定性,这就需要变送器技术发挥效用,对电压进行有效转化,满足实际使用需要。电力系统的运行首先需要信息采集技术对电力信息进行深度收集,经过变送器完成信息转换后才能被调动中心控制,完成电力传输工作。因此,要重视信息采集技术的应用范围与效果,充分利用 A/D 转换技术搭建信息采集技术体系,推动信息采集工作有序开展,为后续电力系统自动化的远动控制技术应用提供基础条件。信息采集技术作为遥测技术应用和信息编码技术应用的基础,能够最大限度地保证信息内容的全面性与严谨性,为遥测与遥信工作开展提供有力数据。但信息采集技术的创新优化也不能怠慢,在遥信传输时信息采集技术适用性较低,无法准确与光电隔离设备形成合力,影响信息传输效率,因此要实现信息采集技术创新优化,简化信息数据应用的流程与环节,消除高次谐波对信息的影响,维持信号源与接收终端的同步性。

（四）循环数据传送应用

信号传输稳定是保证电力系统自动化的远动控制技术应用的前提,只有保障信号传输稳定,才能维持电力系统良性运转。

根据实际用电状况和电力系统运行状态制定信号传输公约,为数据传输制定明确的标准条件,保证每次数据传输都能达到预期标准。完成的数据传输公约会对电力系统运行流程进行规范化处理,确保调度中心、变电站和发电厂的互通共享,加强数据使用的多元化发展,提高信息数据传输效率。完整的信号传输公约还能维持信息传输稳定,降低外部因素对信息内容的影响,保证信号传输质量,有效引导电力系统自动化中的远动控制技术发挥效果。基于电力系统发展态势,国内电力系统大多采用循环数据传送技术,以帧形式完成数据的交流与传递,能够在最短时间内实现数据循环应用。

循环数据传送技术侧重于 A 帧开发,以 A 帧为基础能够加强遥测技术使用效果,实现与次要遥测信息和一般遥测信息的有力区分,形成 A 帧、B 帧和 C 帧结合应用的遥测技术体系。同时,循环数据传送技术应用还能降低信息数据解码难度,保证遥信状态维持在 D1 帧,而电能脉冲稳定在 D2 帧,这样能最大限度地降低数据循环的损坏程度,完善信息传输公约内容与架构,推动循环数据传送应用的综合性发展,加强对电力系统的全方位监管。

# 第四节　电力系统自动化的维护技术

## 一、加强电力系统自动化维护的现实意义

在供电系统当中,如果电力系统自动化出现问题,会严重影响电力网络的稳步运行,

因此做好电力系统自动化维护工作特别重要。由于电力系统自动化的快速发展,电力市场需求量逐年增加,通过对电力系统自动化进行有效的维护,能够提升电力系统的安全性,更好地保证电力网络建设质量。电力系统自动化是电力网络逐渐向信息技术自动化过渡的核心标志,对电力网络系统的发展影响较大。合理运用电力系统自动化技术,能够保证电力网络管理质量得到显著提高,进一步降低电力系统运行管理成本,提高电力企业的市场竞争力。在当前阶段,电力系统自动化运行环节,在数据处理方面,仍然存在一些问题,要想推动我国电力行业的快速发展,有关部门要加大电力系统自动化维护力度。

## 二、电力系统自动化组成分析

### (一)变电站的自动化

电力系统自动化中,变电站自动化特别重要,对电力系统的影响也比较大,主要利用先进的计算机技术、电子技术与通信技术等,与变电站当中的二次设备进行组合处理,经过优化设计之后,保证变电站的各项功能得到更好发挥,对变电站内部的各项设备进行全面监控与协调。变电站自动化技术是电力系统当中的核心技术,对变电站的运行影响较大。变电站自动化技术的有效运用,能够保证其运行效率得到更好提升,降低电力系统维护成本,真正达到提升电力行业经济效益的目标。

### (二)系统调度的自动化

最近几年以来,由于社会的飞速发展,电力需求量不断增加,推动电力行业的快速发展,电力系统自动化技术面临众多挑战与机遇。电力系统调度自动化技术,主要以电力系统所收集到的各项数据信息为核心,帮助有关人员对电力系统进行科学调整,进一步提升当前电力系统运营的安全性。电力系统调度自动化,对电力系统自动化影响较大,能够保证电力自动化系统更加可靠。

### (三)配电网的自动化

电力行业发展过程当中,配电网控制主要依靠手工进行,使得电力系统的各项功能无法充分发挥。但是,随着研究的不断深入,我国电力系统运行无须依靠其余设备,自动化技术应用前景广阔。配电网自动化范围比较广泛,涉及多项软件,是配电自动化当中的基础。与常规的孤岛自动化相比较,利用信息技术的配电网自动化其功能更加全面,智能终端数量巨大,通信技术更加先进。结合我国当前配电网落后现状,通过提高配电网建设水平,有关部门可以采取分期或分批维修措施,对既有的配电网自动化进行大力完善,进而保证我国配电系统资源得到高效利用。

## 三、电力系统自动化的维护技术研究

电力工程是我国重要的基础设施工程,对国民经济的稳步发展影响较大,在新形势背景下,建设电力系统自动化体系,能够保证电力系统的可靠、安全运行。电力系统自动化维护水平的提高,能够降低系统发生大规模运行故障的概率。

## (一)利用接地防雷系统进行维护

在当前的电力行业当中,做好电力系统自动化维护工作特别重要,对电力行业未来发展影响较大,因此在电力系统自动化维护环节,有关人员要保持严谨的态度,并采取合理的防护措施,选择性能较好的避雷设备。相关人员在接地防雷的过程当中,要了解电阻和电压之间的关系,并结合接地电阻值的大小,采用不同方法,适当降低电阻值,保证电压控制效果得到更好提升。

此外,电力部门在维护电力系统自动化时,要遵守综合治理原则,并结合电力系统自动化的运行特点,包括防雷系统的结构特点,有序开展各项工作,利用高低压,将避雷装置有序进行科学安装。避雷装置安装结束后,需要对其进行接地处理。为了进一步提高电力系统自动化维护质量,有关人员要根据电力系统自动化的运行情况,科学选择防雷器,尽可能选择安全性能好、稳定性好的防雷设备。

## (二)运用太网远程技术进行有效维护

运用太网远程技术进行维护,主要是依靠光纤收发器,包括太网网卡,形成光纤通道,通过利用运行效率比较高的光纤通道,进行电力系统自动化维护工作。在此种维护模式下,不但能够获取比较高的网速,而且能够保证不同网络点与点之间的有效连接。对于电力企业来讲,要充分了解太网所具备的优势,并将其妥善运用到计算机软件当中,可以将电话拨号与太网技术有效结合,有效提高电力系统自动化维护水平。

## (三)利用电话拨号远程技术进行维护

在电力系统远程维护方案当中,电话拨号远程技术较为常见,由于其具备较多优势,而且操作更加便捷,能够有效降低电力系统的运行成本。但是,电话拨号远程技术也存在缺点,其维护速度比较慢,因此在电力系统自动化维护工作当中,应当尽可能避开此缺点。电话拨号维护工作主要分为以下几种:

(1)做好振铃遥控电路处理工作。在电话拨号原理的基础上,有关人员需要设置驱动遥控体系,用户在使用前,需要将用户有权使用的信息进行科学设置,如果用户在使用过程中出现故障,则能够及时发出信息,信息被维护系统接收后,通过对信息进行综合对比,在驱动系统指导之下,对电力系统自动化进行全面维护。

(2)加强手机短信遥控电力维护水平。通过构建驱动遥控体系,在设置好的用户信息使用权基础上,结合用户使用权所发出的短信故障信息进行有效维护。对自动维护系统中的故障信息内容和系统当中的故障进行科学比较,若两者内容相符,则可以驱动遥控电路,主动完成自动化维护工作,并对故障信息进行有效的回复。

(3)提高 DTMF 拨号遥控电路维护水平。此项技术在电话拨号远程技术中应用较多,主要以 DTMF 信号为基础,在此组信号当中,将其分成高音组与低音组,每个组别当中包含四个不同的音频信号,但是各个不同的音频信号之间禁止随意组合。上述音频信号组合成信号后,若有权用户进行拨号验证,系统能够按原来设置的 DTMF 编码进行有效遥控,保证电力系统实现自动化维护。

(4)告警信息的采集和回传。单片机电路作为告警信号采集和回传的核心,在单片机电路中,可以和不同的传感器有效连接,传感器也可以利用上沿和单片机电路有效连接,如果接到告警信息,该信息会通过电路一直传达到系统主机,亦或是维护站点当中,提升告警信息的处理水平。

# 第五节　电力系统自动化改造技术

## 一、电力系统中电气自动化技术的主要作用

近年来,我国电力体制改革进程的不断加快,推动了电力系统的发展,以电子技术和计算机技术为核心的电气自动化随之被广泛运用到了电力系统当中,由此使得电力系统的运行更加安全、稳定,供电可靠性获得了大幅度提升。在电力系统中,电气自动化的作用主要体现在如下几个方面:

(1)借助电气自动化技术,操作人员可以进行仿真测试,并在这一过程中,能够完成更多的电力设备测试工作,由此不但能够获得大量精确的数据信息,还解决了传统测试中资源浪费的问题,给电力设备维护检修工作的开展提供了翔实、准确、可靠的数据支撑。

(2)电力系统是一个较为复杂且庞大的系统,其在运行过程中,会受到各种因素的影响,由此容易发生系统故障,一旦电力系统出现故障,将会对供电可靠性造成影响,严重时可能会导致大面积停电。电气自动化技术在电力系统中的应用,使整个系统的运行精确度获得了保障,通过计算机技术对系统故障进行分析,能够在较短的时间内找出故障原因,使故障快速恢复成为可能,从而确保了电力系统运行的稳定性,这不但提高了电力企业的社会效益,还带来了巨大的经济效益。

## 二、电力系统自动化改造

### (一)电力系统及自动化技术改造方案的选择

对常规变电所进行无人值班改造,总的指导思想是"安全、可靠、实用、经济"。二次设备改造任务重,改造难度大,需要对一些关键技术进行探讨,寻找恰当的解决方法。断路器的控制与继电保护合一的改造方案,改造时保留全部保护设备,取消控制屏(集中控制台、集中控制柜),将断路器控制回路、控制设备安装到保护屏适当备用位置。这种方案将会取消控制屏上的全部光字牌信号、测量仪表和音响信号。为满足当地操作及改造过渡期内变电所运行操作人员对设备状态的监视要求,增设一套 RTU 当地工作站及显示设备。在显示器上显示有关一次接线图、测量信息、事故及预告信息。采用这种改造方案,可以简化二次回路接线,减少大量控制电缆,减少回路中的触点,提高二次设备运行的

可靠性。这种改造方案适合于由弱电控制,集控台、集控柜等多台设备组合的控制回路改造。

变电所改造一般采用常规的 RTU 装置,无 RTU 装置的可采用性能较好的分布式分散安装的 RTU 遥测交流采样,各 RTU 之间通信连接。在改造中根据无人值班变电所的技术要求,改造二次回路中的部分接线,如断路器控制接线改接、重合闸接线改接,以及信号改接等;增加和更换部分继电器,使其具备无人值班变电所的技术要求。二次保护设备全部更新的改造方案,对于运行年限较长的变电所,在方案设计时可根据无人值班改造的技术要求,全部更新变电所二次及保护设备,采用目前国内较先进的综合自动化装置。

### (二)一次设备改造

高压开关柜的改造可以进一步完善机械防止误操作措施;完善柜间距离,要求隔离物起绝缘支撑作用,要具有良好的阻燃性能;加强母线导体间、相对地间绝缘水平;改造高压开关柜中的电流互感器,使之达到高压开关柜使用工况绝缘水平、峰值和短时耐受电流、短时持续时间的要求;对使用年久且性能不能满足电网运行要求的 6~35 kV 油断路器动作要求,应以性能好、可靠性高、维护量小的无油设备来代替。断路器辅助触点改造为双辅助触点接线以防信号误发。对变电所 6~35 kV 中性点加装自动跟踪、自动调谐的消弧线圈;为减少变电所的运行维护工作量,降低残压,防止避雷器的爆炸,变电所 6~35 kV 避雷器宜更换为无间隙金属氧化物避雷器。改造中性点隔离开关及其操作机构,能实现遥控操作;对有载调压分接开关实现当地和远程遥调操作。

### (三)断路器的控制与继电保护合一

改造时保留有全部保护设备,取消控制屏,将断路器控制回路、控制设备安装到保护屏适当备用位置。这种改造技术将会取消控制屏上的全部光字牌信号、测量仪表和音响信号。为满足当地操作及改造过渡期内变电所运行操作人员对设备状态的监视要求,增设一套 RTU 当地工作站及显示设备。电力系统自动化改造一般采用常规的 RTU 装置。电力系统无 RTU 装置的可采用性能较好的分布式分散安装的 RTU 遥测交流采样,各 RTU 之间通信连接。电力系统已有 RTU 装置的,在原装置中扩大功能,增加 RTU 容量以满足无人值班改造信息量的要求。

### (四)遥信技术

常规变电所进行无人值班改造,原理就是通过中央信号及光子牌反应的各类预告信号,使其具备遥信的功能。同时,继电器动作以后,必须能够在监控中心进行遥控复归。因此,信号继电器的遥信问题以及信号继电器的复归问题也就成为突出的关键问题,在改造中应当加以重视。变电所原中央信号解除以后,为正确反映所有异常及事故信号,就必须将上述信号通过继电器触点提供给远动遥信装置以实现遥信功能。按照无人值班的要求在反映具体保护动作事件的同时,变电所任何一套保护装置动作及异常都要启动变电所的遥信事故总信号,以提醒监控人员及时处理。针对这一要求,将信号继电器全部更换为带有电动复归线圈及多组动合触点的静态集成继电器。每只信号继电器单独提供一对空触点以反映具体保护动作事件,另外每只继电器都提供一对空触点,并将这些空触点并联在一起以反映事故总信号。断路器的实际运行位置采用开关的辅助触点来反映。信号继电器更换为静态继电器以后,其内部带有电动复归线圈,这样既可以通过信号继电器上的复归按钮就地复归,又可以通过将所有信号继电器的电压复归线圈并联后与监控屏遥控执行屏上信号复归继电器的常开触点串联起来,实现全站信号的遥控总复归,使得无人值班变电所的信号复归问题得以解决。

## 三、电力系统自动化设备的改造内容

自动化的电力设备分为两种:一种是一次设备,另一种是二次设备。这两种类型的自动化设备都不完善,都需要进行改造,以适应现阶段经济发展的需求,提高设备的使用性能,发挥设备的价值。

### (一)一次设备主要改造及技术要求

(1)断路器的改造。断路器的改造需要实现遥控操作功能,并提供可靠的断路器位置信号。对使用年久且性能不能满足电网运行要求的 6~35 kV 油断路器动作要求,应以性能好、可靠性高、维护量小的无油设备(如真空断路器或 $SF_6$ 断路器)来代替。断路器辅助触点改造为双辅助触点接线以防信号误发。

(2)高压开关柜的改造。高压开关柜的改造需要完善机械防止误操作措施;完善柜间距离,要求隔离物起绝缘支撑作用,要具有良好的阻燃性能;加强母线导体间、相对地间绝缘水平;改造高压开关柜中的电流互感器使之达到高压开关柜使用工况绝缘水平、峰值和短时耐受电流短时持续时间的要求。

(3)过电压保护设备的改造。如对变电所 6~35 kV 中性点加装自动跟踪、自动调谐的消弧线圈;为减少变电所的运行维护工作量,降低残压,防止避雷器的爆炸,变电所 6~35 kV 避雷器宜更换为无间隙金属氧化物避雷器(MOA)。改造中性点隔离开关及其操作机构,能实现遥控操作;对有载调压分接开关实现当地和远程遥调操作;实现主变温度远程测量等。

### (二)二次设备主要改造及技术要求

(1)二次设备的断路器回路就是二次设备,这种设备的改造是非常简单的,不需要进行电线的迂回连接,假设出现了断线的现象,或者在电源的控制上出现了问题,这时就要启动远程报警设备,将故障信号保存下来。

(2)保护回路上,改造人员需要专门设置熔断器,这样保护回路直流如果失效,设备能够进行远程报警。

(3)改造人员还需要对重合闸装置进行必要的改造,以便能够进行自动投退,这样当遥控以及操作合闸之后,电源能够自动投入,此时放电回路能够实现自动断开。

# 第六节　电力系统供配电节能优化

## 一、电力系统供配电节能优化的价值

节能优化是指通过技术手段和管理措施,减少能源的消耗和浪费,并提高能源利用效率。在电力系统供配电中,节能优化可以带来诸多价值。首先,电力系统供配电节能优化可以显著降低能源消耗。传统的电力供配电系统存在着能源浪费的问题,如输电线路的输电损耗、变压器的空载损耗等。通过采用先进的输电线路和变压器技术,优化电力供配电系统,可以有效减少能源的消耗,降低能源成本。这对于电力系统运营商来说,不仅可以提高经济效益,还有助于减少对环境的不良影响。其次,电力系统供配电节能优化可以提高能源利用效率。在现有的电力系统中,供电能力与需求之间存在着一定的差距。通过优化供配电系统,提高供电能力,可以更好地满足用户的需求,并减少供电不足的情况发生。这种优化可以通过提高变电站的电压等级、改造输电线路、优化电力设备配置等方式实现。提高能源利用效率不仅可以增加供电可靠性,还可以提升用户的用电体验。此外,电力系统供配电节能优化还可以降低电力系统运行的风险。在电力系统运行过程中,存在很多潜在的风险因素,如输电线路的过载、电流的不平衡等。通过优化供配电系统,可以提高系统的运行稳定性,减少风险发生的概率。例如,通过合理规划输电线路的容量,避免过载情况的发生,可以降低系统故障的风险,并保证电力系统的安全运行。此外,电力系统供配电节能优化还可以促进清洁能源的应用。随着全球对环境问题的日益关注,清洁能源的应用已成为全球能源发展的重要趋势。通过优化供配电系统,提高能源利用效率,可以减少对传统能源的依赖,促进清洁能源的应用和发展。这对于推动可持续能源发展、减少大气污染和应对气候变化具有重要意义。

## 二、影响电力系统供配电节能的因素

### (一)电压等级

电压等级对供配电节能有着深远的影响。首先,合理的电压等级可以提高电力系统的传输效率。在输电过程中,电压等级的选择直接影响着输电线路的功率损耗。高电压等级可以降低输电线路的电流,从而减少电网中的电阻损耗和电感损耗、提高输电效率、节约能源。其次,电压等级的选择还对变压器的能效性能有着重要影响。变压器是电力系统中的关键设备,用于调整电压的大小,使之适应不同的用电设备和设施。合理选择电压等级可以使变压器运行在其最佳工作点,最大限度地提高变压器的能效,减少能量损耗。同时,电压等级的调整也可以避免变压器工作过载,延长其使用寿命,降低维护成本。此外,电压等级的选择还与用电设备和设施的匹配有关。不同的设备和设施有着不同的电压需求,过高或过低的电压都可能导致设备运行不稳定或者损坏。因此,合理确定电压等级可以确保供配电系统与用电设备的匹配性,提高供电质量,降低设备故障率。在实际应用中,不同国家和地区的电压等级标准有所不同。例如:在中国,低压配电通常采用220 V或者380 V,高压输电通常采用10 kV、35 kV、110 kV等。而欧洲地区则普遍采用380 V的三相四线制。不同的电压等级标准也反映了不同地区的用电需求、电力系统规模和能源政策。

### (二)变压器分析

电力系统中,变压器是一个至关重要的组件。它在电能传输和分配过程中起着不可或缺的作用。因此,对变压器的分析和研究对于提高电力系统的效率和节能具有重要意义。首先,变压器的有效性对电力系统的供配电节能有着直接影响。变压器通过改变电压来实现电能的传输,降低了输电过程中的能量损耗。这种电压变换的技术被广泛应用于输电线路和配电系统中,从而有效提高了电能的传输效率。通过合理配置变压器的容量和数量,可以更好地适应电力系统的需求,实现更高效的能源利用。其次,变压器的负载特性也是影响电力系统供配电节能的重要因素之一。负载特性的分析可以帮助我们了解变压器的运行状态和载荷容量,从而合理规划电力系统的供电能力。通过对变压器负载特性的分析,可以及时发现并解决变压器负载过重、过载或不平衡等问题,以确保变压器的安全稳定运行,提高供配电系统的节能效果。此外,变压器的能效评估也是电力系统供配电节能分析的重要内容之一。能效评估可以帮助我们全面了解变压器的能源利用效率,发现并解决能源浪费的问题。通过采用先进的能效评估方法和技术,可以对变压器的负载和损耗进行全面的监测和分析,进而提出优化变压器运行的措施和建议,以实现电力系统供配电的节能目标。

## 三、电力系统供配电节能优化的对策

### (一)优化选择节电变压器

优化选择节电变压器是一项重要的对策。变压器是电力系统中的核心设备之一,其功能在于通过变换电压来实现电能的传输和分配。因此,选择合适的节电变压器对于提高电力系统的能效具有重要意义。

首先,优化选择节电变压器需要考虑其设计参数。在设计一个节电变压器时,要注重提高其能效,即在保证电能传输效果的同时,尽量减小能量损耗。这就要求在选择变压器的材料、线圈绕组的结构等方面下功夫。例如,选用高导磁率的磁性材料作为铁芯,能够有效地减小磁滞和涡流损耗,提高能量传输效率。同时,在线圈绕组的设计上,可以采用多层绕组或者扁平线圈等方式,减小电阻损耗,提高能量传输效果。其次,优化选择节电变压器还要考虑其负载能力。在电力系统中,变压器会承受不同程度的负载。因此,在选择节电变压器时,要考虑到其额定容量和负载率。合理选择变压器的容量,既要满足电能传输的需求,又要避免容量过大造成的能量浪费。同时,还要注意变压器的负载率。过高的负载率会造成能量损耗的增加,降低整个系统的能效。因此,应该根据实际情况合理调整负载率,以达到节能的效果,如融入节能变压器之后,变压器的空载损耗比改制前降低45%~55%,达到低损耗变压器数据,空载电流比改制前降低70%左右,另外,优化选择节电变压器还要考虑其工作方式。

在电力系统中,变压器的工作方式分为两种,即有载运行和空载运行。有载运行主要指的是变压器在实际工作中承受负载,而空载运行则是指变压器在没有负载时的运行状态。在优化选择节电变压器时,我们可以通过合理设计变压器的工作方式来实现能量的节约。例如,在负载较小时,可以选择使变压器处于空载运行状态,以降低能耗。而在负载较大时,则应选择使变压器处于有载运行状态,以保证能量传输的效果。优化选择节电变压器还需要考虑其可靠性和维护成本。作为电力系统中的关键设备,变压器的可靠性对整个系统的运行至关重要。因此,在选择节电变压器时,要关注其质量和可靠性,同时还要考虑到变压器的维护成本。选择一台维护成本低、寿命长的变压器,不仅能够减少维修费用,还能够提高整个系统的可靠性和能效。

### (二)优化布置供配电线路

首先,合理规划供配电线路的布置是一项重要的任务。在规划阶段,需要充分考虑供电容量、负荷分布以及线路长度等因素。通过科学的规划,可以减少电力系统的损耗,提高供电的可靠性。例如,在负荷密集的地区,应该合理增加变电站和开关站的布置,以保证电力传输的稳定性,并且每条线路所接变压器小于5台,总容量小于3 000 kVA。

其次,采用智能化技术对供配电线路进行优化布置也是一种有效的方法。利用智能计算和模拟仿真技术,可以对供配电线路进行精确的计算和优化。通过对电力系统参数的实时监测和分析,可以及时调整线路的布置和负荷分配,以达到最佳的供电效果。同时,智能化技术还能够实现线路的自动化控制和故障检测,提高供电的可靠性和稳定性。另外,能源管理是供配电线路优化布置的重要环节。通过合理的能源管理措施,可以减少供配电过程中的能源浪费和损耗。例如,在电力系统中引入可再生能源,并采用储能技术对其进行有效利用。同时,应优化电力系统的负荷管理,合理分配负荷,避免过载现象的发生。此外,在线路的设计和施工过程中,应注意减少能源的消耗,选择高效节能的设备和材料,以降低供配电的成本。

最后,加强对供配电线路的维护和管理,也是优化布置的重要环节。应定期检查和维护电力设备和线路,及时排查潜在故障隐患,确保供电的安全稳定。

### (三)提升供配电系统功率

为了提高供配电系统的功率,我们可以从多个方面入手,从设备更新、技术升级和管理优化等方面进行改进。首先,设备更新是提升供配电系统功率的一项重要措施。随着科技的进步,新一代的电力设备能够更高效地传输和分配电力。例如,高压开关设备的更新可以提高输电效率和电能质量,减少能源损耗;变压器的更新可以提高配电系统的容量,满足不断增长的用电需求。通过更新设备,可以有效提升供配电系统的功率水平。其次,技术升级也是提升供配电系统功率的重要手段之一。

随着智能化、数字化技术的发展,供配电系统的管理和控制能力得到了巨大提升。通过引入先进的监控系统、自动化设备和远程控制技术,可以实时监测电网运行状态,快速发现和排除故障,提高供配电系统的可靠性和响应能力。此外,通过智能负荷管理,对用电行为进行控制和优化,可以更加高效地利用电力资源,提高供配电系统的功率利用率。最后,管理优化是提升供配电系统功率的关键环节。在供配电系统的运行过程中,合理规划和优化配电网的结构和布局,合理调度和分配电力资源,对于提高功率水平至关重要。例如,通过合理地规划变电站、配电柜和线路的位置关系,减少输电距离和线损,可以提高供配电系统的功率效率。

### (四)采用节能的照明设备

节能的照明设备,是一种以低功率为特点的照明技术,它通过降低能耗、减少能源消耗、提高能源利用效率的方式,实现对传统照明设备的替代。相比传统的白炽灯泡、荧光灯等高功率照明设备,节能的照明设备拥有更高的能效比、更低的能耗,并且寿命更长。从能源消耗的角度来看,采用节能的照明设备可以减少电力系统供配电的负荷,从而降低电网线路的损耗和电压的损失,提高电力系统的供电质量。采用节能的照明设备不仅在能源消耗方面表现出色,而且在环境保护方面也有积极的作用。

由于节能照明设备采用的是低功率的光源,其产生的能量损耗更少,从而减少了对环境的负面影响。与传统照明设备相比,节能照明设备的辐射量更低,对人体健康的影响更小。此外,由于采用节能照明设备可以减少能源消耗,也就减少了对化石能源的依赖,对保护生态环境具有重要意义。然而,要实现照明设备的节能化,需要从多个方面加以考虑。首先,需在照明设备的选择上下功夫。只有选择能效比较高、能耗较低的照明设备,才能够达到节能的目的。其次,应加强对照明设备的管理和控制。通过控制亮度、时间、空间,合理利用光资源,节约能源。

# 第二章　电力系统自动化系统

## 第一节　调度自动化主站端系统

### 一、硬件结构

由于各级调度的职责不同,对主站系统的功能要求也有所差异,因而就会存在不同档次、不同结构和不同容量的主站系统。主站系统一般由主计算机、前置机、输入输出设备等构成,在主计算机的指挥下通过前置机与所属各 RTU 交换数据。采集到的数据经处理后送模拟屏和屏幕显示器显示。打印机用作运行报表和异常、事故打印。控制台可进行遥控、遥调等操作和对系统进行管理。主计算机还可与上级调度或其他计算机系统通信。通常主站端远动装置的容量和处理能力等都是有限的,如要承担更多的功能,特别是要完成调度自动化的高级应用功能,运算处理的工作量相当大,这就需要配置专用的计算机作为主站系统的后台机,以保证系统的可靠性和实时性的要求。

为了提高主站系统工作的可靠性,一般采用冗余配置方式。两台主计算机平时一台值班,另一台为热备用。为了保证在值班机故障时备用机能及时顶替工作,设有双机通信。值班机平时将实时数据、统计数据、累计值等有关数据及时传给备用机。双机切换装置能监视主计算机是否有故障。主计算机按约定向双机切换装置及时报告其工作状态信息,若双机切换装置收到主计算机报告自检有故障或在规定时限内未收到主计算机发送的正常信息,双机切换装置就认为该计算机有故障,在备用机状态良好的情况下发出切换命令,将原主计算机退出,以备用主计算机顶替,成为新的值班主计算机,同时将外部设备(包括显示器、打印机等)切换到新的值班机,并发出告警信息。

为了提高可靠性,避免前置机故障时丢失信息,前置机也采用了双重配置,前置机和主计算机采用交叉连接。平时两台前置机都接收 RTU 的信息,主前置机向 RTU 发送信息,同时两台前置机之间也有通信,用以确定各自的主备状态。随着计算机技术和通信技术特别是网络技术的迅速发展,符合国际开放性标准的、具有网络分布式结构的电网主站系统日益获得实际应用。这种系统的主要特点是功能分散,将任务分解为若干较小的功能块,分别由各个计算机承担。这些计算机通过网络交换数据并相互协调。网络分布式主站系统以局域网为基础,网上挂有若干台服务器和工作站。

在整个系统中,服务器的配置一般是最高的,其容量大、工作速度快、处理能力强,用来管理网络共享资源和网络通信,并为网络工作站提供各类网络服务,同时对电网数据进行各种统计处理和计算等,系统的数据库通常存放在服务器上。工作站可以是各种档次的微机或工作站,按实际需要而定,但通常档次稍高。需要网络服务时工作站就向服务器申请,可访问网络内的共享资源。工作站之间也可以通信。

前置机的主要任务是和各 RTU 通信。从 RTU 采集数据并向网络发送,也接收调度员工作站发来的遥控、遥调等命令,下达给相关的 RTU。前置系统具有对多个厂站进行通信的能力,且每路具有独立的端口。串口通信速率能在 300 bit/s 和 11 500 bit/s 之间选择,并能适应同步、异步和模拟以及数字通信方式,也可接入网络 RTU。支持 CDT、POLLING 及网络协议等能文字描述的通信规约,系统一般应提供规约库或通用的国家标准库,还应提供针对某些变种协议的人机界面定义描述,提供标准接口供今后扩展之用,获得授权的用户可以方便地在规约库中增加新规约。

调度员工作站的主要功能是为调度员提供对电网进行监视和控制的手段。它接收前置监控工作站和服务器发送的数据,并可下达遥控、遥调等命令。

电网调度自动化系统中的自动发电控制、网络分析等高级应用软件可使用专用的 EMS 高级应用软件工作站,或将一部分功能交给服务器或其他工作站来完成。

通信服务器实现与上级调度或其他计算机的网络通信。

其他工作站可为有关办公室提供电网实时信息,显示实时画面及数据等,或进行工程计算、开发、业务管理等其他方面的工作。为了保证主站系统的安全,在实际应用中一般通过网桥机将主站系统与其他系统隔离,两系统间的数据通信通过网桥机来完成。

分布式网络结构组成的调度自动化系统,其主要优点是组态灵活、功能扩展方便。它将系统的功能分布实现在不同的节点机上,因而对各节点机的要求比集中冗余式的主计算机低。为了提高可靠性,关键的服务器、工作站以及局域网络可以双重设置。局域网的通信速率也较快,可达 10~100 Mbit/s。近年来,随着计算机技术和通信技术的飞速发展,调度自动化主站系统结构的网络化得到了极大的普及和推广应用。目前,市场上流行的系统,绝大多数采用这种结构。

## 二、软件结构

调度自动化主站系统的软件可分为系统软件、支持软件和应用软件。系统软件主要是操作系统。支持软件有编译程序、高级语言、网络管理软件、数据库管理系统软件等。基本的应用软件一般包括:数据采集和控制,数据处理和管理,事故及异常报警处理,一次接线图、棒图及曲线等画面的显示,事项顺序记录(SOE),事故追忆,各种记录打印,报表生成、显示与打印,模拟盘驱动,以及与其他系统之间的通信等。电网高级应用软件有状态估计、自动发电控制、外网估计、调度员潮流、负荷预报、无功电压优化、安全分析以及调度员培训等。此外,为了用户维护系统的方便,还应具有用以编辑、修改画面、报表、数据库等的软件包。

(一)操作系统

操作系统是计算机系统的重要组成部分,用以管理计算机的硬件和软件资源,提高计算机的利用率并方便用户使用。它由许多具有管理和控制功能的子程序组成。根据不同的用途和使用方式,操作系统可分为以下几类:

（1）单用户操作系统。只有一个用户作业在运行,用户占有全部硬件、软件资源。

（2）多道批处理操作系统。同时将几个作业放入主存储区,它们分时共用一台计算机,可提高 CPU 的利用率,改善主处理器和输入输出设备的使用情况。

（3）分时操作系统。一台计算机连接多个终端。用户通过终端与计算机交互作用,处理机按固定的时间片轮流为各个终端用户服务。用户感到好像整个系统为其独占,但连接的用户数量多时也会觉察到工作速度变慢。

（4）实时操作系统。可分为实时信息处理和实时控制两大类。要求系统能及时响应外部事件的请求,并在规定的时间内完成对该事件的处理或控制。对实时操作系统的安全性和可靠性的要求也较高。

（5）网络操作系统。用来管理连接在计算机网络上的多个计算机的操作系统,使它们协调,保证网络中信息传输的准确和安全,并充分发挥网络内硬件、软件资源的效用。

## （二）数据库系统

数据库是以一定的组织方式存储在一起的相互关联的数据集合,数据能被多个用户共享,与应用程序彼此独立。在数据库出现前,用户需要使用的数据单独随程序设置,程序之间各自独立,同一数据可能多处重复设置。若数据有变动,就要做多处修改,非常不便,造成同一数据在多处呈现不一致的现象。在这种情况下,就需要对数据进行统一管理,这样就形成了数据库。数据库的特点是数据可以共享,减少了数据冗余,避免了数据的不一致,数据和程序都有较高的独立性,数据库的使用维护也较方便。

数据库通过数据库管理系统( data base management system,DBMS)软件来实现数据的存储、管理和使用,DBMS 软件的主要功能是维护数据库,提供用户对数据库使用和加工的各种命令,包括数据库的建立、检索、修改、删除和计算等。DBMS 处于用户和物理数据之间,它把数据库的物理细节屏蔽起来,提供用户友好的界面,用户只需提出要求,不必指明如何做,在 DBMS 的支持下通过操作系统,即可获得所需结果。

## （三）应用软件

调度自动化主站系统的应用软件一般包括:网络管理,数据库管理,系统数据库生成及维护,图形生成及维护,数据通信,数据处理,人机会话,遥控遥调操作,事故处理及追忆,报表处理,模拟盘驱动,周波采集,报警处理,与其他计算机系统的互联处理,PAS功能。

以上功能一般是各主站系统都具有的,但不同厂家、不同类型的产品在实现方式和功能组织上可能有所不同。

## 三、调度自动化主站系统的功能

电网调度自动化主站系统是为电力生产服务的,其用户是调度员和其他主管领导,调度自动化系统主站端一般包括如下功能。

（一）数据通信功能

对于目前最流行的网络分布式结构的主站系统，该功能通常是在前置通信服务器上实现的，包含在前置通信及监控软件模块中。该功能以全双工方式与各种类型的 CDT 和 POLLING 规约的 RTU 通信，为数据处理模块提供数据源，向 RTU 发送各种命令，并提供对 RTU 各参量及变量的监视和测试。通过该功能可监视各通道运行状况，同时对它们进行各种统计，一般包括通信次数、通信误码次数、通信无回答次数、不工作（备用）时间、通信无回答时间、无接收数据时间、无载波时间、频偏高时间、同步失败时间、仅有同步字时间、发送故障时间、外设故障时间、通道封锁时间等。对于有备通道的厂站，主备通道间可自动判优自动切换。该功能提供在线关闭和打开指定厂站通道的手段。

该部分一般采用双机冗余热备用设计，主备机实现无扰动自动切换功能。

（二）数据库管理功能

系统的数据库管理功能一般包含在数据库管理模块中，该模块是系统的核心模块，负责生成、维护系统的描述数据库、实时数据库和历史数据库。该功能一般在服务器上实现，对于采用双机冗余结构的系统，该数据库管理模块应负责保持两台服务器上数据的一致性。在整个系统中，为了保证各工作站上数据的一致性，对数据的访问可采用客户机/服务器方式，同时采用该方式还可较容易地获得更高的性能价格比。

（三）数据处理功能

数据处理功能一般包含在数据处理模块中，通常应包括如下功能：

（1）数据矫正功能。系统一般应能对厂站端系统或其他计算机系统上送的遥测、电能、遥信等原始数据进行简单的系数处理或逻辑运算。

（2）计算功能。系统一般应具有预定义公式和自定义公式计算功能。系统提供的预定义公式计算通常有功率总加、线损计算、电能量总加、计算分段功率因数、总加旁代运算、逻辑运算、发电机备用量总加、发电机运行量总加、遥信量的与或逻辑运算等。另外，系统也应提供用户自定义公式计算的方法。

（3）数据可靠性检查。系统根据用户对每个数据设置的合法范围，将因设备瞬时故障或通道干扰而造成的突变数据进行滤除。

（4）超变化率限值处理。对每一数据均可设置一变化率限值，系统据此可避免数据在某一数值附近频繁微小变化时造成的不必要的频繁报警，此限值应可由用户自行定义。

（5）统计功能。系统对模拟量、状态量、电能量以及各种电网设备进行多种统计处理，一般包括：电压合格率统计，平均值统计，全网频率合格率统计，设备的投运率统计，电容器投切统计，设备检修统计，对模拟量的各种越限时间统计，对模拟量统计其全天、全月及全年的最大值、最小值及发生时间，全网、某一线路、某一厂站或某一地区的负荷率统计，各种断路器、隔离开关、刀闸等设备的动作统计，事故跳闸统计，有载调压变压器抽头升降统计，对模拟量统计其全天、全月及全年的越限情况以及班越限情况，对地区负荷统计其全天、全月及全年的超计划情况，微机保护设备定值修改记录等。

（6）分时段考核功能。系统应提供多个时段，对每个时段可根据情况定义不同的考核范围。此处定义由用户根据需要自由定义。

（7）积分电量处理功能。系统可用功率通过积分运算计算出电量，积分周期及参加积分运算的量可由用户指定。

（8）电量的分时段累计。系统对电量进行日电量统计的同时，根据用户定义的高峰、低谷、平段等时间段对电量进行分时段累计，同时系统自动统计各时段电量的月累值和年累值，并将其存入系统数据库中。进行分时段累计的电量可以是从分站接收来的电量，也可以是系统通过积分运算得到的电量或通过电量总加得到的电量。

（9）挡位转换功能。变电站有载调压变压器挡位的传送方式有遥测、遥信和 BCD 码等多种形式。系统通常应具备将以不同方式送来的有载调压变压器挡位信息转换为标准的遥测数据的功能，从而可在人机会话工作站上以数字形式或遥信形式显示挡位位置。

（10）超计划值处理功能。根据计划值计算出超欠值，并统计超欠率，计算超欠电量等，同时生成报警记录，在画面上给出变色显示提示。

（11）事项报警处理功能。系统对模拟量可分别设置报警上、下限，有效上、下限，各时段的考核上、下限，当数据越过上限值时可生成报警记录，并在人机工作站的报警窗口显示事项，在画面上以特殊颜色显示该数据，同时可给出语音报警提示。

当有遥信变位时系统生成变位报警事项，相应设备在画面上闪烁显示，报警窗口显示该事项，同时可给出语音报警。

（12）事故判断功能。系统应具有完备的事故判断功能，当指定该设备需要进行事故判断时，系统可根据断路器对应的保护设备的状态，对应遥测量是否为零，以及该动作是否为遥控操作等事故判断条件进行事故判断。近几年，随着无人值班和变电站综合自动化的发展，设备是不是远程遥控动作也成为事故判断功能的一个判断条件。

（13）事故追忆功能。发生事故跳闸时，系统根据用户定义好的对应关系自动追忆有关数据，并将其存入数据库中。在需要时可将其以多种形式调出，并可据此进行事故重演和事故分析等。

（14）数据快照功能。按一定间隔自动连续捕获事故发生前后一段时间内的系统全部数据，保存在系统数据库中，供系统事故重演、分析事故原因使用。结合以上两者以及变电站端故障滤波的功能，可以实现对变电站施工的更加有效的分析。

（15）远动投退判别功能。当远动信号由异常转为正常时系统自动解除因远动信号异常而采取的人工置入或替代措施。

（16）其他功能。遥测替代功能、旁路替代功能，通道运行统计等。

## （四）人机会话功能

人机会话功能主要在人机界面（man machine interface，MMI）模块中实现，该模块直接面对系统的用户，因此界面应友好直观，操作简单方便。MMI 模块可显示多种类型的画面，如世界图、导航图、结构图、曲线图、棒形图、饼形图、混合图、工况图、表格等，具体的表现形式有地理接线图、电网结构图、厂站接线图、配网接线图、潮流分布图和工况图、报警一览表、常用数据表、厂站设备参数表、电压棒图、负荷曲线、目录表、备忘录等。画面内容包括实时或置入的遥测量、遥信状态量(开关、刀闸状态,保护信号、变压器挡位信号等)、计算处理量(功率总加、功率因数等)、电能量、时间、周波、设备信息、统计信息、事项记录和多媒体信息等。总体来看,画面要做到层次清晰,表意准确。

所有画面可由键盘、鼠标和数字化仪调出,常用画面可由用户定义热键,可一键调出,也可实现组合键调图或在索引图上定义热点调图。总体来说,画面操作需要快捷方便。事件发生时,可自动推出报警画面,且发生动作的开关、刀闸或保护等信息能以变位闪烁或其他醒目的形式提示,并伴有音响或语音报警,对进行追忆的事故可进行事故重演等。

## (五)遥控遥调操作功能

近年来,各个地区的无人值班站都得到了很大发展,并达到了实用化的水平,因此要求调度自动化主站系统必须提供完备、安全可靠的遥控遥调功能。遥控遥调过程一般分为遥控(遥调)选择、遥控(遥调)返校、遥控(遥调)执行或撤销等步骤,具体表现为调度自动化主站系统发出遥控(遥调)选择命令,变电站 RTU 收到该命令后,经校验判断后立即将遥控(遥调)返校信息送给主站,主站收到后进行严格判断处理,如果返校正确,可继续发送遥控(遥调)执行或撤销命令;否则,需要主站进行新一轮的遥控(遥调)过程。为保证遥控(遥调)正确执行,在遥控(遥调)操作过程中需做一些防范措施,一般包括操作员身份验证、遥控权限审批、对象复述、双电源校核、性质闭锁、设备状态闭锁(检修、接地等)、与其他设备对象的关联闭锁、与站端同期设备配合实现同期操作等。在实际应用中,为了保证安全,不同地区可能都有自己的一些规定,例如:

(1)限制不同类型用户(如输电调度员、配电调度员、遥控操作员、系统维护员、一般观看者等)应用系统功能的权限,各类型用户只能使用已限定的系统应用功能。

(2)可赋权操作人员只能对某一电压等级的开关或某一些开关刀闸等进行操作。

(3)遥控操作可以分为操作和审批(监护)两席。操作席选择遥控对象后,经审批席审批确认后,方可进行遥控操作执行。

(4)操作时具有安全资格口令验证。每步操作均需经过确认方可进行下一步操作。操作过程中最好有汉字提示和语音复述,并可随时方便地退出操作。

(5)对遥控、升降等命令可能需要支持异机审批机构(一般是主调度机)。

(6)主站向 RTU 发出的所有遥控命令都在显示器画面上操作。完成一项遥控操作后,自动记录遥控过程。记录内容包括遥控对象名称及调度编号、遥控性质、命令发出时间、遥控执行结果、遥控操作者姓名等信息,也可将其跟踪打印。

## (六)事故处理及追忆功能

在电力系统中,为了方便地分析电网事故,要求在一些影响较大的开关发生事故跳闸时,不仅将事故发生后,还将事故发生前一段时间的有关数据记录下来,这种功能称为事故追忆功能。这种功能可在厂站端也可在主站端进行。当在主站端进行时,主站系统可根据 RTU 发送的事故总信号、保护信号和相应模拟量等信息,区别事故跳闸信息与正常变位信息,在事故跳闸发生时,系统自动将事故发生前和发生后一段时间内的有关数据保存起来,便于以后分析事故和演示事故发生过程。另外,事故周波发生时,系统应能记录发生过程中的周波极值及发生时间,并可统计周波越限时间。除可对追忆数据进行事故重演外,一般应支持对快照数据进行事故重演,即重演事故情况下全网的运行情况。

### (七)报表处理功能

系统采集到的各种远动数据是以表格的形式提供给生产管理人员的,因此报表处理功能在整个调度自动化系统中占有很重要的地位。通常情况下要求系统可自动定时按班、日、月、季、年生成各种类型的报表,可根据需要生成典型或特殊报表,报表可定时或召唤显示和打印,并且要求操作方便。

### (八)模拟屏驱动功能

模拟屏上可以布置电力系统接线图,运行人员利用模拟屏可以对全系统实时运行情况的总貌进行监视,比较直观。模拟屏上的数据一般是由 SCADA 系统提供的,因此存在电网调度自动化主站系统与模拟屏的接口问题。主站系统与模拟屏之间可采用并行或串行方式传送数据。目前,采用较多的是串行模拟屏。另外,为了提高模拟屏的智能化水平,在模拟屏侧可设置专用微机。这样的模拟屏实际上已是一个独立的计算机系统,它接收主站系统提供的遥信、遥测等信息,在计算机的管理下通过驱动装置将这些信息送上模拟屏,分别按规定予以显示,在异常和事故情况下发出告警信号,它还可以配备键盘和打印机等,以便工作人员进行操作、检查和记录。近几年来,还出现了采用智能控制箱的模拟屏,它可以不通过中间的计算机,直接与主站系统接口,并可实现通常的告警功能,在调度员工作站上可直接对模拟屏进行操作。除传统类型的模拟屏外,近年来还出现了采用大屏幕投影方式实现的模拟盘功能,但造价较高。

### (九)周波采集与处理功能

周波是电力系统中一个非常重要的指标,直接影响整个电网运行的安全,因此调度员需要对其进行监视,这就要求主站系统具有周波采集与处理功能,主要实现周波处理及其数据监视功能,对接收的周波采集数据进行处理;比较最大、最小值,判断是否越限、是否事故越限,并进行越限时间统计等。

### (十)网络拓扑和动态着色功能

调度自动化主站系统应能够在接线图上对带电或不带电区域或设备进行处理,将其设置为不同的颜色,用颜色表示其电气连接状态(带电或不带电,连接岛或孤岛等),使调度员对电网的运行状况有着更加直观的了解,便于进行调度决策。

### (十一)打印功能

系统的打印功能主要包括报表打印、事项打印和图形打印等。

(1)报表打印。通过系统的人机联系界面,可召唤打印和定时自动打印。

(2)事项打印。一般是在人机联系工作站上实现该功能。实时事项可自动跟踪打印,历史事项可通过事项查看器将其调出,进行分类索引后随时打印。

(3)图形打印。可将接线图、曲线、棒图、地理图等打印出来。

## (十二)与其他计算机系统通信功能

调度自动化主站系统将数据采集并处理后,为了与其他部门或单位实现数据的共享,通常要求系统具有一定的开放性和系统互联功能,一般包括以下内容:

(1)与上、下级调度自动化系统互联。通过 Web 方式相互浏览全部实时画面和报表,或者采用规约方式进行通信,从而实现数据交换与共享。

(2)与局管理网(MIS)、负控等系统互联。通过主站系统的互联服务器与其他信息系统(如负控、MIS 网等)互联,最好能做到在这些系统的工作站上直接运行调度自动化主站系统的工作站软件或直接使用其图形、报表等,以进一步减少重复性工作量。

(3)基于万维网的实时数据发布服务器功能。建立供其他系统访问的实时数据发布服务器,可方便地与 MIS 及配网系统互联。

## (十三)SCADA 系统与其他系统互联功能

必须采用满足电力系统安全要求的物理隔离设备进行安全隔离。此设备主要实现 SCADA/EMS 系统向外部系统发送数据,也就是内网向外网发送数据。正向隔离器只允许内网向外网的单向数据访问,反向的数据访问即外网向内网的数据访问将被从物理上进行割断,确保内网系统的安全性。正向安全隔离装置的实现方式如下:

(1)实现两个安全区之间的非网络方式的安全的数据交换,并且保证安全隔离装置内外两个处理系统不同时连通。

(2)表示层与应用层数据完全单向传输,即从安全区 Ⅱ 到安全区 Ⅰ / Ⅱ 的 TCP 应答禁止携带应用数据。

(3)透明工作方式。虚拟主机 IP 地址、隐藏 MAC 地址。

(4)基于 MAC、IP、传输协议、传输端口以及通信方向的综合报文过滤与访问控制。

(5)支持 NAT。

(6)防止穿透性 TCP 连接。禁止两个应用网关直接建立 TCP 连接,将内外两个应用网关之间的 TCP 连接分解成内外两个应用网关分别到隔离装置内外两个网卡的两个 TCP 虚拟连接。隔离装置内外两个网卡在装置内部是非网络连接,且只允许数据单向传输。

(7)具有可定制的应用层解析功能,支持应用层特殊标记识别。

(8)安全、方便的维护管理方式。基于证书的管理人员认证,图形化的管理界面。

## 四、调度自动化主站系统的维护及故障处理

### (一)调度自动化主站系统的维护

系统投运后,运行过程中出现故障时,关键应能够准确迅速地判明故障点并迅速排除

故障,使系统恢复正常运行。造成系统运行异常的原因是多方面的,除软件本身的缺陷外,还可能有硬件故障、软件系统损坏、设备老化等原因导致计算机性能降低从而影响软件的正常运行,对系统的不正确使用以及系统感染病毒等也常是系统运行故障的原因。下面就调度自动化系统故障现象及处理方法进行分析。

1.调度自动化系统的组成

(1)调度端设备。包括调度计算机、前置机、计算机网络及附属设备。

(2)通道设备。光纤通信、光中继机、光纤。

(3)站端设备。RTU 或综合自动化。

这三部分是相互联系、缺一不可的,由于现在设备多由独立模块组成,模块故障只能与厂家联系更换,这需要准确判断故障点,及时更换故障模块。

2.调度自动化系统故障处理

1)故障现象

故障现象主要有数据不刷新、不正常,通信中断,不能遥控,遥信位置不对应等。

2)故障发生部位

(1)服务器故障。服务器的故障有硬件和软件两种。如果服务器开启后显示器不显示或工作不正常,这可能是服务器硬件问题或操作系统问题;如果操作系统运行正确,而调度自动化系统运行不正常,这是调度自动化系统软件问题。服务器故障时的现象多为所有数据不正常。

(2)前置机故障。前置机主要由电源模块、通信模块、监控模块及附属设备组成。电源模块有指示灯显示各级电压的正常与否,绿灯亮表示电源正常。通信模块也有指示灯显示工作是否正常,运行灯正常时间隔 2 s 闪烁,故障灯正常时不亮;总线的接收和发送灯正常时闪烁,接口的接收和发送灯正常时闪烁,它们不亮说明板子有问题或未收发信号,亮而不闪则可能收发的信号不正常。监控模块发生故障不影响数据交换。若发现故障,板子可更换同型号板子进行处理。前置机故障时的现象多为单个站数据不正常。

(3)计算机网络故障。如果调度主机正常而联网的工作站显示不正常,可判断为网络故障,通知网络管理员进行处理。

(4)远动通道故障。远动通道由光端机及光中继机等组成,而光端机及光中继机均由不同模块组成,每块模块有灯光指示运行是否正常,可通过观察指示灯判断模块是否有故障;光纤运行中故障很少,一般为外力破坏造成断裂。上述故障均可通过监视软件判断事故点。模块故障可用相同模板替换,光纤断裂可用熔接机熔接。远动通道故障时的现象为单个站数据不正常(光中继机故障)或所有数据不正常(光端机故障)。

(5)通道箱故障。通道箱由电源模板、通道板、状态显示模块等组成,有相应指示灯指示是否正常,包括运行灯、故障灯、接收灯、发送灯等,通过观察指示灯可初步判断故障模板。通道箱故障时的现象多为单个站数据不正常。

(6)厂站端故障。综合自动化变电站采用微机保护,保护系统由监控系统、通信网络、测控装置、保护装置及其他智能单元等组成,每台装置同样都有相应指示灯指示是否正常,包括运行灯、故障灯、接收灯、发送灯等,通过观察指示灯可初步判断故障装置。对有后台机的变电站,如果调度机数据不正常而后台机数据正常,多是远动通道故障或主站端故障;如果调度机数据不正常而后台机数据也不正常,多是厂站端装置故障。厂站端故障时的现象多为单个站数据不正常。

3) 故障举例分析

(1)网络故障。网络出现故障的现象一般有以下两种情况:①某一台或几台机器不能上网;②整个网络不正常。

具体故障现象有:工作站或服务器上数据不刷新;变电站产生的事项接收不到;无法在调度工作站上进行遥控遥调、召唤微机保护信息和修改定值等命令操作等。

第①种情况一般在用户增加新工作站时会遇到,用户应该先检查该机器的网络插头是否接触良好,如果网络是用交换机方式连接,可以通过交换机上的指示灯观察,如果该机器对应的口指示灯不亮,检查网卡设置是否正确,再检查该机器与其他机器的网络节点名是否有冲突或者该节点名在该系统的域控制器中是否有账号,如果仍不正常,则更换网卡。

第②种情况一般在线路故障时遇到,如果网络时好时坏,很可能是某一段网络线松动了,这时,可以用万用表测量匹配电阻来找出网络线松动的位置,更换该网络线。如果网络一直不通,则应检查网络线两端终结点的终结匹配器是否正确连接,确认正确连接后如果还不能解决问题,则很可能是网络断线,此时也用万用表测量匹配电阻来找到网络线损坏的位置,更换该网络线,更换后,如果网络仍然不通,可再更换网卡测试。

(2)通道故障。如果某一通道不能正常收发,应该先检查通道接线是否正确,数据库中规约类型填写是否正确,modem 板的跳线是否与该通道对应的波特率一致,确认一致后再检查 modem 板的收发指示灯是否正常。如果收发指示灯不正常,则要检查该通道对应的信道的好坏;如果收发指示灯正常,可采用自发自收的方式来测试系统内部通道的情况。

(3)主备机切换故障。如果系统主备机切换失灵,应该首先检查切换装置是否正常,通常应检查装置的供电电源是否正常、该装置与系统的连接线是否有松动、人工切换及手动切换的转换开关位置是否正确等。对于不同厂家的设备,其使用、维护及故障处理方式并不完全相同,上述方法仅供参考,一般应根据厂家提供的系统资料进行处理。

3.查找故障的一般方法

(1)观察法。查看组成调度自动化系统的各设备模块灯指示是否正确、通道监控是否报警、当地后台机数据是否正常、计算机工作是否正常。

(2)测量法。通过观察法不能准确判断故障时,一种检测方法是可以用专用工具进行检测。常用检测工具为万用表,测量方法如下:用万用表直流挡测量前置机后面端子排上接收端(接正表笔)与接地端(接负表笔)的电压,正常情况下电压值应为 0.2~2 V,并且不断变化;再测量发送端(接正表笔)与接地端(接负表笔)的电压,正常情况下电压值为 -2 V 左右,8 s 左右有一次较大幅度变化(因为每 8 s 下发一个校时命令)。用这种方法测量光端机、光中继机、RTU 或综合自动化的接收端、发送端与接地端的电压值,正常情况与上述电压一样,通过电压情况可判断出接收通路或发送通路在哪部分发生了故障。另一种检测方法是利用监听软件进行测试,通过检查报文,就可以准确判断故障部分。

(3)替换法。明确故障部位后,可进行相应处理,对于模板故障,可用相同型号正常模板替换故障模板,将故障模板返厂修理,这样可迅速地解决问题。

(二)调度自动化主站系统维护时的注意事项

系统投运后,对系统的有效维护不仅可保证系统的安全可靠运行,还可延长各种设备的使用寿命,为此,一般需做到以下几点:

(1)培养至少2名熟悉系统的技术人员,建立完善的机房管理制度,并加强对调度人员的培训。

(2)建立各个计算机的"安装(setup)"参数档案和数据备份档案,以保证在出现硬件故障时准确、迅速地恢复系统。

(3)始终警惕计算机病毒的入侵和破坏。为防止计算机病毒,不要将未经检测的可移动存储设备插入系统内的任一计算机进行读写拷贝;也不要将与系统无关的应用软件在系统内的机器上运行;更不要在系统内的计算机上玩游戏等;远程访问的 modem 在需要的时候打开,平时可关闭。另外,可定期地用杀毒软件检查、清除计算机病毒,并且保持病毒库是最新的版本。

(4)建议不要将其他部门的机器直接连入系统,为了保证主站系统的安全,必须满足二次安全防护要求,在与其他计算机系统联网时一般通过硬件防火墙或硬件物理隔离装置相连接。

(5)不要由不熟练的人员操作主站系统,对于参观人员,应以讲解为主,不要任由他们操作本系统。

(6)可将不经常监视的显示器设置屏幕保护,屏幕保护方式不要追求漂亮或有动感,它往往占用更多的 CPU 时间,而且不如黑屏保护方式彻底,建议采用黑屏保护方式。

(7)注意搞好设备的清洁卫生,在做清洁工作时,不要将网络电缆头等接插件碰松。

(8)尽量避免带电拔插硬件设备。

(9)禁止在未关机情况下拔插电源。

(10)不要轻易打开机箱。

(11)绝对禁止在服务器上增加或减少硬盘。

(12)设立系统运行及维护记录档案,便于在系统出现异常时,由技术人员分析故障原因,及早恢复系统。

(13)在系统稳定运行的情况下,不要轻易修改和删除系统各计算机内的文件,更不要做一些异想天开的试验。

(14)当系统出现故障时,千万不要惊慌,要冷静地回忆进行过哪些操作,并询问调度员或其他人员进行了哪些相关操作,在系统恢复正常后,重复操作,检验是否会再次出现该故障,并将结论及早通知厂家,以利于厂家有关人员帮助消除系统中可能存在的隐患,避免类似故障再次发生。

(15)对系统的数据库应经常备份,以免在设备可能出现硬件损坏时,造成不可挽回的损失。

(16)系统一般针对不同类型的人员设置不同的权限和密码,应注意不要将密码告诉他人,以免发生越权操作及维护。

（17）系统正常运行时，不要随意退出运行模块。

（18）在关闭电源前一定要退出系统，以免破坏系统文件。

# 第二节 调度自动化厂站端系统

## 一、厂站端系统概述

### （一）厂站自动化系统简介

电力系统是由发电机、变压器、电力线、并联电容器、电抗器和各种用电设备组成的有机整体。发电厂发出电能，通过变压器、输电线路和配电线路传送，分配到各个电力用户，为生产和消费服务。为保障电力系统的安全运行，电力系统还包括继电保护、自动装置、远程通信和调度管理等相应的系统和设备。

在电力系统中，电网是联系发电和用电的设施和设备的统称。电网属于输送和分配电能的中间环节，它主要由连接成网的输电线路、变电站、配电站和配电线路组成。电网监控技术就是对输电线路、变电站、配电站和配电线路运行进行监视控制的技术。因为变电站是电网的主要组成部分，所以变电站监控技术是电网监控技术的重点。

变电站是介于发电厂和电力用户之间的中间环节，变电站由主变压器、母线、断路器、隔离开关、避雷器、并联电容器、互感器等设备或元件集合而成。它具有汇集电源、变换电压等级、分配电能等功能。电力系统内的继电保护、自动装置、调度控制的远动设备等也安装在变电站内。因此，变电站是电力系统的重要组成部分。

根据变电站在电力系统中的地位和作用，可将其划分为系统枢纽变电站、地区重要变电站和一般变电站。系统枢纽变电站汇集多个大电源和大容量联络线，担负着巨大的电能分配任务，在系统中处于枢纽地位。枢纽变电站的电压等级一般在 220 kV 以上。地区重要变电站位于地区电网的枢纽点上，高压侧以交换或接受功率为主，中压侧对地区供电，低压侧则直接向邻近地区供电。一般变电站位于电网的分支或末端，主要完成降压向附近供电任务，其电压等级较低。

发电厂发出的电能需要传输到电力用户。为了提高传输效率，需要将电压提高，而用户实际只能接受低压供电。根据电能输送的需要，还可将变电站划分为升压变电站和降压变电站。升压变电站设置在发电厂内，其主要功能是通过升压变压器将发电机发出的电源电压升高，以便把大量的电能送到远离发电厂的负荷中心。降压变电站则设置在负荷中心，通过降压变压器将输电线路上的高压电能转变为低压电能，并把电能分配给高压用户、次一级电压的变电站或配电站。

在电力系统的正常运行中，变电站是一个重要环节，它具有电能传输、电压变换和电能分配等多方面的功能，在电力系统中起着十分重要的作用。

电力系统是一个连续运行的系统，电能的生产、传输、分配和消耗都是同时完成的。因此，变电站的运行也是连续的。为了掌握变电站运行状态，需要对有关电气量进行连续测量,以供运行监视、记录;为了保障变压器、输电线路的安全运行,需要进行过电流、过电压等安全保护;为了向电网调度控制提供、反映系统运行状态,需要将表征电网运行的有关信息向上级调度传送;为了向用户提供合格的电能,需要进行有关的控制调节。这些功能绝大部分不可能由人工来完成,而需要采用自动化技术。

变电站作为电力系统的一个重要环节,其运行具有电力系统中电能快速变化和电气过程快速传播的特点。因此,当系统运行出现异常情况时,必须做出快速反应,及时处理,这是人工手动操作力所不能及的,必须采用自动化技术。

### (二)厂站自动化系统

一个变电站主要包括一次系统和二次系统两部分。一次系统完成电能的传输、分配和电压变换功能,二次系统完成对一次设备及其流过电能的测量、监视、告警、控制、保护以及开关闭锁等功能。此外,实现对变电站运行工况的测量、监视、控制、信息显示、信息远传的厂(发电厂)站(变电站)远动系统已显示出越来越重要的作用。通常,将厂站远动系统纳入二次系统的范畴。

常规变电站的二次系统主要包括继电保护、故障录波、当地监控以及远动装置四个部分。这四个部分不仅完成的功能各不相同,其设备(装置)所采用的硬件和技术也完全不同。长期以来,围绕着变电站二次系统,存在着不同的专业和相应的技术管理部门。本质上的同一个系统,技术和管理上的条块分割,已越来越不适应变电技术发展的要求。其主要缺点是:继电保护、故障录波、当地监控和远动装置的硬件设备基本上按各自的功能配置,彼此之间相关性小,设备之间互不兼容。二次系统的硬件设备型号多、类别杂,很难达到标准化。大量电线、电缆及端子排的使用,既加重了投资,又得花费大量人力从事众多装置间联系的设计、配线、安装、调试、修改或扩充。有资料表明,对于一个高压变电站,每一个变电站间隔有200~300条信号线;对于一个中压变电站,每一个变电站间隔有20~40条信号线。常规二次系统是一个被动的系统,它不能正常地指示其自身内部故障,从而必须定期对设备功能加以测试和校验,这不仅加重了维护的工作量,更重要的是不能及时了解系统的工作状态,有时甚至会影响对一次系统的监视和控制。

随着电子技术、计算机技术和通信系统的迅猛发展,微机在电力系统自动化中得到了广泛应用,先后出现了微机型继电保护装置、微机型故障录波器、微机监控和微机远动装置。这些微机装置尽管功能不同,但是其硬件配置却大体相同,主要由微机系统、状态量和模拟量的输入/输出电路等组成。由于这些设备(装置)都是从变电站主设备和二次回路中采集信号,并对这些信号进行检测和处理,这使得设备重复,增加了投资,并使接线复杂化,影响了系统的可靠性。

变电站综合自动化是将变电站的二次设备(包括测量仪表、信号系统、继电保护、自动装置和远动装置等)经过功能的组合和优化设计,利用先进的计算机技术、现代电子技术、通信技术和信号处理技术,实现对全变电站的主要设备和输、配电线路的自动监视、测量、自动控制和微机保护,以及调度通信等综合性的自动化功能。

变电站综合自动化系统是利用多台微型计算机和大规模集成电路组成的自动化系统,它代替常规的测量和监视仪表,代替常规控制屏、中央信号系统和远动屏,用微机保护代替常规的继电保护屏,克服了常规的继电保护不能与外界通信的缺点。变电站综合自动化系统是自动化技术、计算机技术和网络通信技术等高科技在变电站领域的综合应用,系统可以采集到比较齐全的数据和信息,利用计算机的高速计算能力和逻辑判断功能,方便地监视和控制变电站内各种设备的运行和操作。变电站综合自动化系统具有功能综合化、结构微机化、操作监视屏幕化、运行管理智能化等特点。

为了保障电网安全、可靠、稳定运行,对变电站自动化系统提出了更新、更高的要求。因此,只有在更高的层面上重新构建变电站自动化系统的框架,采用新产品替代长期困扰变电站自动化系统发展的有关部件,充分利用计算机技术、网络通信技术和信息技术的最新成果,才能解决变电站自动化系统发展中遇到的困难和问题,适应电网运行、监视、控制和技术管理的要求。

数字化变电站是指变电站二次控制系统采用数字化电气测量技术,二次侧提供数字化的电流、电压输出信号,变电站信息实现基于 IEC 61850 标准的信息建模,站内自动化系统实现分层、分布式布置,IED 设备之间的信息交互以网络方式实现,断路器操作具有智能化判别。数字化变电站的主要技术特征如下:数据采集数字化,系统分层分布化,系统结构紧凑化,系统建模标准化,信息交互网络化,信息应用集成化,设备检修状态化,设备操作智能化。

智能变电站是伴随着智能电网的概念出现的,是建设智能电网的重要基础和支撑。在现代输电网中,大部分传感器和执行机构等一次设备,以及保护、测量、控制等二次设备都安装于变电站中。作为衔接智能电网发电、输电、变电、配电、用电和调度六大环节的关键,智能变电站担负了变电设备状态和电网运行数据、信息的实时采集和发布任务,同时支撑电网实时控制、智能调节和各类高级应用,实现变电站与调度、相邻变电站、电源、用户之间的协同互动。智能变电站不仅为电网的安全稳定运行提供了数据分析基础,也为未来智能电网实现高效、自愈等功能提供了重要的技术支持。智能变电站是采用先进、可靠、集成、低碳、环保的设备组合而成,以全站信息数字化、通信平台网络化、信息共享标准化为基本要求,自动完成信息采集、测量、控制、保护、计量和监测等功能,并可根据需要支持电网实时自动控制、智能调节、在线决策分析、协同互动等高级应用功能的变电站。

## 二、调度自动化厂站端系统的基本功能

一般来说,变电站自动化的内容应包括变电站电气量的采集,电气设备(如断路器等)的状态监视、控制和调节。通过变电站自动化技术,实现变电站正常运行的监视和控制操作,保证变电站的安全运行,并输出合格的电能。当发生事故时,由继电保护和故障录波等完成瞬态电气量的采集、监视和控制,并迅速切除故障,完成事故后的恢复操作。此外,变电站自动化的内容还应包括监视高压电气设备本身的运行(如断路器、变压器和避雷器等的绝缘和状态监视等),并将变电站所采集的信息传送给调度中心,必要时送给运行方式科和检修中心等,以便为电气设备监视和制订检修计划提供原始数据。

变电站自动化的基本目标是提高变电站的技术水平和管理水平,提高电网和设备的安全、可靠、稳定的运行水平,降低运行维护成本,提高供电质量,并促进配电系统的自动

化。由于广泛采用电子技术、通信技术和计算机技术,传统的监视和控制技术已被现代化的监视和控制技术所取代,使变电站的监视和控制发生了根本变化。变电站监视和控制的功能不断增强,可分为以下几方面。

(一)数据采集

(1)模拟量的采集。厂站自动化系统需采集的模拟量主要包括厂站各段母线电压、线路电压、电流、有功功率、无功功率,主变压器电流、有功功率、无功功率,电容器的电流、无功功率,馈出线的电流、电压、功率,以及频率、相位、功率因数、直流电源电压、站用变压器电压等。此外,模拟量还包括主变压器油温、热电的气压、水电厂的水位等非电气参数。模拟量的采集有直流采样和交流采样两种方式。直流采样即将交流电压、电流等信号经变送器转换为统一的直流信号,这个直流信号与被测量之间为简单的比例关系。交流采样则是通过对互感器二次回路中的交流电压信号和交流电流信号直接采样,获得一组采样值,通过对其模/数变换,将其变换为数字量,再对这组数字量进行计算,从而获得电压、电流、功率、电能、频率等电气量值。采用交流采样技术,可取消变送器这一测量环节,有利于测量精度的提高,已在厂站自动化系统中得到广泛应用。

(2)状态量的采集。厂站监控系统采集的状态量有发电厂、变电站中断路器位置状态、隔离开关位置状态、继电保护动作状态、同期检测状态、有载调压变压器分接头的位置状态,以及厂站一次设备运行告警信号、网门及接地信号等。这些状态信号大部分采用光电隔离方式输入,系统可通过循环或周期性扫描采样获得这些状态。其中,有些信号可通过电脑防误闭锁系统的串行口通信而获得。对于断路器的状态采集,可采用中断输入方式或快速扫描方式,以保证对断路器变位的采样分辨率能在数毫秒之内。对于隔离开关位置和分接头位置等状态信号,不必采用中断输入方式,可以用定期查询方式读入计算机进行判断。对于继电保护的动作状态,往往取自信号继电器的辅助触点,也以开关量的形式读入计算机。微机继电保护装置具备串行通信功能,因此其保护动作信号可通过串行口或局域网络通信方式输入计算机,这样可节省大量的信号连接电缆,也节省了数据采集系统的输入、输出接口量,从而简化了硬件电路。

(3)脉冲量的采集。脉冲量是指电能表输出的一种反映电能流量的脉冲信号,这种信号的采集在硬件接口上与状态量的采集相同。电能量的传统采集方法是采用感应式的电能表,由电能表盘转动的圈数来反映电能量的大小。但这些机械式的电能表无法和计算机直接接口。脉冲电能表将流过线路的电能量转化为脉冲输出,其脉冲频率与电能量成正比。计算机可以对输出脉冲进行计数,将脉冲数乘以标度系数(与电能常数、电压互感器 TV 和电流互感器 TA 的变比有关),便得到电能量。机电一体化电能计量仪表是感应式的电能表和现代电子技术相结合而构成的,它克服了脉冲电能表只输出脉冲、传输过程抗干扰能力差的缺点,这种仪表就地统计处理脉冲使其变成电能量并将其存储起来,将电能量以数字量形式传输给监控系统或专用电能计量系统。

微机电能计量仪表是电能量采集的另一种方法。它彻底打破了传统感应式电能表的结构和原理,全部由单片机和集成电路构成,通过采样交流电压和电流量,由软件计算出有功电能和无功电能。微机电能计量仪表从功能、准确度和性能价格比上都大大优于脉冲电能表,已得到广泛应用。

（二）事件顺序记录 SOE

事件顺序记录 SOE 包括断路器跳合闸记录、保护动作顺序记录。微机保护或监控系统必须有足够的存储空间,能存放足够数量或足够长时间段的事件顺序记录信息,确保当后台监控系统或远程集中控制主站通信中断时,不丢失事件信息。事件顺序记录应记录事件发生的时间(精确至毫秒级)。

（三）故障记录、故障录波和故障测距

（1）故障录波与故障测距。110 kV 及以上的重要输电线路距离长、发生故障影响大,必须尽快查找出故障点,以便缩短修复时间,尽快恢复供电,减少损失。设置故障录波和故障测距是解决此问题的最好途径。变电站的故障录波和故障测距可采用两种方法实现:一种方法是由微机保护装置兼作故障录波和故障测距,将录波和测距的结果送监控机存储、打印输出或直接送调度主站。另一种方法是采用专用的微机故障录波器,这种故障录波器具有串行通信功能,可以与监控系统通信。

（2）故障记录。故障记录就是记录继电保护动作前后与故障有关的电流量和母线电压。故障记录量的选择可以按以下原则考虑:如果微机保护子系统具有故障记录功能,则该保护单元的保护启动的同时,便启动故障记录,这样可以直接记录发生事故的线路或设备在事故前后的短路电流和相关母线电压的变化过程;若保护单元不具备故障记录功能,则可以采用保护启动监控机数据采集系统,记录主变压器电流和高压母线电压。记录时间一般可考虑保护启动前 2 个周波(发现故障前 2 个周波)和保护启动后 10 个周波,以及保护动作和重合闸等全过程,在保护装置中最好能保存连续 3 次的故障记录。对于大量中、低压变电站,没有配备专门的故障录波装置,而 10 kV 出线数量大、故障率高,在监控系统中设置了故障记录功能,对分析和掌握情况、判断保护动作是否正确很有益。

（四）操作控制功能

厂站运行人员可通过人机接口(键盘、鼠标和显示器等)对断路器、隔离开关的分合进行操作,可以对变压器分接头进行调节控制,可对电容器组进行投切。为防止计算机系统故障时无法操作被控设备,在设计时应保留人工直接跳、合闸手段。操作闭锁应包括:

（1）操作出口具有跳、合闭锁功能。

（2）操作出口具有并发性操作闭锁功能。

（3）根据实时信息,自动实现断路器、隔离开关操作闭锁功能。

（4）适应一次设备现场维修操作的电脑"五防"操作及闭锁系统。五防功能是:①防止带负荷拉、合隔离开关;②防止误入带电间隔;③防止误分、合断路器;④防止带电挂接地线;⑤防止带地线合隔离开关。

（5）键盘操作闭锁功能。只有输入正确的操作和监护口令才有权进行操作控制。

（6）无论本地操作还是远程操作,都应有防误操作的闭锁措施,即要收到返校信号后才执行下一步;必须有对象校核、操作性质校核和命令执行三步,以保证操作的正确性。

（五）安全监视功能

在电力系统运行过程中，监控系统对采集的电流、电压、主变压器油温、频率等量要不断地进行越限监视。如发现越限，立刻发出告警信号，同时记录和显示越限时间和越限值。另外，还要监视保护装置是否失电、自动控制装置工作是否正常等。

（六）人机联系功能

当变电站有人值班时，人机联系功能在当地监控系统的后台机（或称主机）上实现；当变电站无人值班时，人机联系功能在远程调度中心或操作控制中心的主机或工作站上实现。无论采用哪种方式，操作维护人员面对的都是 CRT 屏幕，操作的工具都是键盘或鼠标。人机联系的主要内容如下：

（1）显示画面与数据。其中包括时间、日期、单线图的状态、潮流信息、报警画面与提示信息、事件顺序记录、事故记录、趋势记录、装置工况状态、保护整定值、控制系统的配置（包括退出运行的装置以及信号流程图表）、值班记录、控制系统的设定值等。

（2）输入数据。运行人员的代码及密码、运行人员的密码更改、保护定值的修改值、控制范围及设定的变化、报警界限、告警设置与退出、手动/自动设置、趋势控制等。

（3）人工控制操作。断路器及隔离开关操作、变压器分接头位置控制、控制闭锁与允许、保护装置的投入或退出、设备运行/检修的设置、本地/远程控制的选择、信号复归等。

（4）诊断与维护。故障数据记录显示、统计误差显示、诊断检测功能的启动。

（七）打印功能

对于有人值班的变电站，监控系统可以配备打印机，完成以下打印记录功能：定时打印报表和运行日志、开关操作记录打印、事件顺序记录打印、越限打印、召唤打印、抄屏打印、事故追忆打印。对于无人值班变电站，可不设当地打印功能，各变电站的运行报表集中在控制中心打印输出。

（八）数据处理与记录功能

监控系统除完成上述功能外，数据处理和记录也是很重要的环节。历史数据的形成和存储是数据处理的主要内容，它包括上级调度中心、变电管理和继电保护要求的数据。这些数据主要包括：断路器动作次数；断路器切除故障时故障电流和跳闸操作次数的累计数；输电线路的有功功率、无功功率，变压器的有功功率、无功功率，母线电压定时记录的最大值、最小值及其时间；独立负荷有功功率、无功功率每天的最大值和最小值，并标以时间；指定模拟点上的趋势、平均值、积分值和其他计算值；控制操作及修改整定值的记录。数据处理与记录功能可在变电站当地实现（有人值班方式），也可在远程操作中心或调度中心实现（无人值班方式）。

（九）谐波分析与监视功能

谐波是反映电能质量的重要指标之一，必须保证电力系统的谐波在国家标准规定的范围内。随着非线性用电器件和设备的广泛应用,如电气化铁路的发展和家用电器的不断增加,电力系统的谐波含量显著增加。目前,谐波污染已成为电力系统的公害之一。因此,在变电站自动化系统中,要对谐波含量进行分析和监控。对谐波污染严重的变电站采取适当的抑制措施,降低谐波含量是一个不容忽视的问题。

(1)谐波源。电力系统的电力变压器和高压直流输电中的换流站是系统本身的谐波源;电网中的电气化铁路、地铁、炼钢电弧炉、大型整流设备等非线性不平衡负荷是负载注入电网的大谐波源;此外,各种家用电器,如单相风扇、红外电器、电视机、收音机、调光日光灯等均是小谐波源。

(2)谐波的危害。谐波对电力系统本身的影响主要表现在以下几方面:增加输电线损耗,消耗电力系统的无功储备,影响自动装置的可靠运行,更严重的是影响继电保护的正确动作。对接入电力系统中的设备的影响主要是:测量仪表的测量误差增加,电动机产生额外的热损耗,用电设备的运行安全性下降。

(3)谐波检测与抑制。由于谐波对系统的污染日趋严重并造成危害,因此在变电站自动化系统中需要考虑监视谐波是否超过行业标准问题,如果超标,必须采取相应的抑制谐波的措施。消除或抑制谐波主要应从分析产生谐波的原因出发,去研究不同的解决方法。一般来说,抑制谐波有如下两种途径:一种是主动型方式,从产生谐波的电力电子装置本身出发,设计不产生谐波的装置;另一种是被动型方式,即外加滤波器来消除谐波,通常滤波器有无源滤波器和有源滤波器两种。

### (十)通信功能

厂站自动化系统是由多个子系统组成的。如何使监控主机与各子系统或各子系统之间建立起数据通信或互操作,如何通过网络技术、通信协议、分布式技术、数据共享等技术综合、协调各部分的工作,是自动化系统的关键。厂站自动化系统的通信功能包括两部分:系统内部的现场级间的通信、自动化系统与上级调度的通信。

(1)现场级通信。厂站自动化系统的现场级通信主要解决自动化系统内部各子系统与监控主机以及各子系统间的数据通信和信息交换问题,它们的通信范围是在厂站内部。对于集中组屏的变电站自动化系统来说,实际是在主控室内部;对于分散安装的自动化系统来说,其通信范围扩大至主控室与子系统所在的间隔。厂站自动化系统现场级的通信方式有局域网络和现场总线等多种实现方式。

(2)远程通信。厂站自动化系统兼有远程终端(RTU)的全部功能,能够将所采集的模拟量和开关状态信息,以及事件顺序记录等远传至调度或监控中心;同时能接收调度或监控中心下达的各种操作、控制、修改定值等命令,即完成新型远程终端的全部"四遥"功能。远程通信必须采用符合标准的通信规约,必须支持最常用的 POLLING 和 CDT 两类远动数据传输规约。

### (十一)时钟功能

厂站自动化系统应具备接收精确时钟的能力,并能实现对各个自动化装置及各智能设备进行精确对时的功能。

（十二）自诊断功能

厂站自动化系统内各插件应具有自诊断功能，与采集系统数据一样，自诊断信息能周期性地送往后台机（人机联系子系统）和远程调度或监控中心。

## 三、调度自动化厂站端系统的基本结构和组成

随着电子技术、微机技术、通信技术和网络技术的迅速发展，厂站自动化技术也得到了长远的发展，厂站自动化系统的体系结构也发生了相应的变化，其系统性能、实现功能和运行可靠性得到不断地提高。总结厂站自动化系统的发展过程，尽管它们所能实现的功能、综合程度、适用场合各有差异，但其结构形式通常可分为集中组屏式、分层分布式、完全分散式、分散集中结合式和分布网络式五种。

（一）集中组屏式

集中组屏式结构的自动化系统采用不同档次的计算机，扩展其外围接口电路，集中采集变电站的模拟量、开关量和数字量等信息，集中进行计算和处理，分别完成微机保护、自动控制等功能。在这种结构的系统中，按功能划分为高压保护单元、低压保护单元、遥测单元、遥信单元、遥控单元、电能单元、电压无功单元、交流和直流电源等单元，由一个总控单元加以控制，总控单元以串行通信方式与各单元以及故障录波、监控计算机进行通信。

集中组屏式的结构根据变电站的规模，配置相应容量的集中式保护装置和监控主机及数据采集系统，它们安装在变电站中央控制室内。主变压器和各进出线及站内所有电气设备的运行状态，通过 TA、TV 经电缆传送到中央控制室的保护装置和监控主机。继电保护动作信息往往取自保护装置的信号继电器的辅助触点，通过电缆送给监控主机。

集中组屏式变电站自动化系统具有明显的优点，主要表现在：系统全部监控设备均集中在变电站总控室，环境优良，系统的运行监视和操作控制较为方便；按功能划分单元，功能单元间相互独立，互不影响；系统自动化监控综合性能较强，有利于提高系统全站监控水平，有利于提高有关功能指标。

集中组屏式变电站自动化系统的缺点主要表现在：每台计算机的功能较集中，如果一台计算机出现故障，影响面大，因此必须采用双机并联运行的结构才能提高可靠性；软件复杂，修改工作量大，系统调试麻烦；组态不灵活，对不同主接线或规模不同的变电站，软、硬件都必须另行设计，工作量大；集中式保护与长期以来采用一对一的常规保护相比，不直观，不符合运行和维护人员的工作习惯，调试和维护不方便，程序设计麻烦，只适合于保护算法比较简单的情况。

（二）分层分布式

在分层分布式结构的变电站自动化系统中，将整个变电站的一次、二次设备分为三层，即变电站层、单元层（或称间隔层）和设备层。在所分的三层中，变电站层称为 2 层，单元层称为 1 层，设备层称为 0 层。每一层由不同的设备或子系统组成，完成不同的

功能。

设备层主要指变电站内的变压器、断路器、隔离开关及其辅助触点,也包括电流互感器、电压互感器等一次设备。

单元层一般按断路器间隔划分,具有测量、控制部分和继电保护部分。测量、控制部分完成该单元的测量、监视、操作控制、联锁或闭锁及事件顺序记录等功能,继电保护部分完成该单元线路、变压器或电容器的保护与故障记录等功能。因此,单元层本身是由各种不同的单元装置组成的,这些独立的单元装置直接通过局域网络或串行总线与变电站层联系;也可能设有数据采集控制机和保护管理机,分别管理各测量、监视单元和各保护单元,然后集中由数据采集控制机和保护管理机与变电站层通信。单元层本身实际上就是两级系统的结构。

变电站层包括站级监控主机、远动通信机等。变电站层设现场总线或局域网,供各主机之间和监控主机与单元层之间交换信息。变电站自动化系统主要位于1层和2层。变电站层的有关自动化设备一般安装于控制室,而单元层的设备宜安装于靠近现场的位置,以缩短控制电缆长度。直到现场通信技术在变电站的成熟使用前,单元层的设备仍安装在变电站控制室,形成了分层分布式系统集中组屏的结构。

分层分布式集中组屏结构的变电站自动化系统有如下特点:

(1)分层分布式的配置。为了提高自动化系统整体的可靠性,系统采用按功能划分的分布式多CPU系统。系统的功能单元包括:各种高、低压线路保护单元,电容器保护单元,主变压器保护单元,备用电源自投控制单元,低频减负荷控制单元,电压、无功综合控制单元,数据采集与处理单元,电能计量单元等。每个功能单元基本上由一个CPU组成,CPU多数采用单片机。主变压器保护单元等少数功能单元由多个CPU组成。这种按功能设计的分散模块化结构具有软件相对简单、调试维护方便、组态灵活、系统整体可靠性高等特点。

在自动化系统的管理上,采取分层管理的模式,即各保护功能单元由保护管理机直接管理。一台保护管理机可以管理多个单元模块,单元模块之间可以采用双绞线用RS-485接口连接,也可通过现场总线连接。而模拟量和开关量的输入/输出单元由数据采集控制机负责管理。正常运行时,保护管理机监视各保护单元的工作情况,如果某一保护单元有保护动作信息或保护单元本身工作不正常,立即报告监控机,再送往调度中心。调度中心或监控机也可通过保护管理机下达修改保护定值等命令。数据采集控制机则将各数采单元所采集的数据和开关状态送往监控机,并由监控机送往调度中心。数据采集控制机还接受由调度中心或监控机下达的命令。总之,保护管理机和数据采集控制机可明显地减轻监控机的负担,协助监控机承担对单元层的管理。

变电站层的监控机通过局部网络与保护管理机和数据采集控制机通信。在无人值班的变电站,监控机主要负责与调度中心的通信,使变电站综合自动化系统完成"四遥"任务,具有远程监控终端的功能。在有人值班的变电站,监控机除负责与调度中心通信外,还必须完成人机联系(当地显示、制表打印、开关操作等)功能。对于规模较大的变电站自动化系统,在变电站层可能设有通信控制机,专门负责与调度中心通信,并设有维护管理机,负责软件开发与管理等功能。

(2)继电保护相对独立。继电保护装置是电力系统中可靠性要求非常高的设备。在变电站自动化系统中,继电保护单元宜相对独立,其功能不依赖于通信网络或其他设备。在分层分布式集中组屏结构的变电站自动化系统中,各保护单元有独立的电源,保护的输入仍由电流互感器和电压互感器通过电缆连接,输出跳闸命令也通过常规的控制电缆送至断路器的跳闸线圈,保护的启动、测量和逻辑功能独立实现,不依赖通信网络交换信息。保护装置通过通信网络与保护管理机传输的只是保护动作信息或记录数据。为了无人值班的需要,也可通过通信接口实现远程读取和修改保护整定值。

(3)具有与控制中心通信功能。变电站自动化系统本身已具有对模拟量、开关量、电能脉冲量进行数据采集和数据处理的功能,也具有收集继电保护动作信息、事件顺序记录等功能,因此不需独立的远程监控终端装置为调度中心采集信息,而将自动化系统采集的信息直接传送给调度中心,同时也可接受调度中心下达的控制、操作命令和在线修改保护定值命令,并加以执行。

(4)可靠性高。由于采用模块化结构,各功能模块都由独立的电源供电,输入/输出回路都相互独立,任何一个模块故障,只影响局部功能的实现,不影响全局,系统的可靠性得到提高。

(5)维护管理方便。分层分布式系统采用集中组屏结构,全部屏安装在控制室内,工作环境较好,电磁干扰相对开关柜附近较弱,维护和管理方便。

(6)需要电缆较多。对于规模较大的变电站,由于设备分布较广,安装时需要的控制电缆相对较多,增加了电缆投资。

### (三)完全分散式

硬件结构为完全分散式的变电站自动化系统,以变压器、断路器、母线等一次主设备为安装单位,将保护、控制、输入/输出、闭锁等单元就地分散安装在一次主设备的开关(屏或柜)上,安装在主控制室内的主控单元通过现场总线与这些分散的单元进行通信,主控单元通过网络与监控主机联系。

### (四)分散集中结合式

分散集中结合式的结构既有集中部分又有分散部分,按照集中和分散的不同结合,还可分为以下两种形式:

(1)局部集中-总体分散式。对于枢纽级 220 kV 变电站、500 kV 级变电站,或者进出线路多的变电站,或者不同电压等级的母线多的变电站,它们要控制、测量、保护的主设备较多,完全采用分散式结构,在管理、通信电缆使用等方面均不优越,一种适应的方式就是根据变电站的电压等级和规模,设置几个设备控制小间,将测量、控制、保护集中组屏安装在这些小间,多个设备控制小间由站级总控单元集中管理,这样便形成了局部集中-总体分散的模式。

(2)高压集中-配电分散式。高压集中-配电分散式变电站自动化系统就是将配电线路的保护和测控单元分散安装在开关柜内,而将高压线路保护和主变压器保护装置等采用集中组屏,形成分散和集中相结合的结构。以每个电网元件(如一条出线、一台变压器、一组电容器等)为对象,集测量、保护、控制为一体,设计一个机箱。对于 6~35 kV 的配电线路,可以将这个一体化的保护、测量、控制单元分散安装在各个开关柜中,然后由监控主机通过光纤或电缆网络,对它们进行管理和交换信息,形成分散式的结构。对于高压线路保护装置和变压器保护装置,仍采用集中组屏安装在控制室内,形成集中式的结构。

集中分散结合式变电站自动化系统的优点如下:

(1)配电线路的保护和测控单元,分散安装在各开关柜内,简化了变电站二次部分的配置,大大缩小了控制室的面积。

(2)高压线路保护和变压器保护采用集中组屏结构,保护屏安装在控制室或保护室中,处于比较好的工作环境,有利于提高可靠性。

(3)简化了变电站二次设备之间的互连线,节省了大量连接电缆。

(4)各模块与监控主机间通过局域网络或现场总线连接,变电站内原来大量的信号传输改变为数据传输,抗干扰能力强,可靠性高。

(5)分层分散式结构可靠性高,组态灵活,检修方便。

## (五)分布网络式

这种结构的变电站自动化系统的基本组成包括测控单元(遥测、遥信数据采集,遥控、遥调命令执行)、通信网络(网络结构、以太网、现场总线网、路由器)、工作站(操作员站、服务器、工程师站、通信站)、软件系统(采集软件、数据库软件、数据处理软件、通信软件、显示软件)。

## (六)"三层两网"结构

随着电子式互感器的诞生、IEC61850系列标准的颁布实施、以太网通信技术的应用和智能断路器技术的发展,变电站自动化技术向着数字化技术延伸。以数字化变电站为技术基础,采用先进、可靠、集成、低碳、环保的智能设备,以全站信息数字化、通信平台网络化、信息共享标准化为基本要求,自动完成信息采集、测量、控制、保护计量和监测等基本功能,以及自动控制、智能调节、在线分析决策、协调互动等高级功能的变电站就是智能变电站。

"三层两网"结构中的"三层"指变电站的过程层、间隔层和站控层;"两网"指过程层网络和站控层网络。过程层包括变压器、断路器、隔离开关、电压/电流互感器等一次设备及其所属的智能组件以及独立的智能电子装置IED。合并器汇集采集的数据并按FT3、IEC61850-9-1/2对外发送数据。

过程层网络是连接过程层的智能化一次设备和保护、测控、状态等间隔层二次设备的通信网络。它主要传送两类报文,即采样值SV报文和GOOSE报文。间隔层由继电保护装置、系统测控装置、监测功能组主IED等二次设备组成。其主要功能包括:汇总本间隔过程层实时数据信息;实施对一次设备保护控制功能;实施本间隔操作闭锁功能;实施操作同期及其他控制功能;对数据采集、统计运算及控制命令的发出;承上启下的通信功能等。站控层网络是连接间隔层和站控层设备之间的网络,它完成MMS数据传输和变电站、GOOSE联闭锁等功能。站控层的主要任务是通过两级高速网络汇总全站的实时数据信息,将有关数据信息送往电网调度或控制中心,接收电网调度或控制中心有关控制命令,转间隔层、过程层执行,站控层具有对间隔层、过程层设备的在线维护、在线组态、在线修改参数等功能。站控层包括自动化站级监控系统、站域控制、通信系统、对时系统等组成部分,实现面向全站设备的监视、控制、告警及信息交互功能。

# 第三节　调度数据网网络设备原理和网络拓扑结构

## 一、调度数据网网络设备原理

### (一)电源及环境

**1.供电及输入电压**

(1)允许的电压波动范围至少为直流-57.6~-43.2 V、交流220×(1±10%)V。

(2)应具有因电源中断对处理器和存储器产生影响的保护措施。

(3)具备双电源输入功能的数据网设备,其电源模块应具备两路电源之间的隔离保护功能,且能够自动选择切换输入电源。

**2.过压保护**

设备本身采取的防护措施为二级保护,具备抗御雷电冲击引起的过电压的能力。设备既能经受纵向过电压,又能经受横向过电压。

(1)能承受用户线路上峰值电压1 kV的雷电感应过电压而不降低任何部件的性能。

(2)能承受由于高压接地故障引起的地电位升高和电磁感应引起的通信导线上650 VAC、0.5 s的纵向过电压而不降低任何部件的性能。

**3.环境要求**

能在温度为0~40 ℃、相对湿度为20%~80%的环境条件中正常工作。

### (二)接入路由器

(1)供电方式:支持直流-48 V或交流220 V供电。

(2)以太网接口:支持的接口速率不小于100 Mbit/s,支持10/100 Base-T.E1接口、串行接口标准。

(3)用户协议:支持IP、Frame Relay、PPP、Multilink PPP。

(4)路由协议-单播:静态路由、OSPF、MP-BGP、RIPv2、策略路由。

(5)路由协议-组播:支持PIM-SM/DM、ICMP。

(6)IPv6:支持IPv4和IPv6双协议栈,支持IPv6静态路由。

(7)可管理性:支持SNMPv1、SNMPv2。

(8)服务质量:具备流量分类、标记及控制功能。

(9)网络安全:应支持路由过滤及数据包过滤等安全控制功能。

(10)VPN:支持MPLS L3VPN。

(11)可靠性:支持VRRP、NTP。

(12)应能够与其他各主流厂家的网络设备互联互通。

（三）接入交换机

（1）接入交换机分为调度端接入交换机和厂站端接入交换机。调度端接入交换机用于各级调度机构，厂站端接入交换机用于调管厂站。

（2）调度端接入交换机技术要求：①供电方式：支持直流-48 V 或交流 220 V 供电。②以太网接口：支持的接口速率不小于 100 Mbit/s，支持 10/100 Base-T、10/100/1000 Base-T、1000 Base-FX、1000 Base-SX、1000 Base-LX/LH、1000 Base-ZX 等标准。

## 二、调度数据网网络拓扑结构

### （一）网络拓扑结构对比分析

常用的网络拓扑结构有总线型、环型、星型和网状型四种。

1. 总线型拓扑结构

（1）总线型拓扑结构的优点：①结构简单，可扩充性好，组网容易；②多个节点共用一条传输信道，信道利用率高；③传输速率较高。

（2）总线型拓扑结构的缺点：①故障诊断困难，发生故障时往往需要检测网络上的每个节点；②故障隔离困难，故障一旦发生在公用总线上，可能影响整个网络的运行；③网上计算机发送信息容易发生冲突，网络实时性不强。

2. 环型拓扑结构

（1）环型拓扑结构的优点：①网络结构简单；②缆线长度比较短；③网络整体效率比较高。

（2）环型拓扑结构的缺点：①故障的诊断和隔离较困难；②环路是封闭的，不便于扩充；③控制协议较复杂。

3. 星型拓扑结构

（1）星型拓扑结构的优点：①网络结构简单，组网容易，便于管理；②故障诊断容易。

（2）星型拓扑结构的缺点：①网络需要智能的、可靠的中央节点设备，中央节点的故障会使整个网络瘫痪；②中央节点负荷太重；③每台计算机直接与中央节点相连，需要大量电缆；④通信电缆是专用的，利用率不高。

4. 网状型拓扑结构

网状型网络的每一个节点都与其他节点有一条专门线路相连。网状型拓扑结构广泛应用于广域网中。

（1）网状型拓扑结构的优点：①节点间路径多，碰撞和阻塞减少；②局部故障不影响整个网络，可靠性高；③网络扩充和主机入网比较灵活简单。

（2）网状型拓扑结构的缺点：①网络关系复杂，建网较难；②网络控制机制复杂。

### （二）网络拓扑结构的选用原则

选择网络拓扑结构时应主要考虑以下因素：

（1）数据的流向。以业务由各个站点流向调度中心为主，各站点之间流通业务较少。

（2）传输链路。由于数据业务是构筑在电力专用网络传输链路上的,因此传输链路应可靠且带宽充足,这也是网络拓扑结构设计的一个重点。

（3）节点的地理位置。设计网络拓扑结构时应考虑各节点之间的相对地理位置关系。

（4）节点之间的业务隶属关系。应考虑各节点间的业务联系,由于网络采用链路状态协议,因此有必要将相互间业务联系较多的节点设置在同一个子域内,以提高网络的效率。

（5）网络的可靠性及冗余性。

（6）网络的收敛时间。电力调度数据网络对数据传输的要求高,所以网络的收敛时间要短。网络的收敛时间除了与采用的路由协议有关,还受网络拓扑结构的制约。此外,网络的直径以及链路的多少都与收敛时间有关。

### （三）拓扑规则

（1）充分利用电力通信传输网络资源,网络连接采用半网状连接。

（2）在条件许可的情况下尽可能采用 P 与 PE 设备分离的部署结构,保障骨干网络的可靠性,将网络路由的收敛振荡影响限定在网络的一定范围内。

（3）为保证网络的可靠运行,省骨干网内各节点至省中调直达路由跳数不大于 4 跳,迂回跳数不大于 6 跳。地区网内各节点至地调、县（区）调直达路由跳数不大于 5 跳,迂回路由跳数不大于 7 跳。

# 第四节　自动化网络安全防护技术策略

## 一、电力调度自动化安全防护中的两个安全问题

在我国当前的社会发展中,虽然各种网络技术和信息技术的应用已经十分广泛,但这两种技术在应用过程中也存在一定的危险性。尤其是我们当前应用的网络技术,主要都是通过各种加密以及保护后形成的一种网络安全技术,如果在具体的网络技术应用中缺乏完善的安全保障系统,就有可能导致网络的应用出现问题,所以在电力供应过程中和电力调度过程中要想科学合理地使用自动化技术,就必须要加强电力供应环节和调度环节的安全保障。尤其是要在电力调度的自动化发展中建立起完善的网络安全防御系统,通过网络安全防御系统的应用可以避免自动化电力调度而受到影响,以此来稳定各个地区的电力供应以及电力调度。但是在我国当前的电力自动化调度过程中仍然存在着一定的安全问题,而出现的这些安全问题主要都来自网络方面,其中出现问题的主要原因是系统没有及时更新,或者没有从手机下载系统安全修复程序来加强系统,从而在整个系统中产生安全错误。由于配置不当,防火墙的安全和保护措施完全适应了网络拓扑和形状的变化,没有得到及时的保护。另一个原因是网络服务器上的通信协议和服务没有及时关闭。因此,自动控制系统本身收集了大量不正确的数据,这不可避免地严重影响了自动风力涡轮机的控制,进而影响了发电厂的运行,这意味着它们无法正常运行。但是由于自动化技

术主要是依靠网络技术和计算机设备的支持,如果网络安全不能得到有效的保障,就有可能让各个地区的电力调度出现不稳定的形象,从而直接影响到我国的经济建设工作和社会稳定,所以必须要在电力调度自动化发展中保障网络安全,只有通过这项工作的大幅度开展才可以真正地确保电力调度自动化的正常应用。

（1）内部网用户的问题:一些用户没有意识到网络安全,这使得外部公共网络服务器可以直接访问一些系统的计算机和工作站,对整个系统的网络安全构成严重威胁,或导致一些用户出现网络安全操作错误。或者维护人员在对系统进行日常维护和编程过程中可能出现的一些错误,将直接影响我国的电力控制室和自动化系统,使其无法安全稳定运行。运行中使用的发电机调整相对简单且不规则,轮换很容易引起网络安全问题,导致运行过程中频繁出现权限过大的情况,这对电气控制器自动化系统的整体和正常运行非常不利。

（2）外部网络用户的问题:远程诊断拨号处于连接状态,并且缺乏适当的安全措施,即未经授权的无线用户直接访问自动化系统。此外,由于对电子邮件的实际使用缺乏有效的限制,病毒通过电子邮件以多种方式传播和感染,电气控制中心的自动化系统也可能受到黑客的攻击和破坏,导致许多潜在的安全风险。电力调度的自动化控制系统制订了适当的风险措施和解决方案。电气控制和计算机自动化系统中所有数据的风险可能直接导致系统故障。

## 二、电力调度自动化网络安全防护技术策略

### （一）创建科学的网络架构

考虑到我国目前大型电力调度自动化系统可能存在的安全问题,在调度自动化网络建设中,基于网络安全系统的一般性和复杂性原理,我们必须充分利用与网络安全相关的技术手段,积极实施一致的配电自动化系统安装,从数学和物理两个角度分析其特点。在我国电力调度自动化系统建设和运行过程中,为了充分考虑各种环境因素的影响,机房的环境湿度必须严格控制在相对湿度的 75% 以下,以避免机房内部出现问题。同时,要严格控制机房的工作温度,及时对机房内的设备进行降温,避免发生事故,因为机房内温度过高会导致不同自动化设备中的各种组件和芯片过热。在安装机房时,仍需积极做好防静电保护工作。机房的地板也应采用尽可能多的防静电材料,这将确保电气调度员和互联网自动化系统实现高水平的技术安全。对于不同类型的网络安全问题,他们面临着不同的管理风格,因此相关人员必须在工作中具体分析这些问题的原因,以确保电力调度和网络安全、系统安全。在实施电气控制和网络自动化部署过程中,必须进一步加强系统和网络的日常维护和管理,提高系统和网络管理水平,充分保障和维护系统安全、网络安全。要积极使用各种防病毒软件,提高擦除和提醒网络中所有病毒的能力,从而有效保证网络的安全和正常运行。对于控制系统电源和网络安全方面的一些问题,将通过优化控制系统总线和网络完整性的多个维度来创建风险防范系统。一些与控制系统电源复杂性和操作系统结构有关的问题已经得到优化,确保控制电源和网络系统的功能性和完整性,为未

来建设更高水平的安全网络提供有利条件。

### (二)建立电力调度自动化网络安全保障体系

电力调度系统的自动化不仅最大限度地推动了电力企业在当前社会中的发展,同时也让电力企业在当前的社会发展中可以更好地发挥出自身的优势,所以电力调度自动化系统的应用对于社会的经济建设和各方面发展都有着很大的帮助,为了保障电力调度自动化的正常运行,应该根据实际情况建立起完善的网络保障体系。在我国当前的自动化电力调度系统中,主要就是应用计算机设备和网络技术来实现自动化的电力调度,但是在我国的经济发展过程中仍然存在着比较大的危险性,尤其是网络在使用过程中就有可能受到黑客的攻击,如果在受到攻击的过程中缺乏完善的防御抵挡手段,就有可能对我国各个地区的电力调度造成比较严重的影响。而电力调度作为各个地区电力供应以及电力发展的主要环节,一旦电力调度出现问题或者是出现电力中断现象,对于各个地区的经济建设工作以及社会稳定都会造成一定的影响。所以,实现网络安全对于自动化系统的网络安全来说,它是网络管理的重要组成部分,为自动化系统阻止木马攻击和恶意应用提供了重要途径。

通过这项技术,电气控制室的自动控制系统和网络安全的自动风险防范系统的建设有助于维护和确保网络安全。它可以严格控制对资源的访问、身份验证等方面,确保整个网络层的资源共享和数据传输的安全,并防止特洛伊木马或其他恶意应用程序的攻击。为了实现电力控制器的自动化,必须进一步完善网络安全系统,相关人员必须开发一个完整的网络安全系统以方便管理过程。同时,系统的整体结构可以将网络安全的整体性能划分在一起,当面临黑客攻击时完全可以反击。所以,建立起完善的安全保障体系也是电力调控系统自动化应用在当前社会发展中的一个重要举措,如果缺少完善的电力调度系统的网络安全保障体系,就有可能在电力系统的正常应用中受到攻击,从而影响一些地区的电力供应。

### (三)加强电力企业电力调度自动化安全控制

近些年来电力调度公司的互联网安全与风险防范自动化系统不仅关注企业互联网自动化系统中存在的问题,还关注企业互联网自动化系统中所有管理者和用户的需求,研究并提出切实可行的风险防范措施,通过对互联网安全和企业风险防控机制、技术工作机制和风险防控管理机制、组织发展规划机制和业务管理机制等多方面管理,科学合理地配置了企业的人力和财力,这将为确保互联网商业信息系统的安全运行奠定良好的基础和有利条件。

电力企业在发展过程中,应该根据科技的发展情况,适时建立起完善的安全保障系统,尤其是应该建立起网络防护墙避免电力系统受到网络干扰。电力企业应该加强网络防护系统的应用,尤其是需要不定时对网络防护系统进行检查维护,有效地避免电力调度自动化的网络安全受到影响,对我国的正常电力供应造成危害。

# 第三章　电力系统自动化与智能电网理论研究

## 第一节　智能配电网与配电自动化

### 一、浅析智能配电网、配电自动化

#### (一)智能配电网

所谓智能配电网,其本身不仅是电力系统配电网系统发展与升级的延伸,也是智能化发展的体现,进一步满足了电力系统的发展需求。智能配电网的全面落实,主要以高新智能技术为主,以集成通信网络的方式,融入更多先进技术,引进先进设备,从而提高配电网系统的控制能力,确保配电网系统安全健康运行。智能配电网具备超强的自愈能力,能够有效抵抗不良因素的影响,并且进一步满足用户电量方面的变化。以智能配电网控制电量应用,可以解决电力系统高峰期跳闸抑或是电力不足等问题。智能配电网的应用,很大程度上创新了电力系统的运行模式,同时提高了系统运行效率,保证了电力系统的供电质量。

#### (二)配电自动化

配电自动化作为智能配电网的关键内容,本身以运营管理自动化为基础,实现低压状态下智能配电网的自动运行,帮助智能配电网实现全自动控制,提升智能配电网的信息化。配电自动化本身具备多种功能,能够及时收集智能配电网运行数据,并且对数据加以分析,根据故障类型自动设置隔离。配电自动化集微电子、自动化、计算机等于一体,可以有效控制智能配电网系统,维持配电网稳定运行。配电自动化在不断发展中逐渐实现了调度“可视化”,改善了配电网中存在的供电质量难题,提高了故障处理效率。当然配电自动化中包括GIS 平台,可以有效管理配电信息,提高配电网控制力度,迅速解决因为各种原因出现的电力系统停电故障等。此外,配电自动化提高了智能配电网系统的控制能力与信息化水平。

### 二、智能配电网、配电自动化关系剖析

智能配电网与配电自动化,都是电力系统智能化发展的重要体现,同时也是智能技术应用的关键。现代化电力系统发展面临更多问题与挑战,所以我们应做到协调好智能配电网与配电自动化之间的关系,激发两者的应用价值,获取更多的发展优势。配电自动化属于自动化技术类型,智能配电网发展中,配电自动化技术为智能配电网提供了更多便利条件,两者关系十分紧密。智能配电网的安全高效运行需要配电自动化技术的支持,配电

自动化技术价值的展现需要智能配电网的帮助。配电自动化技术有效结合信息技术、互联网技术等，实现信息的高效交流，打造自动化信息采集与分析模式，将其很好地融合到智能配电网中，形成自动化运行整体。自动化技术支持配电网智能化运行，有效处理配电网中面临的管理问题与故障问题，并且帮助智能配电网实现用电情况统一分析。

智能配电网、配电自动化之间存在一定的差别。首先是智能配电网的智能化技术更为先进与成熟，并且技术范围更加广泛，包括配电自动化中的二次技术、一次技术与其他先进技术。智能配电网在电力系统中的应用，主要以降低系统运行成本为目标，实现系统的开源节流，提升配电网的运行性能。配电自动化技术的主要目的是辅助智能配电网实现电力系统智能化运行，完善全新智能配电网发展模式。智能配电网在传统配电网系统的基础上，增加电表信息读取统计、电网自动化运行等功能，为用户用电与咨询相关信息等提供更多方便。

### 三、智能配电网与配电自动化发展趋势总结

从电力系统长远发展与智能发展来说，智能配电网、配电自动化二者缺一不可。市场结构调整，经济环境发展变化，节能化、低碳化发展成为主题。在这样的发展背景下，必须深入剖析智能配电网、配电自动化未来发展趋势，明确未来发展方向，实现发展价值。

（一）认真对待智能化发展要求，加大技术创新力度

智能化发展是主要方向，不管是智能配电网还是配电自动化，都必须加大技术发展与智能发展创新力度。电力系统智能化发展期间，创新离不开新技术的开发与应用。充分利用载波通信技术，做到配电系统信息变化的及时掌握与统计发布，为智能配电网增加读取远程电表功能，时刻掌握用电信息与用户用电需求。配电自动化技术积极创新，总结实际应用经验，做好信息处理工作，从中筛选出更多有价值的信息资源，为智能配电网智能化发展提供更多参考。科学应用用户电力技术，搭配低压配电技术、数据分析技术、系统检测技术以及微处理技术，升级配电自动化技术，从而进一步提高电力系统运行的安全性以及电能质量，达到信息处理的目的，增强智能配电网运行的可靠性、安全性。技术创新与升级，能够进一步解决供电量需求变化的难题，帮助智能配电网实现特殊负荷下的正常运行。智能配电网的柔性化特点，能够更加灵活地控制系统运行。

（二）提高配电网安全水平，强化配电网运行功能

随着智能配电网的发展，配电自动化技术很好地协调了智能配电网结构，并且增添更多智能化功能，帮助智能配电网更好地朝着电力市场发展方向前进。加强对配电网安全的重视，进一步强化配电网运行功能，提高智能配电网工作效益，为电力企业发展创造更多优势。电力企业发展竞争愈加激烈，配电网自动化的实现，使得电力企业供电质量明显提升，并且在很多方面节省运行成本，实现了企业经营的开源节流。自动化运行与故障检测等，都是保障配电网安全的重要手段，功能性更强，使智能配电网的运行效率明显提升。所以，我们应加大配电自动化技术的开发研究，强化配电自动化，从而升级智能配电网性能。

（三）深入研究新能源技术，实现配电网可持续发展

智能配电网与配电自动化未来发展，还需要加大对新能源技术的研究力度。利用新能源技术减少智能配电网能源消耗，贯彻落实环保运行理念，升级配电网保护控制能力，实现电力系统能源的统筹规划。在配电网运行过程中，对于运行管理方式提出新标准，对此智能配电网、配电自动化都必须积极调整，严格控制网点的选择。突破传统配电网中分布式发电的限制，以 SDG（科学数据网格）为载体，充分利用其超强的适应能力，适当渗透 DER（分布式能源），有效减少配电网传统能源消耗。这样一来可再生能源在配电网中得到全面推广，电力企业的碳排放量明显降低，同时节约了更多的化石燃料，真正做到了环保发电，电力生产节能手段得到优化，智能配电网与配电自动化的能源结构得到有效转变。

综上所述，智能配电网与配电自动化的发展，打破了传统配电网发展限制，并且升级配电网自动化技术，两者的有效结合与充分利用，实现了电力系统的高品质、高水平、高环保、高标准"四高"发展。

# 第二节　智能电网调度自动化系统研究

## 一、电网调度自动化系统的构建

### （一）构建自动化系统支撑平台

电网调度自动化系统对电力系统的整体运行来说，能够起到非常重要的影响和作用，一旦电网调度自动化系统在日常运行以及维护过程中出现问题，就会直接对电力系统的正常、安全、稳定运行产生影响。因此，在这种形势下，要保证电网调度自动化系统的科学合理构建，保证其自身在运行过程中的稳定性和安全质量。改进后的系统支撑平台，一般来说，都会利用多级分层客户端的方式来实施，系统会利用分布式的触发机制，与此同时，会建立相对应的实时数据库管理体制。这样不仅能够保证电网调度系统自身更加快速、高效地运行，而且能够在数据处理时，保证数据的真实性和有效性。改进后的自动化系统在数据传输方面也有了明显的进步，在实际操作过程中，能够实现批量导入，并且能够针对批量资料进行修改，这种运行方式在实践当中，为数据库增加了更多的缓存空间。在这种形势下，即使数据库出现一些故障问题，SCADA 服务器自身的基本功能也不会受到影响，仍然能够保持正常工作的运行状态。

### （二）构建自动化系统新旧功能

SCADA 系统一直以来都被广泛地应用到电力管理系统当中，在技术方面比较成熟，不仅能够保证电网在日常运行过程中的稳定性和安全性，而且能够提高电网调度的整体工作效率。在当前现有的系统调度设备当中，SCADA 系统可以说是最早被应用到电网调度当中的，该系统在实际运行过程中，能够实现数据采集、事件顺序记录、事故报警处理

等,其自身能够实现多功能化处理。电网调度自动化系统在实际构建过程中,在保证沿袭传统技术的基础上,要与时俱进,与现代化技术进行有效结合,进行不断地创新和改革发展。对于改进的自动化系统,需要在原有功能的基础上,相对应地增加电网分析功能,电网分析功能可以说是在 SCADA 系统的基础上,逐渐建立并且发展起来的。这样一来,不仅能够为电网调度自动化系统的正常安全运行提供切实有效的保障,而且能够最大限度地提高电网分析自身的智能化水平。

## 二、电网调度自动化系统的运行维护操作

### (一)电网调度自动化系统硬件的运行维护

电网调度自动化系统在实际运行过程中,为了保证其自身的稳定性、安全性以及运行质量,进行相对应的日常维护是非常必要的工作内容。电网调度自动化系统主要是由硬件和软件系统相互组合而成的。其中,硬件是整个系统在运行过程中可以随处可看见的部分,硬件设备自身的稳定性和质量能够直接影响到电网调度自动化系统的整体运行水平。在实际运行过程中,即使只有一个硬件出现故障问题,其他设备也会相对应地受到不同程度的影响,严重的情况下,会直接导致整个电网出现瘫痪。这样不仅对电网系统自身的运行造成严重的威胁,而且对人们的日常用电需求也产生了一定的影响。因此,需要加强对硬件检测的力度和重视度,对硬件要进行及时、定期的检查与保养,对其中存在的安全隐患问题及时采取有针对性的措施进行处理,保证硬件自身的质量。

### (二)电网调度自动化系统人机界面的运行维护

电网调控中心结构相对来说比较复杂,涉及的内容和方面比较多,其自身的分支也比较多,所以在实际运行过程中,经常会出现人机相互之间不和谐的状态。通过对实践操作进行分析可以看出,大多数情况下都是由于错误操作而造成事故问题的发生。针对这种情况,我们应该注意在实际操作过程中规范操作人员自身的行为,安排专业人士定期对站端信号进行维修和检查,在保证其自身自动化数据传输水平不断提高的基础上,加强机房调度中心机组人员自身的业务素质和专业技能水平,最大限度地保证人机之间能够协调相处,保证电网调度自动化系统的正常安全稳定运行。

### (三)电网调度自动化系统自测的运行维护

电网调度自动化系统对于电网系统的整体运行来说,具有非常重要的影响和作用。在这种形势下,电网调度自动化系统具有启动状态估测功能,能够对系统自身的实际运行情况进行评估和检测。在实际工作当中,启动状态估测功能并非意味着一定没有问题出现,比如同一个检测点 PQI 匹配不和,导致辨识出现误差,出现这一问题的根本原因就是终端在数据采集时,没有保证数据的完整性和有效性。在实践当中,很多数据都是在传输过程中失去其自身的真实性,导致最终预估的状态与实际情况严重不符。如果检修人员直接根据状态预估结果来进行维修和养护,不仅达不到检修的根本目的,反而还会导致

设备自身的运行质量有所降低,甚至严重的情况下,会对设备留下其他不同程度的安全隐患问题。对于系统自我估测功能所出现的问题,需要安排专门人员对其进行严格的检测,对系统采集进行人工性的抽查,对一些可疑性比较高的数据进行反复核对,最大限度地保证数据在传输过程中的完整性和准确性。只有这样,在保证其自身科学合理运行的基础上,才能够将对系统采取的运行维护工作的作用充分发挥出来,提高电网调度自动化系统的整体运行水平和质量。

综上所述,电力系统在当前的日常运行过程中非常重要,因此在这种形势下,为了保证电力系统的正常安全稳定运行,要加强对电网调度自动化系统的构建水平以及相对应的运行维护措施。在现有的基础上构建与现代化技术相结合的自动化系统,虽然其自身在运行过程中仍然存在问题,但是在实践当中不断地总结经验,定期对电网调度自动化系统进行运行维护,可以保证其自身的运行质量和安全性。

# 第三节　智能电网调度自动化技术

## 一、智能电网调度自动化概述

智能电网调度自动化是指综合运用自动化技术、智能技术、传感测量技术和控制技术等,实现电网调度数据、测量、监控的自动化、数字化、集成化,利用网络信息资源共享,确保电网调度系统能够统一运行。与传统电网调度自动化相比,智能电网调度自动化系统将进一步拓展对电网全景信息(完整的、正确的、具有精确时间断面的、标准化的电力流信息和业务流信息等)的获取能力,以坚强、可靠、通畅的实体电网架构和信息交互平台为基础,以服务生产全过程为需求,整合系统各种实时生产和运营信息,通过加强对电网业务流实时动态的分析、诊断和优化,为电网运行和管理人员提供更为全面、完整和精细的电网运营状态图,并给出相应的辅助决策支持,以及控制实施方案和应对预案,最大限度地实现更为精细、准确、及时、绩优的电网运行和管理。智能电网将进一步优化各级电网控制,构建结构扁平化、功能模块化、系统组态化的柔性体系架构,通过集中与分散相结合,灵活变换网络结构、智能重组系统架构、最佳配置系统效能、优化电网服务质量,实现与传统电网截然不同的电网构成理念和体系。由于智能电网自动化可及时获取完整的输电网信息,因此可极大地优化电网全寿命周期管理的技术体系,承载电网企业社会责任,确保电网实现最优技术经济比、最佳可持续发展、最大经济效益、最优环境保护,从而优化社会能源配置,提高能源综合投资及利用效益。

## 二、智能电网对调度自动化的新要求

(1)构建统一技术支撑体系。为保证电网安全、稳定和高效运行,调度中心存在众多的业务需求,这些需求的提出推动了各套独立系统的建设和运行,各项业务系统之间不可避免地存在数据和功能上的交叉。然而,因为缺乏整体规划,在架构灵活性和设计标准化两方面的缺陷,导致快速发展的应用系统间数据共享难、相互影响大、全局安全性和集成能力不足、缺乏可以共享的统一信息编码等诸多运维难题。调度智能化要求构建全网一体化、标准化的技术支撑平台,满足调度各专业横向协同和多级调度纵向贯通的需求。

(2)加强规范化和标准化。标准化建设和运行维护是系统推广和互动的基础,但目前电网数据和模型都出现了不同的版本。单一数据源和独立模型不能单独满足调度整体业务需求,相互整合存在较高技术难度。调度智能化应用需要得到电网全景信息的支持,包括对数据采集的标准化整合、电网模型和信息编码体系的统一、多级调度主站和厂站的信息融合与业务流转等。

(3)建立业务导向型功能规划。专业职能的划分,将本是相互融合的电网调度业务进行了人为的拆分,导致调度自动化系统业务导向不明确。应用系统由不同专业部门分批建设,缺乏整体规划和统一的基础技术支撑体系。此外,有必要依托全网统一的技术支撑体系,规范各应用系统的接入方式和信息共享模式,实现信息在应用系统间灵活互动,以满足从调度计划、监视预警、校正控制到调度管理的全方位技术支持。

(4)应对智能电网发展新需求。智能发电、输电、配电和用电,以及节能发电调度的推进对电网调度提出了严峻的挑战。配网侧双向潮流管理、电动汽车大规模应用等带来了电网负荷波动特性变化,调度部门负荷预报和实时调控的难度进一步加大。大容量新能源电源并网带来的电源输出不稳定性和不确定性,以及如何利用这些新的负荷点进行削峰填谷,都会给运行方式的安排和执行带来挑战。

## 三、智能电网调度自动化关键技术

### (一)数据服务技术

数据的采集分析处理在智能电网调度自动化系统中发挥着关键的作用,电网的所有调度决策都离不开准确的数据分析。智能电网调度自动化技术以 SOA 技术为基础开展数据服务,电网数据的展示及融合主要依靠标准接口及数据注册中心完成。此外,通过全周期的电网设备管理,能够有效地提升电网调度运行过程中数据的准确性,通过虚拟服务技术,屏蔽数据物理的有关信息,极大地方便了无差别访问工作。

### (二)应用服务技术

SOA 服务框架在智能电网中发挥了重要的作用,是实现电网调度自动化各运用间封装的重要手段。传统的电网调度系统中存在着许多重复的功能,如今我们利用 SOA 服务框架,则能够将这些应用封装起来,然后相互调动,且利用该服务框架可以灵活配置电网调度功能,进而满足电网调度功能的需求。在 SOA 体系下,利用智能电网调度系统,能够将传统电网调度系统中的阻塞管理、故障分析等模块根据实际的调度需求划分出来,优化电网系统。

### (三)电网运行智能决策

近年来,电网建设过程中正在不断地推进电网调控运行一体化,通过建立一个调控一体化的智能运行系统,能够有效地保证大量的分布式能源及清洁能源顺利、稳定地接入电网。同时,保证电力能源远距离输送的安全性、稳定性。基于智能系统的智能应用,可以有效地提高电网运行智能决策水平。利用调控一体化电网运行智能系统总线平台,可以得到电网全景信息,全面分析电网一次设备及二次设备的日常运行状态,以此为基础,构建大电网运行状态下的专家系统,这对于电力调度决策的精益化以及电力系统运行风险的控制工作都有着关键的作用。

(四)智能在线仿真平台

现阶段电网的规模逐渐变得更加复杂,电网运行的方式渐渐趋于多样化,为电网的在线调控及实时仿真分析工作带来了较大的难度,从而使得离线仿真结果的可参考性受到影响,不利于电网调度工作的开展。利用智能电网调度自动化技术,以分布式数据中心为基础,通过各种高科技技术手段,可以实现大电网智能在线仿真计算等功能,还可以利用实时计划编制、在线模型校核等技术手段,有利于电力调度部门实现智能型调度。

打造低碳经济和建设智能电网,为电网的再次腾飞带来动力,同时也给调度自动化带来新的机遇和挑战。智能电网调度自动化应当充分利用先进的IT技术和智能化科技,以及最先进的通信技术,将自动化系统的数据在模型结构上统一兼容,实现系统间的双向互动,达到既能分散运行,又能自由组合。在安全性、保密性的基础上实现数据在系统群中的自由定位,使得智能电网能实现信息交互、需求交互,使得社会效益最大化。

# 第四节 基于智能电网的电力系统自动化技术

## 一、智能电网概念分析

随着智能电网建设的不断推进,其对电力技术也有了更高的要求,对电力技术进行改进,将使智能电网的工作环境变得更加快捷、高效,从而使其在电力领域中发挥更大的作用。智能电网的出现,使其能够有效解决电力系统中存在的诸多问题,使电力系统的应用变得更加高效的同时,也能确保其安全性,能使电力系统变得更加节能环保,进而有效缓解能源紧缺局面。可以说,智能电网的应用,不仅使电力技术得到了显著提升,也能使我国电力领域的发展与国际电力发展潮流相适应,进而保障电力系统安全、有效运行,使其能够为人们提供更加优质的服务。

## 二、基于智能电网的电力技术及电力系统研究

### (一)电力能源转换的研究

众所周知,电力是人们日常生产生活中必不可少的能源,其在推动我国经济增长中起到至关重要的作用。而智能电网的发展,使电力能源的转换变得更加高效的同时,也进一

步节省了能量的损耗,并且使电力能源的转换变得更加环保,从而使电力领域向着低碳能源的方向发展。在智能电网建设中,电力工程技术水平的不断提高,使能量配比得到了很大程度的优化,以目前电力领域的发展形势来分析,对低碳能源进行更加高效、环保的利用已经成为未来电力领域的必然趋势。而在此过程中,智能电网在其中起到至关重要的作用,对低碳电力能源的利用,从实质上来说便是通过电力工程技术来不断创新电能传输,使电力资源在输送时能够最大限度地降低污染程度,以使我国可持续发展战略在智能电网建设中得到充分体现。

### (二)智能化电表的研究

在基于智能电网的电力系统中,人们能够利用计算机来对电表进行测试,测试系统能够对 TCP 通信或串口通信等方式进行选择,以使计算机能够和测试电表相连接,进而实现对电表的有效测试。计算机在测试电表的过程中,往往需要通过多台计算机与多台设备进行同时连接,而电表的测试数量可能多达数十块甚至上百块,这也使电表的测试难度非常大,特别是对超过千块的电表测试环境搭建来说,更是难上加难。而智能化电表的出现,使电表成为一种服务终端设备,该电表中有着相应的通信协议,其利用 IEC 62056 规则来对信息进行收发与处理。在智能化电表中,应按照客户端的框架进行设计,电表的分层结构是和其他设备相同的,将电表的分层结构和职责链与其内部各个协议层实施串联,并利用 Java 中的 JFace 来绘制智能电表界面,并对相应的参数进行设置,从而完成智能电表整个协议的模拟过程。对电表进行测试的根本目的是对不同厂家所提供的电表是否能够满足协议及相关技术规范的要求进行验证,其通过软硬件编码相互结合来使协议帧得以建立和完善,并按照测试标准流程来对各个电表进行逐个发送,然后结合数据来判断电表中的协议是否能够满足相关规定。

### (三)输电技术研究

现代微电子技术、控制技术和通信技术的快速发展与融合,使其进一步演变出柔性化交流输电技术,柔性化交流输电技术在清洁能源、新能源的利用与控制方面发挥了重要作用。由于柔性化交流输电技术能够对交流电进行灵活而高效的控制,这也使智能电网的传输性能、可靠性能及灵活性都得到了显著提高。在智能电网建设中,对特高压的输电是非常重要的,而柔性交流输电技术在特高压输电中的应用,使其有效解决了新能源和清洁能源之间的接入与隔离问题。

### (四)智能电网测试技术

智能电网测试技术是以 GPS 技术为基础发展出来的,其测试内容主要包括电能显示误差测试、电压跌落测试、485 通信性能测试以及计度装置组合误差测试等。其中,电能显示误差测试是以 PC 机作为硬件基础的,其利用 PC 机中的软件来采集电表中的电能数据,同时还能对电表的运行状态进行有效控制。电压跌落测试则要对各个电压线路中的电压参比进行测试,并且电流线路中的电流为基本电流。485 通信性能测试则是利用相应的测试软件来进行测试的,其测试项目共计 518 项。如时钟同步测试、数据读取测试、设备编程测试、设备数据传输测试、设备实时性测试等，其以 GPS 技术来对 485 通信模块进行通信测试。计度装置组合误差测试则是针对电能显示值和电能测试计算值之间所产生的误差来测试的，在测试过程中，需要确保两者之间的误差尽量控制在 0.1% 左右。此外，电表计数值应至少在 100 kW·h 以上，并且测试电表的连续工作时长应超过 120 h。

总之，推动我国智能电网的发展，不仅能够提高我国电力领域的服务水平，还能使电力领域所带来的社会效益与经济效益得到更大的提升，这对我国经济发展来说是十分重要的。同时，加快电力领域智能电网建设，将有助于资源绿色环保目标的实现，使电力经济成为一种新型的发展形势。电力电子技术的不断发展，使电网的安全性与可靠性都得到了很大程度上的保障，提高了可再生能源的利用效率。而从目前我国电力领域智能电网的发展形势来看，我国应对电网电能质量做出进一步的提高，强化节能减排技术在智能电网中的应用，加快电子技术革新速度，以使电力领域得以健康、稳定发展。

# 第五节　电力系统中的电力调度自动化与智能电网的发展

随着计算机网络技术的快速发展，我国电力系统中调度自动化系统应用先进的技术，有效地实现了运行系统的遥调、遥视、遥测、遥信、遥控等基本功能。同时，随着我国电力调度自动化系统逐渐成熟和配套系统逐渐完善，应用一体化技术实现对分布面积较大的电力调度进行系统的、有效的调控，从很大程度上确保了电力调度自动化系统的安全运行。面对目前电力系统已越来越无法满足社会对电力能源和供电可靠性日益增长的需求的问题，具备着自愈、清洁、经济等优点的智能电网成为电网发展的一个重要趋势。在过去的近一个世纪，电力系统已经发展成为集中发电和远距离输电的大型互联网络系统，由于能源、环境、经济等多方面因素的驱动，未来的几十年内，全世界范围内都将展开一场深刻的电力系统变革，那就是智能电网。我国的智能电网是将先进的传感量测技术、信息通信技术、分析决策技术、自动控制技术和能源电力技术相结合，并与电网基础设施高度集成而形成的新型现代化电网。

## 一、电力调度自动化系统中存在的不足之处

随着经济与社会的发展，电力行业的工作方式以及人民的生活方式都已经发生了深刻的变化，这些变化与发展对电能计量提出了新的要求。

(1)自动化的平台存在很大的差异。由于现阶段我国电力调度自动化系统中有很大的差异，系统平台之间无法实现统一。我们在进行电力调度时，是利用计算机进行有效的调度，若调度平台之间存在一定的不同，会造成电力调度出现一定程度的影响。同时，为了确保电力调度系统的稳定性和可靠性，需要在调度系统中应用 RISC 结构，但该结构存在一些不足之处，无法实现电力其他方面的调度，无法实现电力自动化系统全方位的调度。

(2)电力调度自动化系统中集中控制功能不完善。为实现对电力的有效调度，需要确保电网模拟和系统中整个数据库保持相同，即需要提高电力调度系统的集中控制力度。

然而,现阶段电力调度系统的各项基本功能是在各自独立的基础上完成的,要实现电力调度系统的完善性,还需要实现电力调度系统中数据信息库和电网模拟两者之间保持准确无误。因此,未来在电力调度自动化系统中需要完善集中控制功能。

(3)电力调度系统中电网模拟的多变性。在现阶段,随着城镇变电站数量逐渐增多和变电站改扩建规模逐渐加大,这就需要更高要求的电力调度系统,并准确地对数据进行记录分析,确保电力调度系统的正常运行。但是在该过程中,由于环节较多,很容易出现错误,影响整个电力调度系统的正常运行。因此,需要加强对电力调度系统的研究,探索出电网模拟的多边形规律,从而有效地实现电力调度系统的稳定运行,完善电力调度控制系统。

## 二、一体化技术在电力调度自动化系统中应用的重要性

(1)对系统网损进行优化管理。在电力调度自动化系统中应用一体化技术,可以有效地实现网损管理中运行自动化和智能化建设,很大程度上提高系统运行的稳定性。同时,网损管理子系统的工作既不会对电力调度自动化系统存在明显的影响,且可以对电力系统运行中的网损进行全面的检测,对检测出的问题可以及时采取有效的解决措施,最大限度地降低网损发生的概率。

(2)负荷管理。在电力调度自动化系统中,一体化技术需要根据供电电网的基本特点对电网的工作状态开展全面的监测,并根据监测分析结果对电力调度系统进行全方位的优化,保障电力调度系统的正常运行,有效减少电网运行中发生故障。此外,一体化技术还可以实现对电网系统的运行负荷状态进行管理,实现电力调度自动化的高效性和准确性。

(3)提高办公效率。在电力调度自动化系统中应用一体化技术,可以准确地实现调度信息子系统运行的智能化和自动化,其可以完善电力调度信息管理系统,收集和分析电力调度信息的基本运行状态,并对电网运行中出现的问题,采取相应的解决措施,从而很大程度上提高电力调度自动化系统的工作效率,减少电力调度系统的失误。

## 三、一体化技术在电力调度自动化系统中的应用

(1)平台的一体化。由于电力调度的工作基础是计算机平台,如果计算机操作系统不同,则会出现电力调度平台之间的差异。研究发现,由计算机操作系统不同而导致的电力调度工作平台之间的差异,会阻碍电力调度信息之间的传输。因此,需要实现电力调度平台的一体化,利用中间耦合的方法作为信息传输的桥梁,从而解决计算机操作系统的不同而带来电力调度平台之间的差异,这在一定程度上降低了操作系统和硬件的差异性,解决了电力调度自动化系统的平台一体化建设。

(2)电力调度图模的一体化。随着我国电力网络规模逐渐扩大,需要加大对电力调度信息的管理,但是在电力调度模拟过程中,由于环节较多,很容易出现错误,影响整个电力调度系统的正常运行,所以需要加强对电力调度系统的研究,探索出电网模拟的多边形规律,并建立一个常用的图库模型,实现电力调度系统的高效稳定运行。

（3）电力调度自动化的功能一体化。为了促进电力调度系统的发展,需要实现对电力调度信息和图形进行资源共享,从而真正意义上实现电力调度自动化系统的一体化。但是为了实现功能一体化,需要增设一些中间装置。例如:可以在电力系统中安装节点机,将其安装在电力网络中的合理位置,作为电力调度系统中应用模块的基础,为促进电力调度自动化系统的一体化建设做出贡献。

（4）电力控制集中性。目前,电力调度系统的各项基本功能是在各自独立的基础上完成的,为了实现电力调度系统的完善性,还需要实现电力调度系统中数据信息库和电网模拟两者之间保持准确无误。为了实现电力调度控制系统的集中性,就需要对电网模拟系统和电力系统两者之间进行同步化。

在电力网络调度自动化系统中,需要加大对一体化技术的研究,提高一体化技术的可靠性、合理性,并逐渐应用一体化技术,减少在电力调度系统中人员和设备的投入量,给电力工作人员提供更多的电网检测和控制的精力。同时,在一体化技术中还需要加大对资源共享、接口问题、集中控制等方面的研究,以促进电力调度自动化系统的发展。电能质量监控和无功计量的应用,预付费、网上处理电费、接电和断电等电子商务模式在电力生活中的发展,使得传统感应式电能表和管理模式难以满足要求,一个高度智能化、信息化智能电网的构建已成为电力改革的当务之急。而智能电能计量系统作为智能电网构建的重要组成部分,也将成为电能计量未来发展和改革的趋势。

# 第六节　对智能电网系统及其信息自动化技术分析

## 一、信息自动化技术在智能电网中的应用

### （一）通信技术的应用

现如今人们的生活水平有所提升,对于电力的需求也在逐渐上升,人们与电能之间已经建立起了密不可分的联系,由此可见电力系统的发展势头正劲。现如今,应用通信技术已经成了电力系统发展的一个重要方向。通信技术是信息自动化技术不可或缺的组成部分,我国信息自动化技术的快速发展在某种意义上也促进了通信工程的进步,它的正常运行十分重要,不仅能为人们的生活提供便利,使人们更高效地进行学习、工作以及生活,还能节约国家电网的经济成本等。

实际上,通信技术在电力系统中的应用主要可以划分为两个方面:第一,实现电网系统的自我检测。电力系统的组成较为复杂,一旦任何部分出现问题都会对整个系统的正常运行造成严重的不良影响,此时通信技术就显现出了其独有的优势。通信技术的使用不仅使电力系统的通信保持顺畅,还能使潜在的故障被检测出来。此外,通信技术与自动化技术进行有效结合还能使电网系统更为智能,可对某些故障实施排除,大大降低了工作人员的工作难度。第二,提高电网系统的防御能力。以往的电网系统对于各方面要求相对较为严格,周围环境的任何波动都可能造成电网不能正常运行。在引入通信技术后,

这一问题得到了缓解,通信技术较为敏锐,能够察觉外界因素的波动并进行补偿,从而使电网系统受到的干扰减少,大大提高了电网系统抵御外界环境变化的能力。我们可以通过具体例子对通信技术的运行情况进行了解:电网线路是电网系统中较易受外界影响的一个方面,如果它的功率改变,则通信技术能够自动检测出该异常情况并对功率进行补偿,从而实现自动化的功率补偿,通过自动、智能地分配电能,降低电网的抗干扰能力。

（二）自动化设施设备在智能电网中的应用

智能电网伴随着光电技术以及信息自动化技术等相关技术的不断发展创新,基于嵌入式的微处理器自动化设施设备不仅可以有效实现电网能源传输阻塞、各区域用电情况实时监测与控制等,还能够满足数字信号以及电流、电压等数据的自动化采集和相互传输,从而提升智能电网的自动化运行,使调度呈现更高效率。此外,自动化设施设备还能够实现自动化的电费计量,并通过上述的通信技术将电费计量传输到信息储存中心,通过信息储存中心计算每家每户的实际电费,从而实现自动化集中管理。

（三）自动化控制技术在智能电网中的应用

自动化控制技术是整个信息自动化技术中的重点,同样也是智能电网实现自动化控制、电能调节的重要依据。借助自动化技术以及通信系统,在实现智能电网信息数据自动化检测、调节电网工作情况和控制电网的同时,还能够在第一时间发现系统故障的类型、位置,并分析相应的解决措施,并判别解决措施是否能够通过非人为操作而实现。如果能,则自动进行处理;如果不能,则报警,通知操作人员进行维修。在自动化控制系统中,一般情况所使用的方式都是专家决策法,系统借助对电网常规参数的比对进行,假设某个或者某系列参数发生异常,自动化控制便会向控制设备发送相应的控制指令,从而实现自动化调节,实行自动调控。

## 二、信息自动化技术在智能电网中的发展趋势

（一）信息自动化强化智能电网的设备监控

在智能电网设备工作状态的检测中,基于标准化的电网模型以及实施工作情况的数据,能够对电网、电网设备及变电站等当前的工作情况进行实时的检测、故障诊断以及风险评估和调控等。电力设备与电网在未来的发展趋势,必须是以针对各类供电设备工作状态而进行优化,以及时记录设备工作状态、预测故障的发生以及预处理等为主要发展趋势。

在同一公共信息模型的基础上,拓展供电设备的工作状态信息,并以子集构建信息提取、分析,从而为变电设备的工作状态信息收集、统一性管理以及访问处理等提供支持。

（二）自动化变电控制系统

自动化变电控制系统主要以构建整个控制中心的单元智能化为基础,在通信网络的

基础上,组建一个两次甚至多次控制的自动化整体系统。其至少需要具备以下功能:

(1)各个保护、控制功能相对独立与完整,能够通过智能化手段进行独立控制。

(2)控制系统的功能可靠并且完整,操作人员的可操作项目多,可操作性强,通过计算机集成所有的控制措施。

(3)具备可以为智能电网提供及时监测数据并可靠传输的 SCADA 系统等功能。

伴随着微计算机、集成电路、通信以及信息网络等高科技技术的持续发展创新,微机监控装置以及维护保护在智能电网中的应用必然会越发普及,传统的单项式自动化控制也会逐渐变为综合性的自动化控制。在每个单项控制项目中,其整体的结构体系在不变化的前提下,功能、性能以及工作可靠性必然也能够不断提升。在目前的变电站自动化控制系统中,以信息交叉、信息挖掘为根本,将微机监控、微机保护等作为现代化通信技术、智能电网的一体化综合功能,从而使智能电网具备实时监测、预防故障等处理功能。

综上所述,想要促使智能电网系统的信息自动化技术得以长期、不断发展,必须要强化相关技术的研发力度,实行标准化、统一化的运行、管理标准和制度,重视相关从业人员的技术培养,从而积极推动我国智能电网系统的信息自动化技术不断创新、改革和发展。

# 第七节　高压智能电器配电网自动化系统

随着电力科技的飞速发展,高压智能电器在工业生产、日常生活等方面有了诸多应用。伴随着高压电器的智能化,配电网的保护自动化受到了电力工程行业的高度重视,发展可谓日新月异。在微型电子技术、计算机技术、通信技术、机电一体化高压设备的促进下,配电网络保护自动化技术更是降低设备间的相互作用,保证供电连续性及可靠性的关键技术。

## 一、智能化电器与控制

现今,具有在线检测和自诊断功能的电器与开关柜大批涌现,而电气领域的智能控制旨在高层控制,也就是组织控制,即对实际过程或环境进行规划与决策。这些问题解答过程类似于人脑思维,具有"智能性",运用到了符号信息处理技术、启发式的程序设计技术以及自动推理决策的技术。高压智能电器在配电自动化系统中是一个重要组成单元,动作要适应总体规划,通过多元结构解析与上级通信。因而,人们常这样理解智能电器:采用智能控制方式、依照外界特定的要求及信号便可自动实现电路的断通、电路参数的转变,从而达到对电路的检测、转化、维护等的电器类设备。

## 二、配电网自动化系统的基本构成

### (一)中心主站系统

中心主站系统管理配电调度各个子站系统,是整个配电自动化系统的核心,具备以下三大功能。

（1）SCADA（数据采集与监视控制）功能。信息处理、配电事故顺序记录处理、配电事故追忆、配电事件处理、相关数据标识、各种表格打印、程序运行控制等。

（2）DA（配电自动化）功能。自动故障诊断、对故障进行隔离、对故障线路进行重构等。

（3）DMS（配电管理系统）功能。网络数据分析、潮流计算、对网络进行重组、负荷管理、电压与无功优化以及安全性与可靠性分析等。配电调度主站系统大多使用通用性极强的商用数据库、分布式的环境网络支撑软件、客户/服务器计算模拟技术，中间环节相关数据的交流与互换通过总线进行，提供开放式程序接口和数据库接口，能够和管理信息系统（MIS）、调度自动化系统连接，从而实现数据共享，同时也能和地理信息系统进行结合，为配网设备管理开辟了新天地。

### （二）中间子站系统

中间子站系统即变电站子站系统，它的软件平台一般由实时与多任务操作系统组成。要求实时性良好、可靠性较高、能够远程维护以及便于扩展。子站系统在完成最基本的数据采集与监视控制功能的同时，还需具备以下功能：故障检测、定位、隔离及系统恢复。配电网中监控设备面域广、地点多，把全部终端设备直接与主站连接很难实现，这就需要站端系统划分级层，在主站与设备之间要增设中间配电子站系统，借此管理线路上相关监控单元，从而实现数据集中的功能，完成任务的上传下达，最终达到故障就地隔离、定位以及恢复的功能。调度主站的配电管理系统（DMS）分析软件可以有效地避免负荷盲目转移。

### （三）终端装置系统

配电房终端装置系统要求具备以下特点：①遥测、遥信、遥控作用；②自检、校验作用；③能够模块化设计，且可以自由组合；④体积小、防尘、防潮、抗干扰、可靠性较高；⑤接口灵活，能支持各种通信模式；⑥界面操作直观，维护方便；⑦备用电源高温下具备稳定性。

终端装置系统不仅要求对馈线终端设备（FTU）及一次设备实用、灵活、可靠，同时对配电房开关要求功耗低、可靠性高，通过光纤互感器检测出线路上的故障。备录波功能可以安全准确地反馈故障点，为配电系统建立数据源，同时也为检修人员提供数据材料，从而保证了检修率。

工业发展和城市建设离不开电力事业的强有力支持，社会发展对电力需求不断增长，这进一步壮大了高压智能电器配电网络，配电网络自动化系统结构日趋复杂，电压质量要求越来越高，电力管理系统商品化、市场化程度越来越高，供电企业面临挑战，供电技术面临革新。所以，我们必须认真地规划高压电器配电网络，不断提高配电系统自动化，不断完善配电网架结构，采用先进的技术建立高水平的配电网自动化系统。

# 第四章　高压架空输电线路施工关键技术与智能化应用

## 第一节　高压架空输电线路的分类与组成

### 一、输电线路的分类

#### （一）按线路电压分类

输电线路按电压等级可分为输电线路和配电线路。电压等级为 110 kV 及以下称为配电线路，其中 35 kV、110 kV 称为高压配电线路，10 kV 称为中压配电线路，380/220 V 称为低压配电线路。电压等级在 220 kV 及以上称为输电线路，其中 220 kV 称为高压输电线路，330 kV、500 kV、750 kV 称为超高压输电线路，1 000 kV 及以上称为特高压输电线路。

#### （二）按杆塔上的回路数目分类

输电线路按杆塔上的回路数可分为单回线路、双回线路和多回线路。杆塔上只有三相导线及架空地线的输电线路称为单回线路。杆塔上有两回三相导线及架空地线的输电线路称为双回线路。另外，亦有双回线路分杆（塔）并行的输电线路。杆塔上有三回线路及以上的三相导线和架空地线的输电线路称为多回线路。

#### （三）按线路架设方法分类

输电线路按线路架设方法可分为架空输电线路和电缆线路。架空输电线路是将输电导线用绝缘子和金具架设在杆塔上，使导线与地面和建筑物保持一定距离。架空输电线路具有投资少、维修方便等优点，因而得到了广泛应用。电缆输电就是利用埋在地下或敷设在电缆沟中的电力电缆来输送电力。电缆是包有绝缘层和内外保护层的导线，这种输电线路占地少，不受外界干扰，但造价较高，事故检查和处理较困难。电缆线路主要用于一些城市配电线路，以及跨江过海的输电线路。

#### （四）按输送电流的种类分类

输电线路按输送电流的种类可分为交流输电和直流输电两种。发电厂发出的交流电电压不可能很高，必须升压后再输送，而用户用电设备一般都是低压的，输电线路必须经过数次降压才能使用，因此目前国内外广泛采用交流输电。直流输电是将交流电整流为直流电，输送到用电地区后再将直流电逆变为交流电的一种输电方式。直流输电只需两根导线,相对于交流输电线路,金属和绝缘材料消耗少,功率损失均相应减少,具有线路造价低、运行费用少,以及运行稳定性好等优点。但是直流输电线路两端的换流设备比较复杂、造价高,因此使用范围受到限制,目前主要用于远距离、大功率输电,海底电缆输电以及不同频率的电力系统之间的联络。

（五）按杆塔材料分类

（1）混凝土杆线路。混凝土杆线路的整条输电线路以钢筋混凝土电杆作为支撑物,一般采用分段焊接式和整根拔梢式的钢筋混凝土电杆两种。混凝土可以节约大量钢材,但拉线杆占地多、施工运输不便。

（2）铁塔线路。铁塔线路的整条输电线路以角钢或钢管组合的铁塔作为支撑物。这类线路耗用的钢材比较多,使用土地面积少,整齐美观,使用年限长。

（3）轻型钢杆输电线路。轻型钢杆输电线路是指采用较小的型钢分段组合成的带拉线的以轻型钢构架作为支撑物的输电线路。由于轻型钢杆质量较混凝土杆小、便于运输,故多用于高山大岭和运输困难的地方,但随着输电线路输送容量增大、导线截面变大或采用分裂导线等,轻型钢杆已很少使用。

（4）锥形钢管输电线路。锥形钢管单杆输电线路是指以分段连接的锥形钢管单杆作为支撑物的输电线路。它占地少、美观,便于在市区内架设。

（5）新材料输电线路。新材料输电线路是指以聚氨酯等新材料为组成材料的新型输电线路。

## 二、架空输电线路的组成

架空输电线路主要由基础、杆塔、导线、避雷线、绝缘子、金具及接地装置等部件组成。

（一）基础

杆塔的地下部分用于稳定杆塔的装置叫基础。基础的作用是将杆塔、导（地）线荷载传到土壤,并承受导（地）线、断线张力等所产生的上拔力、下压力或倾覆力。杆塔基础分为电杆基础和铁塔基础两大类。

（1）电杆基础。电杆基础分为承受电杆本体下压的基础（底盘）和起稳定电杆作用的拉线基础（拉盘或重力式拉线基础）及卡盘等。

（2）铁塔基础。铁塔基础类型较多,根据铁塔类型、地形地质、承受的荷载及施工条件的不同,一般采用以下几种类型:

①现浇混凝土铁塔基础。现浇混凝土基础可分为钢筋混凝土基础和无筋混凝土基础两种,在这两种基础上又可分为插入式基础和地脚螺栓基础。插入式基础的特点是铁塔主材直接斜插入基础,与混凝土浇成一体,可省去地脚螺栓、塔脚等,节约钢材,受力合理。地脚螺栓基础是在现浇混凝土基础时,埋设地脚螺栓,通过地脚螺栓与塔腿相连,塔腿与基础是分开的。

②装配式铁塔基础。装配式铁塔基础是由单个或多个部件拼装而成的预制钢筋混凝土基础、金属基础和混合结构基础。预制钢筋混凝土基础是指将混凝土底板和立柱预先

制作好,然后运至现场安装在基坑中的一种基础。预制基础单件质量不宜过大,否则人力运输比较困难。预制基础适合缺少砂石、水或冬季不宜现场浇制混凝土时使用。金属基础是用钢材组合成的一种基础,适合高山地区交通条件极为困难的塔位。金属基础一般是由角钢设计成格构式的基础,铁塔主材的下段也是基础的一部分。

③掏挖式基础。掏挖式基础是指用人工或机械挖成扩底土模后,把钢筋骨架放入土模内,然后注入混凝土而制成的基础。它们适用于掏挖和浇筑混凝土过程中无水渗入基坑的黏性土。它们是利用天然土体的强度和重力来维持上拔稳定的,具有较大的横向承载力。

④岩石锚桩基础。岩石锚桩基础是指在山区岩石地带,利用岩石的整体性和坚固性代替混凝土基础,一般有直锚式、承台式、嵌固式等。

⑤钻孔灌注桩基础。钻孔灌注桩基础是指用专门的机具钻(冲)成较深的孔,以水头压力或水头压力泥浆护壁,放入钢筋骨架,在水下浇筑混凝土的一种基础。它是深型基础,适用于地下水位较高的黏性土和砂土等地基,特别是跨河位塔。钻孔灌注桩基础分为等径灌注桩和扩底短桩两种。

⑥爆扩桩基础。爆扩桩基础是短柱基础,适用于硬塑和可塑的黏性土中,在可爆扩成型的密实砂土及碎石土中也可使用。利用接近天然状态土体保持抗拔稳定,其下压承载力也比一般平面底板基础有所提高,但施工成型工艺及尺寸误差控制有一定的困难。

⑦桩台式基础。桩台式基础应用于地耐力很差的淤泥土质塔基处,先打入适当数量的混凝土桩,而后在桩顶部浇筑混凝土承台。

## (二)杆塔

杆塔主要用来支撑导线、避雷线以及其他附件,使导线、避雷线保持一定的安全距离,并使导线对地面、交叉跨越物或其他建筑物保持允许的安全距离。杆塔的类型很多,按材料分有钢筋混凝土电杆和铁塔两大类;按整体稳定受力的特点可分为自立式和拉线式两大类;按照其在线路中的位置和作用不同可以分为直线杆塔(Z)、耐张杆塔(N)、转角杆塔(J)、跨越杆塔(K)、终端杆塔(D)、换位杆塔(H)等。

(1)直线杆塔是指线路直线段中间部位上的杆塔,又称中间杆塔,是线路中用得最多的一种杆塔,一般占杆塔总数的80%以上。在正常运行下,仅承负导线、避雷线、绝缘子串、金具的重力及它们之上的风荷载。只有在杆塔两侧档距悬殊、高差很大或一侧发生断线时,直线杆塔才承受相邻两档导线的不平衡张力。一般情况下,它也不承受角度力。

(2)耐张杆塔位于线路耐张段的两端,限制故障范围,承受较大荷载。除承受导线自重、风荷载、冰荷载外,在线路正常运行和断线事故情况下,均承受线路方向的拉力,有时还承受角度力。在耐张杆塔上使用耐张绝缘子串,用耐张线夹固定导线。

(3)转角杆塔位于线路转角处。转角杆塔两侧导线的拉力不在一条直线上,因而承受角度力,角度力的大小取决于转角的大小和导线的水平拉力。

(4)跨越杆塔位于线路与河流、山谷、铁路等交叉跨越的地方。跨越杆塔又分为直线型和耐张型两种。当跨越档距很大时,需要采用特殊设计的耐张型跨越杆塔,其高度比一般杆塔高很多。

(5)终端杆塔位于线路首末端,即变电站进线、出线的第一基杆塔,是一种承受单侧拉力的耐张杆塔。这种塔一般也兼有转角作用。

（6）换位杆塔位于线路换位处，即在被跨越物的两侧要设置较高的跨越杆塔，为平衡三相导线的阻抗而隔一定距离设置的杆塔。

### （三）导线

导线是悬挂在杆塔上用来输送电能的金属线。它要求具有良好的导电性能和足够的机械强度，同时也应有耐磨、耐折、防腐、轻质价廉的特点。常用的导线材料是铜、铝、铝合金等。

### （四）避雷线

避雷线又称架空地线，是悬挂在导线上方的一根或两根金属线。其作用是防止雷击架空导线，并在架空导线受到雷击时起分流、耦合和屏蔽作用，使线路绝缘子所受的过电压降低。一般情形下，35 kV 线路只在进出发电厂、变电站的线路两端架设一段避雷线，110 kV 以上线路要全线架设避雷线。

### （五）绝缘子

绝缘子是用来支撑或悬挂导线的，使之与杆塔、大地保持绝缘。绝缘子不但要求承受工作电压和大气过电压作用，同时还要承受导线的垂直荷载、水平荷载和导线张力。因此，绝缘子必须有良好的绝缘性能和足够的机械强度。

### （六）金具

在架空线路上用于悬挂、固定、保护、接续架空线或绝缘子以及在拉线杆塔的结构上用于连接拉线的金属器件叫作金具。线路金具需要具有强度高、防腐性能好、连接可靠、转动灵活等特点。它一般可分为悬垂线夹、耐张线夹、连接金具、接续金具、保护金具、拉线金具等六大类。

### （七）接地装置

接地装置包括接地引下线和接地体。铁塔本身是导体，可兼作引下线，不需另加引下线；混凝土电杆需要用圆钢或钢绞线敷设引下线，或用脚钉关、爬梯线做引下线，不宜用混凝土电杆中的钢筋做引下线。接地体是埋设于杆塔基础周围土壤中的圆钢、扁钢、钢管或它们的组合结构，与避雷线或直接与杆塔的金属构件相连接，当雷击杆塔或避雷线时，将雷电流引入大地，防止雷电击穿绝缘子。接地装置应根据土壤电阻率的大小进行设计。

# 第二节　输电线路设计内容与施工工艺流程

## 一、输电线路设计内容

线路设计一般分为初步设计和施工图设计两个阶段。有的情形，如小工程、紧急工程可以简化初步设计,只提出设计原则报告,为施工图设计做好准备。通过设计、施工和运行人员共同讨论,明确一些原则性问题,由设计单位提出初步设计书,经审核单位组织审核,再按审核批准的初步设计书的设计原则进行勘测设计,完成全部施工图设计。

(1)选择导线形式。导线截面面积及其他与电力系统有关的问题,如是否采用分裂导线等,一般要在任务书中明确。初步设计书要结合当地气象条件、地形确定是否要用加强型或减轻型导线。

(2)收集需用的有关资料,签订有关原则协议。

(3)在地形图上做出路径比较方案,对线路的大方向、变电站进出口、线路接引点、施工运输特殊阶段(如大跨越、不良地质、工矿区等)进行踏勘,选出一个合理的路径方案,画出全线和变电站进出口路径图。

(4)确定气象条件。

(5)确定导线应力、安全系数、平均运行应力,作出导线力学特性曲线。

(6)说明杆塔选用原则,选用杆塔形式,列出杆塔一览表,标明杆塔结构形式、主要尺寸、设计使用条件、材料和经济指标。

(7)根据荷载、地形、地质、交通运输情况,设计出各种基础形式,列出不同地质条件的基础一览图。

(8)选择塔头空气间隙,确定塔头尺寸。

(9)进行防雷设计,包括避雷线选择、杆塔最大保护角的确定、接地形式的设计。

(10)选择绝缘子形式和片数,作出绝缘子悬垂串、耐张串组装图。

(11)选用防震措施。

(12)根据线路长短,确定是否换位及换位循环的数量,作出换位布置图。

(13)估算对通信线路的危害和干扰。

(14)列出主要器材清单。

(15)其他特殊问题。


## 二、输电线路施工工艺流程

架空输电线路施工的工艺流程包括三个主要部分,即准备工作、施工安装和启动验收。施工安装通常又划分为土方、基础、杆塔、架线及接地五个工序。实际上,程序之间不可避免地会出现交叉、反复和调整的过程。

### (一)准备工作

为了做好施工准备工作,应对现场进行全面调查,了解工程整体情况,拟订切实可行的有效施工方案。施工准备工作包括技术准备、物资准备、施工现场准备等。

#### 1.技术准备

技术准备包括现场调查(运输道路,沿线食宿生活及工程用水、砂石、水泥供应,重要跨越情况等),审查设计图纸,熟悉有关资料,编写施工组织设计、施工说明等各项工作。

2.物资准备

(1)设备订货。主要包括导线、避雷线(含拉线用的钢绞线)、绝缘子和金具的订货。

(2)材料加工。如基础钢筋、地脚螺栓、铁塔、混凝土电杆及铁件(如横担、抱箍等)的加工。

(3)材料运输计划。大部分材料应从加工地点发运到线路材料站,再经工地运输而后分散运输至杆塔位,称为大运输工作。

(4)工器具准备。现场施工队在工程开工前,要对工器具进行一次清理、检查和试验、保养工作,为新工程开工做好准备。

3.施工现场准备

(1)与当地政府联系施工占用土地问题,协商处理青苗赔偿,准备建设必要的临时建筑。

(2)采购砂、石和运输(按现场调查,去化验合格后的砂、石场进行采购)。

(3)按施工队控制施工段进行更细致的运输道路调查,使运输距离缩到最短,并着手修路修桥、钉工地运输卸料点的指路牌和进行杆位平整(平基)等工作。

(4)对线路复测和分坑。

(5)材料的工地运输(从材料站把材料运至线路附近的卸料点)和小运输(从卸料点把材料运至杆位),前者为汽车运输,后者多为人力运输。当准备工作就绪后,就可以写开工报告,破土动工。

(二)施工安装

(1)基础施工。在完成复测分坑准备后,就可按地质条件及杆塔明细表确定基础开挖方式和拟定基础施工方法,如人力开挖、爆扩成坑、现浇杆塔基础、预制基础等。基础工程(包括地基、基础)的投资占线路本体投资的15%~30%,工期占施工总工期的30%~50%,且为隐蔽工程,施工质量对输电线路的长期安全运行有着重要的意义。因此,必须切实做到精心施工,确保工程质量。

(2)杆塔施工是输电线路中的一道重要工序。通常情况下,杆塔工程投资占整个输电线路本体投资的20%~35%(最高达50%~60%);用工量(耗用工日)占全工程总用工量的25%~35%;工期占施工期的30%~40%。杆塔施工的任务是将杆塔组立于基础之上,并牢固地与基础连接,用来支承架空导(地)线。

(3)架线施工是架空输电线路施工安装的主要工序。它的任务是将架空导(地)线按设计要求的架线应力(弛度)架设于已组立好的杆塔上。按照施工流程可分为:①障碍的消除;②搭设越线架;③挂悬垂绝缘子串和放线滑车;④放线;⑤紧线与观测弛度;⑥附件安装;⑦导(地)线的连接。

(4)接地安装是输电线路中不可缺少的部分。无论深埋电极或地表下辐射,都安排在杆塔组立完成后,进行接地装置连接。接地装置(包括接地体和接地引下线)大部分为地下隐蔽工程,故在施工中应严格依照规定操作安装,并需测量接地电阻值,使其符合要求后,才能投入运行。

（三）启动验收

在质量全面检查合格后，应进行绝缘测量和线路常数测试，并经有关验收委员会批准后方能启动，经测试输电 72 h 且运行良好后才可以投产。最后移交全部工程记录及竣工图。

# 第三节　基础工程

## 一、基坑开挖

杆塔基坑的开挖有人力开挖、机械开挖和爆破开挖等方法。除山区坚硬岩石外，绝大部分基坑采用人力开挖的方法。对于一般土壤，可按一定的坡度直接开挖，坑壁坡度视土壤类别而定。基坑开挖后如不能立即进行下道工序，应暂留 300 mm 的深度，待下道工序施工之前，再进行挖平。泥水坑的开挖方式视水坑的渗水快慢而定。渗水速度比较缓慢的水坑，用人力淘水的方法边挖边淘，挖到设计深度时，便可放置底盘；如地下水上涌较快，必须配合抽水机械，采用边抽水边开挖的方法。对于坑深大于 1.5 m 的水坑，一般需要采用木板桩支撑坑壁以防坍塌。

流砂坑的开挖主要是设法挡住流砂，通常采用挡土板挡流砂的方法。按基础底层尺寸每边加 200 mm，做上下两个方木框架，上下框间距 1 m 左右，框架四周外侧铺木板（下端削尖，以便打入），与两框架用扒钉连成整体。另外，也可采用井点法。该法是沿基坑四周将许多直径较细的井点管沉入地下蓄水层，以总管（集水管）连续抽水，带动井点不断地抽吸地下水，改变地下水压力的渗透方向，使地下水位沿井点形成稳定的"下降漏斗"，从而使井点管相互作用范围内的水位降低，便于基础施工。对于土方量较大的基坑，可采用机械开挖的方法，一般用挖土机或铲土机开挖，速度快，节省人力，降低劳动强度。

## 二、基础施工

### （一）模板安装

模板拼装、吊装、坑内调整、加固支撑、安装地脚螺栓样板时，由于基础配筋及形式的不同，有时需要与钢筋绑扎交叉作业。

（1）模板拼装一般在坑外的地面进行。当基坑较大，吊装模板容易引起变形时可在坑内逐片组装。组装模板的地面应平整、坚实。

（2）基坑外拼装的钢模板应采用三脚架吊装法将其安置在基坑内的设计位置。当组装的钢模板较轻时可以用滑杠法将模板滑至基坑内，不论采用何种方法吊装，都应保证模板不变形。

（3）模板就位后的调整。当为阶梯基础时，每一阶台的模板都应做一次调整。

（4）模板的支撑。经调整并检查符合质量要求的模板，应立即安装固定模板的支撑。原则上调整好一个阶台就支撑下一个阶台。模板的支撑应根据土质情况和模板长度而定。土质坚硬时，应在模板四侧用方木或圆木进行斜向支撑，土质松软或模板较长时，除增加斜支撑外，在阶台上连接加固角钢。

阶台与阶台之间或立柱与下部阶台之间一般应用抬木或抬架连接，以保证上一阶台或立柱的稳定。在坑口的地面处应安置抬木或抬架，使立柱上端固定。该抬木或抬架同时用来搁置送料钢板，以便进行混凝土送料或作人工搅拌平台。抬木或抬架两端应用坚土掩埋夯实或用角铁桩固定，以保证浇制过程中不移位。

### （二）混凝土浇筑

#### 1.浇筑混凝土

浇筑混凝土前应清除坑内泥土、杂物和积水，检查地脚螺栓及钢筋是否符合设计要求，检查模板有无缝隙，必要时应用胶带等封堵。混凝土下料时应先从立柱中心开始，逐渐延伸至四周，应避免将钢筋向一侧挤压而导致其变形。混凝土自高处倾落的自由高度不应超过 3 m，在竖立结构中浇筑混凝土时，混凝土投料后不应发生离析现象。浇筑一个塔腿的混凝土应连续进行，如必须停歇时，间歇时间应尽量缩短，并应在前一层混凝土初凝前将后一层混凝土浇筑完毕。

#### 2.捣固混凝土

混凝土应分层捣固，每层厚度不应超过以下数据：人工捣固时，一般为 250 mm 以下，在配筋密集的结构中为 150 mm；机械捣固时，用平板振捣器时为 200 mm，用插入式振捣器时为振动棒长度的 1.25 倍。铁塔地脚螺栓周围应捣固密实。使用振捣器有两种操作方法：一种是垂直地面插入法振捣；另一种是斜向插入法振捣。应根据混凝土基础部分合理选择操作方法：立柱宜采用垂直地面插入法，底板或掏挖基础的扩大头宜采用斜向插入法。

#### 3.基础的抹面

整基基础混凝土浇筑完毕后应及时抹面。可在尚有水泥浆的基础面上撒少许水泥抹光。抹面有两种方法：一种是基础浇筑完毕后，混凝土初凝前抹面；另一种是拆模后再抹面，后者应预留抹面的混凝土层高度，基础顶面打毛、洗净，再抹砂浆。抹面后检查四个基础面间的高度差不应超过 5 mm。

### （三）回填土

浇筑的混凝土基础经检查合格后，应立即向坑内回填土。回填土时对于土坑每填入 300 mm 厚夯实一次，在夯实过程中不得使基础移动或倾斜。土中可掺石块，但树根杂草必须清除。如遇水坑，应排除坑内积水再回填土。对于石坑按设计规定回填，若设计无规定，一般可按石与土的比例 3:1 均匀掺拌夯实。冻土坑应清除坑内冰雪并将大块冻土打碎掺以碎土，冻土块最大容许尺寸为 150 mm，而且不得夹杂冰雪块回填。对于大孔性土、流砂、淤泥等难以夯实的基础坑，应按设计要求或特殊施工措施进行。对于重力式及不受倾覆控制的杆塔拉线基础坑，回填时可适当增大分层夯实的厚度，另外，回填土应在地面上堆筑有自然坡度的防尘层土堆,其高度对一般土壤为 300 mm。

## 三、基础操平找正

基础的操平找正是基础施工中非常重要的一个步骤,包括基坑操平和基础找正两方面的工作。操平是使基础的施工面(坑底面、底盘面、基础立柱面等)平整且标高符合设计要求,找正是使基础的前后、左右的位置(如底盘中心、基础底层的内外角、地脚螺栓等)置于设计要求的位置上。基础的操平找正是一项比较复杂而细致的工作,如果方法不当或操作错误,将会给后面的施工带来麻烦,甚至造成基础位移、组立杆塔困难等严重的质量事故,所以操作人员必须仔细、耐心地工作,精心施工以确保工程质量。基础的操平找正工作,必须具备以下三个条件方能进行:①杆塔中心桩必须正确;②转角杆塔位移桩和分角桩必须正确;③根开、坑口、坑深尺寸必须符合该基础形式的尺寸要求。

# 第四节　电杆与铁塔工程

## 一、电杆工程

输电线路用的钢筋混凝土杆(简称电杆),一般多为分段组成。在起吊之前,必须预先在地面排正垫平,连成整体,以便于起吊立杆。电杆的组装主要包括排杆、杆段焊接、地面组装、整体起立等工作。

(一)排杆

将电杆按设计要求沿全线排列在地面上的工作叫排杆,排杆的目的是为下一道工序的电杆连接、组装等工作创造良好条件。排杆时必须逐段核对检查后排直,因为焊接后难以调换。

(1)在符合设计图纸要求的前提下,单杆、接地螺栓可统一排在线路的同一侧;双杆、接地螺母应排在双杆的外侧。在保证横担及地线支架方位正确的前提下,脚钉螺母以上段杆为准,自上而下成一直线。Ⅰ形直线杆的脚钉螺母一律排在面向受电端的左杆;Ⅱ形转角杆的脚钉螺母一律排在转角杆的外侧杆。

(2)根据杆位地形,考虑立杆和组装的方便,选择排杆方向。①直线双杆:顺线路方向排杆;②转角杆:顺线路转角平分线方向排杆;③单杆:任意方向排杆。若无障碍物,直线杆应顺线路方向排杆;转角杆应沿线路转角的平分线排杆。

(二)杆段焊接

(1)钢圈附近混凝土崩块及裂缝的修补。清理混凝土的崩块时应用小锤轻轻敲掉松散的崩块,用毛刷扫去粉末和尘土,用钢丝刷清理钢圈铁锈,用环氧树脂砂浆修补崩块及裂缝。环氧树脂砂浆的调配程序是:先把石英砂晒干或晾干;再按石英砂:水泥为3:2的比例拌好装袋备用;倒一定量的环氧树脂到碗内;按环氧树脂:二丁酯为100:13的比例,往环氧树脂内加入二丁酯,搅拌稀释环氧树脂;按环氧树脂:乙二胺为100:8的比例,往稀释后的环氧树脂加乙二胺,搅拌均匀;最后将水泥、石英砂料撒进刚刚配好的溶剂,边撒边拌,到适合使用为止(能浸透混凝土,又不下淌)。

修补后,砂浆与电杆间应黏结牢固,表面光滑无凹凸现象,外表美观。调制砂浆时工作人员要戴口罩和手套,人站在上风方向。

(2)电杆焊接后应用钢丝刷清除钢圈铁锈,并在钢圈表面刷油漆防腐。接头油漆范围为钢圈上下各300 mm之间;钢圈表面先涂红丹一道,稍干后,再涂红丹及灰漆各一道。

(3)检查电杆上端封堵是否脱落。如有脱落应用水泥砂浆修补。

### (三)地面组装

1.组装方法

(1)人力组装。根据构件质量配备相当的作业人员,用人力将构件抬至垫木上,然后移动构件至设计位置,安装连接螺栓。

(2)三脚架组装。对较重的构件在其上方安置三脚架,顶端挂链条葫芦,将构件吊至设计位置就位后,安装连接螺栓。

(3)汽车起重机组装。选择合适的位置停放起重机,利用汽车起重机吊起构件使之就位,安装连接螺栓。

2.导线横担的组装

先在电杆上段安装横担抱箍。将横担置于垫木上,利用人力或机械起吊横担且与抱箍连接。横担为分段结构时,先将两段横担连接后再与抱箍相连接。横担如有吊杆,应先将吊杆上端与电杆穿钉相连,然后再将下端与横担挂环相连。吊杆的 U 形调节螺丝应露扣,且留有不少于1/2螺杆长度的螺纹可供调节。安装好的横担两端应略微上翘。组装转角横担时,应注意横担长短头的方位,避免返工。

3.地线横担或地线支架的组装

因地线横担或地线支架较轻,可直接用人力抬运到电杆上端的规定位置就位,拧紧连接螺栓。

4.叉梁的组装

先将4个叉梁抱箍安装于主杆上的设计位置,并适当拧紧固定螺栓,然后将上部两根叉梁运到安装位置后垫平且与抱箍连接,最后安装下部两根叉梁。

5.横梁的组装

先装横梁抱箍于主杆上的设计位置,拧紧螺栓后,检查与横梁两端连接的眼孔间距离,如与横梁的眼孔距离一致,则可安装横梁;如与横梁的眼孔距离不一致且横梁眼孔正确可拨动电杆,使两者距离一致后再安装横梁。

### (四)电杆整体起立

当电杆头部起立至离开地面约0.5 m时,应停止牵引,对立杆做冲击检验,同时检查各地锚或锚桩受力位移情况、各索具间的连接情况及受力后有无异常、抱杆的工作状况、电杆各吊点及跨间有无明显弯曲现象等。

冲击检验方法通常是在电杆头部或横担处由 1~2 人施压。随着电杆的缓缓起立,制动绳操作人应根据看杆根人的指挥缓慢松出,使杆根逐渐靠近底盘。两侧拉线应根据指挥人的命令进行收紧或放松,使拉线呈松弛状态。抱杆接近失效时,牵引速度应放慢,且将后方拉线带住。如为永久拉线,应将拉线理顺,防止出现交叉、弯钩或压叠。尽可能调整制动绳使杆根接触底盘,以保持电杆稳定。抱杆失效时,应停止牵引。缓慢松出抱杆脱帽拉绳,使抱杆缓缓落地。拉绳操作人必须站在抱杆的外侧。如果抱杆脱帽不顺利,可先脱出一根,再缓慢牵引,脱出另一根。待抱杆落地后,抽出拉绳。

电杆起立至 60°~70° 时继续调整制动绳,使电杆杆根对准底盘中心就位,后方临时拉线应开始稍微受力并随电杆的起立而慢慢松出。当电杆立至 80°~85° 时应停止牵引。缓慢松出后方拉线,利用牵引索具的质量及张力使电杆立正,或者用人压牵引索具的办法使电杆立正。用经纬仪在顺线路和横线路两个方向上观测电杆是否垂直地面,符合要求后再安装永久拉线。

## 二、铁塔工程

铁塔通常分为塔腿、塔身、塔头三部分。为便于运输与组装,在每部分中又分解成若干段,每段的设计长度一般不超过 8 m。

(1)塔腿。塔腿位于铁塔的最下部。它的上端与塔身连接,下端与基础连接。塔腿的设计因地形的不同而不同,为了减少基础的挖方,降低钢材消耗,有时采用高度不等的塔腿(又称高低腿),常用的高低腿有 -1.0 m、-1.5 m、-2.0 m 等规格。

(2)塔身。塔头、塔腿之间的塔段称塔身,即位于塔腿的上端、塔头的下端。铁塔的塔身为截锥形的立体桁架,桁架横断面多呈正方形或矩形,而其每一侧面均为平面桁架,即简称为一个塔片。立体桁架的四根主要杆件称为主材,连接相邻主材的斜材(或称腹杆)及水平材(或称横材)统称为辅助材(或辅铁)。斜材与主材的连接处或斜材的连接处统称为节点。杆件纵向中心的交点称为节点的中心。相邻两节点间的主材部分称为节间,两节点中心间的距离称为节间长度。

(3)塔头。下横担下部以上(对三角形、上字形、干字形、V 形等塔型)或瓶口(对酒杯型、猫头型、67 型等塔型指塔身与塔头部分的接合处)以上的结构统称塔头。塔头由头部、导线横担、地线支架等组成。

# 第五节　非张力与张力架线工程

## 一、非张力架线工程

架线施工是指将导线、地线按设计施工图纸的要求架设于已组立安装好的杆塔上的工作。导线、地线在展放过程中基本不受力,故称为非张力放线。通常,在 110 kV 及以下的电力线,且导线截面面积为 240 mm² 及以下,钢绞线截面面积为 70 mm² 及以下的电力线路中采用人力放线方式。电压等级在 220 kV 及以下的电力线,且导线截面面积为 400 mm² 及以下,钢绞线截面面积为 70 mm² 及以下的电力线路,多采用机械(如绞磨、拖拉机、小牵引机等)牵引放线。导线被展放在数千米长的线路上,因此导线、地线在被展放前,一定要做好准备工作,否则将直接影响各个施工程序、施工环节的进展和施工质量,千万不可忽视。中标单位接受架空线路施工任务后,首要工作是熟悉施工段平面图所标示的内容(如导线、地线的规格等)、杆塔的类型及特点,并根据线路调查情况(如交叉跨越位置)做好施工准备及施工组织设计。

## 二、张力架线工程

在输电线路架线施工中,利用牵引设备展放架空导线,使架空导线带有一定的张力,始终保持离地面和跨越物之间有一定的高度,并以配套的方法进行紧线、挂线和附件安装的全过程,称为张力架线。张力架线即利用张力机、牵引机等设备,在规定的张力范围内悬空展放导线、地线的施工方法。由于张力架线能提高施工质量,能解决放线施工中难以解决的某些技术问题,适用面广,因此被视为 330~500 kV 输电线路施工优先选用的架线施工方法。

(一)张力架线的优点

(1)张力架线的特点是在展放过程中,导线始终处于悬空状态。因此,避免了与地面及跨越物的接触摩擦损伤,从而减轻了线路运行中的电晕损耗和无线电可听噪声干扰。同时,由于展放中保持了一定的张力,相当于对导线施加了预拉应力,使它产生初伸长,从而减少了导线安装完毕后的蠕变现象,保证了紧线后导线弧度的精确性和稳定性。

(2)使用牵张机构设备展放线,有利于减轻劳动强度,使施工作业高度机械化,速度快、工效高,人工费用低。

(3)放线作业只需先用人力铺放数量少、质量轻的导引绳,然后便可逐步架空牵放牵引绳、导线等。由于展放导线的过程中导线处在悬空状态,因此大大减少了对沿途青苗及经济林区农作物的损坏,具有明显的社会效益和经济效益。

(4)用于跨江河、山区、泥沼地、水网地带、森林等复杂地形施工时,能有效发挥其良好的经济效益。例如,跨越带电线路,可以不停电或者少停电;跨越江河架线施工,可以不封航或仅半封航;跨越其他障碍施工时,可少搭跨越架。

(5)可采用同相子导线同展同紧的施工操作,因此施工效率成倍增加。这里除需要大型机械设备外,不需要增加牵引作业次数。

(6)在多回路输电线路架线施工中,能保证各层导线、地线处于不同空间位置,放线、紧线分别连续完成,而非张力放线是无法实现的。

(二)张力架线的缺点

(1)跨越时受外界条件约束(如停电时间、封航时间),失去施工的主动性。

（2）施工机械的合理配套以及机械设备的适应性与轻型化有待实现。例如，一套一牵四放线的张力放线设备，配备相应的其他机械和工器具总质量为 70~100 t。如果主牵引机、主张力机、小牵引机、小张力机采用拖运方式运输，若用载重 10 t 的汽车搬运要 7~10 辆汽车，若用火车运输也要 2~3 节平板车和一节棚车，还不包括通用机械、汽车吊及拖拉机等的运输。张力架线施工组织复杂，人员配备多，需 200 人左右，这样庞大的组织机构用于山区、水网地带等施工，有待于优化组合和科学管理，而庞大的施工机械也难以适用于山区、水网地带等特殊恶劣地质条件的施工，因而有待于小型化、轻便化。

（3）张力架线施工采用标准流水方式作业，严格的施工组织和施工管理还有待于深入研究。

# 第六节　大数据和人工智能技术在输电线路状态评估中的应用

输电线路等电力设备状态评估相关的数据已具备大数据特征，面向数据挖掘、机器学习和知识发现的大数据分析技术近年来快速发展，在互联网、社会安全、电信、金融、商业、医疗等领域获得广泛的应用。这种背景下，利用先进的大数据分析处理技术可以充分挖掘与输变电设备状态相关联的多种有效信息，从大量数据中探知设备状态及影响参量变化的关联关系和发展规律，实现个性化、多样化的全方位分析，及时捕捉设备早期故障的先兆信息，为设备状态的精细化评价、故障预测和风险评估提供全新的解决思路和技术手段，从而及时发现、快速诊断和消除故障隐患，有效提升输变电设备评估的准确性，实现智能技术与设备管理的有机融合，确保设备和电网安全可靠运行。

大数据技术包括数据管理、数据存储与处理、数据分析和数据可视化展示等重要技术，其中大数据分析技术是核心。利用大数据分析方法可以从大量的、不完全的、有噪声的、模糊的、随机的数据中提取隐含在其中的、事先不知道但又是潜在的有用信息和知识。大数据分析的研究方式不同于基于数学模型的传统研究方式，大量数据可以不依赖模型和假设，只要数据间有相互关系，统计分析计算就可以发现传统方法发现不了的新模式、新知识甚至新规律。

最近几年，由于大数据、信息化技术的发展以及各类传感器和数据采集技术的广泛应用，人工智能机器学习技术取得了飞速的进展，尤其在语音识别、图像识别、自动驾驶等领域已经超过人类专家的认知水平。深度学习是近年来机器学习领域的一个突出的研究热点，其通过构建多隐含层的神经网络来模拟大脑处理信号的过程，使得机器能够自动地学习隐含在数据内部的多层非线性关系，从而使学习到的特征更具有推广性和表达力，提高了分类和预测的精度。

输电线路等电力设备的状态变化和突发故障是在高压电场、热、机械力以及运行工况、气象环境等多种因素的作用下发生的，要及时和准确地发现设备在运行中产生的潜伏性故障是十分困难的，必须多角度综合分析不同特征参量值及其变化趋势来提高设备状态评价、诊断和预测的准确性。而输电线路的状态变化和故障演变规律蕴含在带电检测、在线监测、巡检试验以及运行工况、环境气候、电网运行等众多状态信息中，随着智能电网的建设和不断发展,设备检测手段的不断丰富,电网运行和设备检测产生的数据量呈指数级增长,逐渐构成了当今信息学界所关注的大数据,充分利用这些数据需要相应的大数据分析技术作为支撑。研究设备状态评估大数据分析基础理论和方法的目标是从海量的设备状态监测、电网运行以及气象数据中,通过分类、聚类、机器学习、预测与估计、关联和序列分析、异常检测等大数据挖掘分析方法发掘出有价值的知识(规律、规则或模式),从数据分析的角度揭示输电线路状态、电网运行和气象环境参量之间关联关系和内在变化规律,实现设备异常状态的快速挖掘、差异化的状态评价和故障预测等功能。近年来,直升机/无人机智能巡检、带电检测、在线监测技术大量推广应用,其采集了海量的状态检测数据,由于线路故障类型和现场干扰的种类多,许多情况下需要专家人工分析确诊,诊断效率很低。采用大数据和人工智能技术对海量数据样本进行自动学习实现故障智能诊断,期望达到甚至超过多个专家的分析会诊能力。

基于大数据样本智能学习的线路故障诊断一方面需要建立海量的历史数据和故障案例数据库;另一方面通过强化学习、深度学习等先进的机器学习手段建立设备故障智能诊断分析模型,同时利用大数据匹配和关联算法搜索类似的缺陷或故障案例,为设备故障分析提供参考。总的来看,大数据分析应用是电力信息物理系统、"互联网+"设备状态检修等未来电网应用场景的重要组成部分。输变电设备状态评估是大数据技术在电力系统的重要应用领域,应用前景广阔。目前的研究和应用才刚起步,初步的研究表明,大数据分析可以有效提高输变电设备状态评估的准确性,在家族性缺陷分析、个性化评价、异常检测、故障快速诊断和预测等方面有明显效果,但是在数据质量、数据集成、应用价值、多学科深度合作等方面面临一些挑战,未来突破的关键是多源数据的有效获取和建立适用的数据挖掘分析模型,大数据结合人工智能技术的应用将是未来重要的发展方向。

# 第七节　光传感技术在智能输电线路中的应用

输电线路状态监测用得较早的光学监测技术是绝缘子表面污秽的等值盐密度和灰密度监测,主要原理是基于介质光波传导中的光场分布理论和光能损耗机制,利用石英玻璃棒作为光学传感器,污秽直接作用在其表面,当石英玻璃棒无污染时,光波传输过程中的光能损耗很小,有污染时光能产生较多损耗,通过检测光能的损耗就可以检测出污染的严重程度和输电线路的外绝缘情况。光学传感器均为无源传感器,以串联或并联的方式分布在光纤回路中,可以组成光传感网络,导线温度、导线振动等高压侧传感器可通过光纤复合绝缘子内的光纤通道从高压侧连到低压侧,并与杆塔上的杆塔倾斜、杆塔应力、微气象等传感器串联在一起组成杆塔的光纤传感器监测网络,所有光学传感器的光信号最终通过 OPGW 内的光纤传送到线路一侧的变电站全光在线监测主机上,组成分布式的全光监测系统。目前,光纤光栅的输电线路全光监测技术已有示范应用工程,并在逐步地完善和改进。基于布里渊原理的分布式监测系统采用 OPGW 内部光纤作为传感器,用于OPGW 温度和应变的分布式测量,可以构建大范围分布式传感网络,稳定性、准确性、系统维护和造价具有明显优势,未来可以在覆冰监测、通信光纤状态检测、杆塔状态、雷击温升等方面得到应用。

# 第八节 传感器集成化和智能化技术

传感器将输电线路的状态信息转化为可测量的信息,是线路状态的感知元件,在监测功能中具有关键作用。传感器的小型化与输电线路设备的一体化、集成化,实现一次设备与二次设备高度集成,成为一个有机整体的设计理念是未来重要的研究发展方向。过去,电力设备制造商较少关注设备的监测功能,大多数状态监测功能是设备投运之后加装的。由于一部分传感器需要改装主设备,这不仅或多或少地影响主设备的安全,传感器也往往不能置于最佳位置。对于外置传感器,虽然不需要改装主设备,但影响设备的美观。还有部分传感器,一旦设备制造完毕,就无法植入。综合这些情况,智能输电线路的高级阶段应从输电线路设备部件的设计开始,在设计、制造环节综合状态监测需求,充分考虑内置传感器的安装要求,且保证有规范的信号接口,出厂试验时应带传感器进行,实现传感器与输电线路设备部件的集成化设计和制造。

针对这一目标,一方面需要从传感元件理化性能、传感小型化、一体化设计、物联组网等方面入手,开展复杂运行环境下传感器内置可靠性研究,实现传感器与线路部件集成化设计制造;另一方面还需要研究传感器智能化技术,自动满足宽量程、抗干扰的测量信号需要,利用智能传感技术实现对线路部件正常、异常、故障等状态的实时监测与诊断,提升线路状态自感知、自评估和自诊断能力。

当前,常规感知元件与线路部件在集成化设计制造方面已有了初步的研究和应用,如内嵌应力和温度光纤传感器的复合绝缘子、具备张力测量功能的连接金具以及具备动态温度测量功能的光纤复合智能导线等。但基于状态智能感知的整体设备一体化设计制造理念和技术还远未成熟,智能感知元件及实用化关键技术研究仍处于起步阶段。

# 第五章  火电厂自动化控制

## 第一节  火电厂自动化控制改造方法分析

### 一、火电厂自动化控制的改造方向

（1）传统自动化控制方式存在着一定的局限性，传统的自动化控制模式人对机器的使用不能达到高效率，人对机器的控制能力也存在着欠缺的地方，影响人类对自动化的控制能力，无法达到高效益的控制状态。为了体现高效益的控制方式，要在改造中将高效益作为改造目标，符合火电厂的生产实际和发展目标。

（2）为了节约成本，控制人力、物力、财力的成本支出，将自动化控制升级为智能化控制。众所周知，智能化控制是自动化控制发展的一个新阶段。在智能化控制中，机械设备取代联机界面中的人工操作，进行智能化生产。这样改造之后，提高了火电厂的工作效率，节约了成本，提高了经济效益，促进了火电厂的经济价值的提升。

### 二、火电厂自动化控制的改造方法

为了实现高效的生产环境，提高生产效率，实现科学的改造，应该依据火电厂自动化控制运行中的实际操作，合理分析，科学改造。

#### （一）对火电厂的自动化控制做到优化管理

对火电厂自动化控制改造的基本方式是采用优化的手段进行的。众所周知，在火电厂自动化控制中，工作人员需要采纳多方面建议，了解和掌握多方面技术知识，所以它的管理体现在多方面并且具有明显的复杂特性，并且它的管理中包含了复杂的运行信息和较多的工作模式。为此对它进行优化管理的方法，明确控制内容并且细化自动化控制中的各个模块，并在此基础上提出合理的、优化的管理方式，这样可以有效促进火电厂自动化控制的高效和准确运行。

#### （二）对自动化控制进行精细改造

在火电厂自动化控制中，为了实现精细管控的目的，实现对各个自动化控制系统的明确管理，我们需要针对自动控制中的各项内容进行精细化处理，做到精细改造。自动化控制中最直接、最有用的改造方法就是将其进行精细化，并且在此过程中快速发现自动化控制中的不合理之处，然后对其进行改造和处理。当然，自动化控制需要多方面的资料和多方面的知识,它是建立在多项运行系统之上的,如检测和控制等。所以,要想提高信息传输的能力,就必须在它的各项系统之上都进行基础化、精细化改造,以确保它的性能。另一方面来说,火电厂自动化控制依赖于管理系统中的信息。而这些自动数据的输入需要各项系统的衔接。所以,提高各项系统的衔接效率,明确各个系统的主要职责,在管理系统中,实行自动化、规范化处理,将所有的信息进行共享,这也是精细化管理所提出的要求之一。

### (三)提升自动化设备的检修水平

火电厂自动化控制的能力与检修水平存在着直接的关系。为了提高火电厂自动化控制的能力,就需要提高检修水平。提高检修水平,可以为自动化控制营造一种长期安全运行的环境,并且可以约束自动化控制的行为。所以,增强自动化控制设备的检修力度,实现控制改造是提高火电厂自动化控制能力的必要措施。提升自动化设备的检修水平有以下几个方法:

(1)使自动化设备得到优化和升级,并且让智能化设备的运行在可监控的状态下进行。

(2)提高自动化系统的软件性能和质量,提高系统信号的可监测性,提高自动化技术水平的可研究性。

(3)在火电厂自动化控制系统中安装报警装备,实时观测和监控设备的运行,及时发现控制问题。一旦发现问题后,就会触动报警装置进行自动报警。检修人员在接到报警信号后,会对故障进行及时准确的维修和处理。

## 三、对火电厂的各项计划进行落实

火电厂的自动控制运行是根据生产计划来的。因为生产计划的制订需要根据多方面的观察,所以一旦形成,它的变通性很小。这就导致了火电厂在自动控制方面缺乏严重的计划性。例如:在面临临时生产任务的时候,生产计划来不及改变,这就对自动化控制形成了一定的压力。在这种情况下,容易引发控制风险,会降低火电厂的运行能力。一般来说,这种时候我们就应该提出以生产计划为主的改造方法。在改造过程中,吸取生产经验,汇总各个方面的各项计划,在总结后提出可运行的方案。在此基础上,强化各项计划的落实,协调各部门提出各项计划的生产方式,规避风险,排除隐患。在各个部门确认生产计划的各个细节后,为生产计划提供自动化控制的专业途径。

# 第二节 常见火电厂热工自动化系统

## 一、火电厂热工自动化技术的发展背景

火电厂是一个庞大而又复杂的生产电能与热能的工厂,有着明显不同于其他工业过程的特征,其动力装置及内部过程极为复杂,出于提高生产效率保障生产可靠性和安全性的要求,电厂热工自动化技术应运而生。电厂热工自动化技术历史悠久,1766年波尔佐

诺夫发明的锅炉给水调节装置、1784年瓦特发明的蒸汽机离心摆调速装置,可以看作是热能动力设备最早的自动控制装置。到了现代,自动化领域发生了革命性的变化,芯片技术促进了自动化技术由"模拟"向"数字"时代的飞跃;网络信息技术为实现先进的工业自动化系统提供了强有力的硬件、软件平台;自动化技术理论由基于微分方程传递函数的古典理论阶段进入基于状态空间法和最优化方法的现代理论阶段,进而,逐步发展到基于专家系统、模糊控制和人工神经网络的智能时代;信息处理技术方面,数据高速传输、数据压缩存储、数据融合、数据挖掘等技术的发展,为实现基于信息集成的生产过程的控制与管理现代化奠定了基础。这些外部技术环境的巨大变化,极大地促进了电厂热工自动化技术的发展和革新,火力发电机组已由过去的中低压、中小容量发展到现在的高参数、大容量的单元机组,其生产过程的操作由运行人员手动控制到陆续采用各种自动控制装置,实现生产过程的自动控制,使火力发电厂的自动化水平日益提高和发展。

## 二、火电厂热工自动化的意义

火电厂热工自动化,是指在火电厂热力过程中在不需要工作人员直接参与的情况下,通过各种自动化仪表和装置(包括计算机系统)对各种生产行为,如测量、自动控制、自动报警、信息处理和自动保护等,进行开环的和(或)闭环的监视控制,使之安全、经济、高效运行的技术。自动化技术对火力发电厂热工过程具有重要意义,主要体现在以下方面:

(1)保证设备和人身安全。当机组从运行异常发展到可能危及设备安全或人身安全时,自动化设备可以快速、全面、科学有序地采取措施。

(2)保证火电厂正常经济运行。自动化系统可以使机组运行长期稳定在设计参数上,如果运行出现问题可以及时调整运行参数,避免不必要的联锁保护动作导致停机、停炉,或使机组尽快恢复正常运行,减少机组的停运次数。

(3)提高生产效率和经济效益。在机组正常运行过程中,自动化系统能根据机组运行要求,自动将运行参数维持在要求值,以期取得较高的效率(如热效率)和较低的消耗(如煤耗、厂用电率等),从而增加火电厂的经济效益。

(4)满足现代电网管理的需要。自动发电控制(AGC)是现代电网控制中心的一项基本和重要的功能,要实现AGC,单元机组必须有较高的自动化水平。

(5)进行事故记录和分析。以便及时有效地解除事故,防止盲目运行,对日后的事故预防起到很好的预警作用。

(6)进行经济指标计算与运行指导。自动化控制系统通过性能计算与参数变差计算,比如锅炉效率计算、汽机效率计算等,对火电厂的经济运行进行指导。

## 三、火电厂热工自动化系统的功能和常见类型

### (一)主要功能

一个完整系统的火电厂热工自动化系统必须具备以下功能:

（1）自动检测（数据采集）。对反映生产过程运行状态的物理量、化学量以及表征设备工作状态的参数自动地检查、测量和监视。

（2）自动调节。为了保证设备安全经济运行，必须要求某些表征设备正常工作的物理量始终维持在某一规定数值或预定范围内，按预定的规律来变化，但生产过程中经常受到各种外界或内部因素的干扰，使被调量发生偏离规定值的倾向，这时就需要进行相应的调节，使之保持或恢复到规定的范围内，以保证生产过程的稳定。自动调节就是依靠自动调节设备来实现这种调节作用的，所以自动调节设备必须具备检测定值、运算、执行等功能。

（3）自动保护。设备发生异常，导致工艺参数超过允许范围，甚至发生事故时，为确保生产的安全，保证产品的质量，需要对某些关键性参数设置信号、联锁装置，事故发生前，信号系统能发出声、光信号，提醒操作人员采取措施。如果工况已接近危险状态，联锁系统应采取紧急措施，以防止事故发生或进一步扩大，或保证设备不受损坏，是一种安全装置。

（4）自动操作（包括远方控制程序控制或顺序控制）。根据预先规定的程序或条件自动地对生产设备进行某种周期性操作，把操作人员从重复性劳动中解放出来。

## （二）常见类型

按功能分类，常见的火电厂热工自动化控制系统如下：

（1）自动发电控制（AGC）系统。由于调速器为有差调节，因此对于变化幅度较大、周期较长的变动负荷分量，需要通过改变汽轮发电机组的同步器来实现，即通过平移调速系统的调节静态特性，从而改变汽轮发电机组的出力来达到调频的目的，称为二次调整。当二次调整由电网调度中心的能量管理系统来实现遥控自动控制时，则称为 AGC。

（2）厂级实时监控信息（SIS）系统。SIS 是发电厂的生产过程自动化和电力市场交易信息网络化的中间环节，是发电企业实现发电生产到市场交易的中间控制层，是实现生产过程控制和生产信息管理一体化的核心，是承上启下实现信息网络的控制枢纽。其主要功能为：实现全厂生产过程监控，实时处理全厂经济信息和成本核算，竞价上网处理系统，实现机组之间的经济负荷分配，机组运行经济评估及运行操作指导。

（3）单元机组协调控制（CCS）系统。协调控制是基于机、炉的动态特性，应用多变量控制理论形成若干不同形式的控制策略，在机、炉控制系统的基础上组织的高一级机、炉主控系统。它是单元机组自动控制的核心内容。

（4）锅炉炉膛安全监控（FSSS）系统或燃烧器管理（BMS）系统。锅炉炉膛安全监控系统包括炉膛火焰监视、炉膛压力监视、炉膛吹扫、自动点火、燃烧器自动切换、紧急情况下的主燃料跳闸等。

（5）顺序控制（SCS）系统。按照生产过程工艺要求预先拟定的顺序，有计划、有步骤、自动地对生产过程进行一系列操作的系统，称为顺序控制系统。顺序控制也称程序控制，在发电厂中主要用于主机或辅机的自动启停程序控制，以及辅助系统的程序控制。如汽轮机的自动启停程序控制、磨煤机自动启停程序控制、定期排污和定期吹灰的程序控制等。

（6）数据采集（DAS）系统。DAS 系统又称为计算机监控系统，其基本功能是对机组整个生产过程参数进行在线检测，经处理运算后以 CRT 画面形式提供给运行人员。该系统可进行自动报警、制表打印、性能指标计算、事件顺序记录、历史数据存储以及操作指导等。

（7）汽轮机数字电液控制（DEH）系统。汽轮机数字电液控制系统是汽轮发电机组的重要组成部分，除完成汽轮机转速、功率及机前压力的控制外，还可实现机组启停过程及故障时的控制和保护。

（8）给水泵汽轮机电液控制（MEH）系统。用微型计算机及液压伺服机构实现给水泵汽轮机各项功能的一种数字式电液控制系统。

（9）旁路控制（BPS）系统。大型中间再热式机组一般都设置旁路热力系统，其目的是在机组启、停过程中协调机、炉的动作，回收工质，保护再热器等。完备的旁路控制系统是充分发挥旁路系统功能的前提。

（10）汽轮机自启动（TAS）系统。当控制系统置于汽轮机自启动运行方式时，运行人员只须按一个启动键，机组即可自动启动、升速至额定转速，甚至并网、带负荷，在此过程中，目标转速、升速率、过临界转速的升速率的给定、暖机过程控制以及阀切换等均由程序中预设的汽轮机自启动曲线给出。汽轮机自启动功能的实现相比传统的液调系统，使汽轮机控制的自动化程度有了质的飞跃。

（11）汽轮机监视仪表（TSI）和汽轮机紧急跳闸（ETS）系统。汽轮发电机属高速运转的大型机械设备，对其运行参数的要求十分严格。大轴的振动、位移、热膨胀等参数直接影响到汽轮机的安全运行，必须精确测量并加以监视。以微处理器为核心的汽轮机监控系统，可有效地解决参数检测与处理方面的困难。

## 四、火电厂热工自动化系统设计中节能减排技术的应用策略

### （一）强化系统设备安全控制

火电厂在生产过程中不仅需要投入大量的人力资源，同时需要人工操作与机械设备协调配合，才能完成电力能源的转换，而这一过程中也存在较为显著的危险性，不仅会对人身安全造成威胁，设备的故障概率也会大大提高，从而影响工程化系统运行效率，浪费能源。当前，火电厂应重视强化系统设备安全控制，在出现设备故障后及时解决，避免故障加剧对生产与消耗造成负面影响。因此，火电厂应强化安全指标，制定运维管理手册，完善故障监测设备，在热工自动化系统设计中，安装相应的监测仪器增加检查位置，在维护管理过程中不能只依靠人力来完成，还应提高自动化检测水平，有利于维护火电厂日常运行状态，随时监控数据以防出现故障问题，降低火电厂经济损失。一般来说，火电厂设备遭遇故障停机后，重新点火必然会消耗大量资源，甚至会对设备本身造成损害，除完善基础设备状态监测与故障诊断系统外，还要对热工自动化系统基础连锁保护逻辑、辅机故障自动减负荷以及燃烧管理逻辑进行优化完善，从根本上保障设备运行安全，以达到节能减排的目标要求。

### （二）构建性能优化知识库

当前，我国部分火电厂为了实现热工自动化系统设计的节能减排，通过配置成套 MIS 系统，对发电机组运行过程展开数据信息收集，能够获得详细的数据。为了方便数据的处理与分析，火电厂应构建专门的性能优化知识库，将所有获取到的数据信息存储在数据库，日后若发

现系统出现性能问题便可进行检索,以便采取有效措施进行处理,并且知识库中构建了专家经验系统,能够为系统运行提供有效指导。在知识库软件选择时,需要提前进行评审、推荐以及试用,筛选出更为适合的软件,最后将热工自动化系统与知识库连接,从而存储实时数据,对系统运行过程中存在的问题进行诊断,提高火电厂热工自动化系统运行经济性。

### (三)引入先进节能减排技术

当下火电厂应重视隐性节能降耗因素,通过引入等离子点火技术与变频控制技术,对热工自动化系统进行改进,从而实现隐性节能损耗控制目标。等离子点火技术本身具备优秀的环保性能,而煤炭质量往往是影响点火系统的基础条件,相反贫煤、烟煤等劣质煤炭就降低了点火效率,而等离子点火技术通过等离子发生器有利于提高点火效率,并且功率支持随意调节,即使劣质煤炭也能轻松点燃。因此,等离子点火技术具有非常高的经济效益,能够提高点火效率,减少不必要的资源浪费,等离子点火系统大多采用高性能合金材料,耐高温、耐氧化,并且方便维护,成本投入小,符合节能减排理念标准。变频控制技术也是降低煤炭资源消耗的有效方法,同时能够保障热工自动化系统稳定运行,增强辅机数字化水平与控制精准性,促使各个设备与生产环节密切配合,最终达到节能减排的目标。

### (四)优化热工自动控制系统

对火电厂热工自动控制系统的节能减排来说,需要从系统的设计优化入手,这会直接影响生产过程中的资源消耗量,例如,增加热工自动系统运行自我保护功能,在设备运行过程中若发生故障可以自动检测、报警以及停止运行,对设备进行自我保护,以此来避免故障问题引发的安全事故,同时提醒维修人员快速定位故障点,减少排查时间,快速恢复生产。另外,火电厂热工自动控制系统中包含大量设备,通过引入自律分布式系统,能够更为有效地对系统与设备展开协调控制,并且会按照系统运行参数变化适当调整,保证系统运行状态降低能源消耗。

### (五)提高锅炉燃烧效率

节能减排技术的应用是为了满足我国提倡的环保要求,减少能源浪费,降低生态环境污染,同时提高火力发电产能,切实解决资源紧张等问题。锅炉作为火电厂热工自动化系统中的关键部分,也是耗能最大的设备之一,为了减少生产过程中的二氧化碳排放,需要加强锅炉设备的优化改造,在提高煤炭燃烧效率的同时,减少各类污染烟气排放量。在优化过程中首先应减少空气预热器的漏风率,确保氧气充足才能保证炉内燃烧效率,其次加强烟尘处理,煤炭在燃烧过程中会产生大量粉尘与烟尘,可以通过使用吹尘器,在锅炉燃烧时定期对产生的烟尘进行清洁,通过吹尘器保障受热面干净清洁。另外,要控制好锅炉内部温度,温度过高会造成热量流失,应将温度控制在科学合理的范围内,同时采用保温材料,杜绝锅炉与外界环境的热量传递,通过减少热量流失以达到节能减排的效果。

### (六)加快检测仪表的创新

在火电厂热工自动化系统中,自动化检测技术的应用不可或缺,通过各类检测仪表能够及时检查生产过程中的各项参数,充分反映出热工自动化系统物理量、化学量等状态。另外,自动化检测要比人工检测更加准确、效率更高,不会在检测过程中出现疏漏和遗漏,检测内容也相对广泛,涵盖到温度、流量以及压力等数据,通过获取详细的参数即可优化生产过程,降低热工自动化系统机组安全事故发生概率。当前,应加快自动化检测仪表灯创新,比如快速热电偶的应用,通过优化创新能够有效解决蒸汽管道输水带介质排放难以控制问题,而阀门和管道超声波检漏,能够精准控制收水阀与再循环阀等管路,利用超声波检测仪即可获取详细数据,从而实现自动化检测。此外,炉膛温度声波检测、工业废水重金属检测等都要加强研究,对节能减排检测仪表展开有效创新,切实提高火电厂的经济效益。

（七）联合脱硫与单元机组控制

现阶段火力发电厂主要采用烟气石灰石湿法进行脱硫处理,并且以往脱硫控制系统与主厂房控制系统相互独立,两者之间通过少量硬接线连接,以此来完成运行过程中的联动和保护。但是伴随着能源消耗问题与环境污染问题逐渐加剧,火电厂不得不加强单元机组控制与脱硫技术研发,目前我国对于火力发电厂提出相应的环保要求,其中包括基建项目脱硫与基础同步,并且取消烟气脱硫系统气与气交换器与旁边的挡板,同时取消增压风机,加强锅炉控制与脱硫系统烟道控制的联系,由此可见,脱硫控制需要归集到机组DCS控制中,这也是火力发电厂实现节能减排的重要举措。通过涵盖锅炉控制回路、烟气排放温度控制、脱硫废水处理以及吸收塔温度保护等,达到脱硫系统与主厂房控制系统一体化控制,但是需要注意,该方法必须在火电厂建设初期完成统筹规划设计。

（八）机组负荷的经济分配

火电厂在实际生产过程中,每天的发电量有着明文规定,在火电厂建设发电控制系统后,即可按照不同发电任务与系统设备运行状况,对每台发电机组配置不同的发电任务,通过该方法对机组负荷展开经济分配,促使发电机组能源使用量始终处在合理的范围内,保持高效的运行状态,促使火电厂发电机组运行效率得到全面提高。大多数情况下将负荷经济分配到各个系统与设备,能够做到以单元机组实时性能为基础条件进行分配,按照机组负荷特性实时曲线,鉴别机组负荷经济分配后的效果,从而再次优化直至达到最佳。

# 第三节　火电厂电气自动化技术

## 一、火电厂电气自动化组成以及技术方案

### （一）电气自动化组成部分

火电厂电气自动化包含了DCS系统、SIS系统、ECS系统以及PLC控制系统等。各个系统在自动化层面上各司其职,机组DCS系统主要在锅炉以及蒸汽机自动化方面起到实

时运行管控;监控信息系统 SIS 实现对全厂的信息处理,实现生产过程的监控以及管理、故障分析与处理、系统设备的发电能力诊断、系统的经济负荷、设备的运维管理、用户终端用电报价、财务管理等;ECS 系统主要起到了电气监控以及厂内用电自动化的作用,同时还能实现厂级用电升压自动化,实现了火电厂设备管理自动化的功能。

（二）电气自动化技术方案

根据火电厂自动化发展趋势,在技术上有递阶式的发展,按照自动化水平的发展,有如下几大自动化技术方案:

第一,发电机、锅炉以及电量管控的 DCS 与 FECS 一体化监控系统。虽然 DCS 在火电厂监控系统中,对锅炉和汽轮机的管理上比较先进,但是在电气控制上略显单薄,以往的电气控制只能依赖继电保护来实现,但是在电气控制中,事件、电波等非常重要的电气信息,DCS 无法实现对信息的实时捕获,在针对电气的控制上一般只能达到基本功能与操作,同时资本投入较大。所以,为了弥补 DCS 的不足,开始研究 FECS 与 DCS 一体化综合监控设备,实现对电气以及全系统全面的管控。在接入了电气控制系统 FECS 后,能够实现现场的总线通信技术,同时还能节省出大量的电缆投资,在接入上,电气控制系统能够与一次设备直接连接,节约用地,同时系统的多接口能够在电气控制系统上接入其他的装置,完成系统的协同管理,实现发电机、锅炉、电气的一体化控制与管理。

第二,监控系统物理化配置呈现由集中到分散。火电电气自动化技术发展一直走在科技发展的前沿,令其电力监控系统在物理配置上逐步发散,替代了过去庞大的体型。过去的控制系统,不仅占地面积大,而且在电缆用量上较大,建设费用高,建设工期长。经过多年的研究,已经将形体较大的控制楼从物理学角度划分成为若干个小设备间,能够实现在控制对象的附近进行控制。目前,基本上已经完全实现了电厂电气监控装置安装在开关柜中,现场基本上实现了分层控制。

（三）监控系统功能配置由发展至集中

传统的电气控制装置一般功能都比较发散单一,由于单个机组之间存在某种结构或者功能上的联系,在单个设备出现故障之后,通常会对另一控制器产生一定的影响,导致其发出错误的信息。并且由于没有备用的控制器,一旦控制器发生故障,系统很有可能出现瘫痪宕机。为了解决上述问题,相关学者开始研究监控系统装置集中控制功能。令火电厂中的保护、远动、监控等成为一个集成系统,将保护测试装置构成分层控制系统,令系统保护、录波、机组控制等监控装置功能综合在一起,实现功能集成监控系统。

## 二、机组与厂区用电同时汇入到电气监控的辖区

现代火电厂电气自动化装置已经将机组用电以及厂区发电所需用电全部纳入到了电气监控管理的范围,并且通过相对独立的装置接入到了电气监控系统 FECS 中,实现了通信与 DCS 的一体化,彻底受控于 DCS 系统中。

### 三、火电厂电气自动化中现场总线的应用

在火电厂中，现场总线安装在仪表与设备的自动控制室中，通过多点通信实现了数字式的系统连接，与设备连接的数字化、分散化以及智能化功能，并且能够达到自动控制以及信息交换的功能。

#### (一)基于现场总线的火电厂自动化系统优势

第一，增加了对信息集成的能力。一般火电厂采用的智能传感器，采用现场总线能够实现信号传递，还能对设备的故障信息、运行状态以及参数信息等进行交换以及传送，能够完成系统的远程控制以及参数优化工作。

第二，其具有开放性、互感性及可集成性。

第三，该系统具有可靠性以及可修复性的功能。通过 I/O 一对一进行连接，能够减少因为节点不稳定导致的系统故障产生。另外，系统还具有在线监测状态、故障诊断以及报警功能，能够实现对系统参数设定以及修改的远程操作，增加了系统的可维护性。

第四，能够降低系统的投资成本。相较于一对一的 I/O 系统而言，能够省去了电缆、I/O 模块等费用，降低了系统费用。

第五，省去了 I/O 端子柜以及控制柜，节省了占地面积，简化系统，减少设计、安装调试等费用。

#### (二)基于 LONWORKS 的网络厂用电自动化系统

该系统采用的现场总线技术，因为综合了 SDCS 以及 FECS，因此无论是从功能上还是从结构上都优于现在的一般监测系统。该系统将电气监控保护以及录波、设备管理已经全部涵盖到系统中，提升了电厂的自动化水平，对电厂的安全运行方面具有较大的帮助。

# 第四节 火电厂中电气工程自动化的应用

## 一、火电厂电气工程自动化应用的优越性

### (一)有效控制火电厂的电力生产成市

在火电厂的电能生产过程中，煤、石油等多种能源被大量地消耗。因此，必须加强火电厂节能降耗技术研究，提高资源利用效率和降低能耗成本。在我国火力发电厂建设初期，传统的燃煤机组存在结构和工艺过程繁杂、运行不稳定等问题。热能是火力发电厂的主要来源之一。在能量转换的过程中，不可避免地会导致能源的浪费和大量燃料的消耗，从而给生产环境带来一定的压力，同时也会增加火电厂的电力生产成本。因此，我国应加大对火电厂的能源管理力度，提高能源管理水平。在现代火电厂的电力生产过程中，要坚

持以节能降耗为核心的生产思想,将电能的消耗和能源的浪费作为主要的工作内容,使其能够平稳地进行转换,从而提升对能源的利用率,达到节省资源、保护环境的目的,逐渐地将生产费用降下来,以便于对火电厂的电力生产成本进行有效的控制。

### (二)提高火电厂的电力生产效率,以达到更高效的能源利用

在没有将自动化技术推广到火电厂的电力生产中时,火电厂的供电能力缺乏,会对电能进行大量的消耗,还会对周边环境造成严重的破坏,因此会导致生产成本高昂,最后会使火电厂的经济效益下降。因此,提高火力发电企业供电能力成为当前研究热点。供电机组的电力设备具有高度复杂的结构,重量较大,规格型号广泛,占据了大量的空间资源。由于我国幅员辽阔,各地气候环境差异大,导致不同区域火电厂用电负荷也存在明显差异。生产过程中,将热能转化为电能的复杂程度相当高,导致电能损耗率普遍较高,约占总能源消耗的三成,但整体生产效率并不尽如人意。随着我国经济发展水平提高和科学技术进步,火电厂逐渐采用了电气自动化控制技术。推广电气工程自动化技术在各地区火电厂中的广泛应用,有助于提高电力生产效率、降低能源消耗,并改善环境污染,从而实现更高效的生产。

### (三)推进科技创新步伐

电力生产正处于创新转型的关键时期,火电厂广泛采用自动化技术,取得了显著的经济成果。随着经济社会的发展,对能源需求越来越大,我国电力系统在建设过程中要注重节能环保理念的融入和运用,积极推进发电方式的优化升级,提高能源利用效率,促进电力行业的可持续发展。为了推动火电厂的可持续发展,需要在自动化技术上进行革新,通过引入优秀的技术人员,提高他们的自主创新能力,在自动化技术上进行实践和应用,在电气工程自动化技术上取得突破性进展,加快电气和电力装备的升级速度。

## 二、火电厂电气工程自动化的应用

### (一)维护电力设备

当火电厂的电力系统处于稳定运行状态时,为保证电网安全、有效、平稳工作,必须有先进的电源装置。在电力运行过程中,电力设备起着至关重要的作用,如果电力设备在运行过程中存在问题,就可能导致整个电力系统无法实现良好运行,对火电厂造成严重的经济损失。当电力设备出现故障时,不仅会直接影响电力系统的生产效率,而且还会对火电厂的正常运转造成阻碍。为了提升火电厂的工作效率与质量,需要做好电力设备的日常维护管理工作,积极采用科学方法对其加以处理,保证电力系统可以平稳安全运行。为了保证火电厂各种技术装备的平稳运转,一定要对电力设备的保护工作给予足够的关注,使其能够有条不紊地进行,并且要强化其日常维护工作。目前,国内许多电厂已开始使用电力自动化技术,以达到电力装备自动化发展的目的。运用电气工程自动化技术,将计算机信息系统的智能化保护的优点发挥出来,实现了中央系统对电力设备的智能控制或调节,

进而实现了电力设备的自动化、一体化智能操作,以达到稳定电力设备保护、节约人力和资源、有效控制火力发电厂运行成本的目标。

### (二)常规控制

电气工程自动化技术在常规控制方面展现出卓越的实践应用优势,为热力发电厂电气系统中的各类电力设备(如锅炉、汽轮机、发电机组等)提供一套完整的常规控制方案,从而达到了对电力设备进行集中控制的目的。首先,提升了电力设备的自动化控制水平,使设备操作流程变得简单,并在实际生产过程中,对不同设备的操作模式进行了灵活调整。其次,要强化对电力设施的日常管理与维修,确保电力设施的运行安全。对电力设备中的基础设备展开日常控制,以保证基础设备与重要设备的有效联动,进而共同维持电力系统的稳定运行。再次,在电气主接线以及配电线路设计方面,运用自动化技术优化配置电气设备,并加大其维护管理力度,提升电力设备工作效率及质量,降低故障率。最后,在电力设备故障方面,充分利用自动化技术实现常规控制,并建立一个动态监测系统,以确保系统的高效运行。通过智能化检测手段,及时发现电气设备存在的缺陷和隐患,并制订相应的解决措施,保证电力设备安全可靠运作。借助电子计算机,实时监测电力设备的运行状态,一旦出现异常情况,自动化监测系统将发出预警提示信号,提示设备出现故障,以协助维修人员及时检查电力设备的具体故障问题,并采取相应的设备故障维修方法,以确保电力系统能够及时恢复正常运行。通过上述研究可知,电力自动化控制技术可以应用到电力设备管理之中,为维护电力设备提供有力支持,提高电力设备使用安全性。对于电力设备故障的常规控制,自动化监测系统能够及时捕捉到故障部位的动态图像,并结合自动化程序对具体故障问题进行分析和处理。

### (三)开关逻辑控制

在火电厂电力系统的运行中,要逐渐地对开关逻辑控制进行改进,强化对开关逻辑控制的标准化管理,以利用 PLC 自动化技术来对继电器进行调整和控制,从而达到对继电器运行的全面综合调控。通过数字化智能操作,实现了对发电机组和电磁的同时开关逻辑控制,从而达到了高效控制的目的。

# 第五节　火电厂热工仪表自动化控制技术

## 一、热工仪表与自动控制技术

热工仪表是指用于热电厂生产的各种仪器,包括压力、温度、湿度、液位、流量等各种物理量的测量仪器。热工技术的自动控制具体是指利用计算机等智能设备对热力生产过程中的一些参数进行实时监控,并根据控制策略独立调整热力生产条件。它可以实现对热力生产信息的独立处理、故障诊断和报警,以及对运行状态的控制,而不需要人工控制。热工仪表自动化控制技术的使用,不仅提高了火电厂运行的安全性、稳定性和可靠性,而且能够独立优化运行参数,大大降低了火电厂人员的劳动强度,减少了火电厂不必要的能量损失,提高了火电厂的发电效率,体现了一定的经济价值。

火电自动化具有高科技、科学化、智能化的特点。首先,火电自动化技术融合了计算机技术、数控技术、热工技术等高科技技术,体现了工业发展的时代性,具有高科技特征。在高科技技术的支持下,火电自动化在火电厂的运行中发挥着重要作用。其次,由于采用了技术含量较高的先进技术,热工检测仪器通过电子和计算机技术实现了更科学的运行系统监控,这保证了监测工作的科学性和准确性,可以节省人力资源。最后,随着计算机技术的发展,人工智能也在不断发展,并在很多领域得到应用。在这种情况下,热电设备已经开始向智能化方向发展,实现了对运行设备的智能监测和控制,提高了生产效率,大大提高了电厂生产的安全性和稳定性。

## 二、自动化控制技术在火电厂热工仪表中的应用

### (一)表盘和设备的安装

CIP 自动化设备具有部件多、精度高、结构复杂等特点。在安装设备前,要根据企业的实际情况、要求和条件合理确定项目,并根据实际情况随时优化设备的安装。要确保设备能正确发挥其功能。在安装控制系统之前,技术人员必须根据相关设备的功能和特点进行标定,以保证数据采集的正常运行,确保设备性能符合系统设计的性能要求。安装前的标定可以迅速发现设备问题,并采取有效措施,确保安装成功。安装过程应严格按照特定的工艺流程进行,所有程序应规范统一,以保证安装质量和后续工作的顺利进行。注意:表盘的固定不能损坏表盘的防腐层;表盘之间的距离要约定俗成;连接表盘的螺丝要稳定,不能松动。

### (二)管路铺设及配线安装

在热力系统中应用自动化技术时,最重要的任务是布线和安装。以下四点值得注意:①应注意电源控制,因为突然开关会影响线路的稳定性,造成线路的中断或损坏。②为了测量准确,应注意热力设备的水平宏观或内部布线。③关于安装位置,应考虑到雨水和湿度等自然条件的影响,并应注意确保热力设备不安装在大型电器附近。这是因为大型电器在运行过程中会发出大量的热量和电磁辐射,会严重影响热力设备的运行,降低其效率和使用寿命。④在安装和调试过程中应不断清除灰尘。除尘后,电路应密封、简单、整洁、便于安装。过于复杂的电路不仅成本高,而且不利于后期的维护,还会给以后的电路管理和维护带来隐患。

### (三)维护管路和调试

在火力发电厂安装自动控制设备时,有必要实时有效地维护所安装管道的生态状况。为了确保优越的管道安装条件,有必要严格遵守设备安装和调试说明,确保系统数据传输的质量,提高安全性。对于高温、高压、高湿等极端条件下的管道设备,应单独进行专项调

试工作,确保设备状态。设备连接和启动后,应在火电厂综合试验站进行检查,确保整个系统准确、安全、可靠、稳定运行。

### (四)对现场故障的分析

当异常情况发生时,对问题发生前后的数据进行比较,以确认故障的性质并选择适当的维修方向。在故障排除和机组恢复后,引入新的参数并进行适当的备份。在电厂运行过程中,热电厂的热工设备参数值可能会发生变化。如果数值过大,说明有问题,实际的故障类型是由某些数值的变化来确定的。一旦知道了故障的性质,就可以使用有效的维护程序来快速识别故障,并进行维护和排除。热电联产机组的热力设备发生变化后,测量数据的有序变化是设备故障检测的一个标志。测量数据的无序波动会引起生产过程和设备的问题。因此,有必要仔细检查异常的振荡曲线,分析仪表参数变化的原因。如果仪表显示出延迟的数据或大的波动,PID 控制器可能设置不正确。如果仪表显示延迟数据,应从科学的角度检查和评估过程性能和 PID 控制器设置。

### (五)自动化运行

自动化运行过程中,通过调整参数和改进设备,可以降低设备故障率,确保火电厂全面投产后发电质量的提高。调试设备不仅需要对运行数据进行监测,还需要对相关设备进行检查和分析。对于热电联产,应将热电联产厂和设备作为一个整体来考虑,并对运行时间超过 80 h 的系统的运行情况进行核查。建议有关人员检查热力设备的压力和温度状况,检查温度和液位计,确保热电厂的热力设备能够自动运行。

### (六)温度仪表的测量与运用

热电厂通常使用热电偶和其他设备来测量温度。在维护和校准热力设备时,首先要明确区分所使用的热电偶指标,并熟悉温度测量的原理。热电偶的基本原理是热电效应,次要测量设备是用于提高精度的电压表或电子电位器。其次,热电阻的基础是导体和半导体的温度电阻,次级测量装置是不对称电桥。一般来说,当温度低于 300 ℃时,它被用作测量元件,而当温度高于 300 ℃时,它被用作热电偶。在仪器的实际维护过程中,应根据仪器的工作原理,结合现场的实际情况,对仪器故障进行分析,确定故障是否影响热工仪器的正常运行。

### (七)设备及线路的清洁与调试安装完毕后,必须对设备和管道进行清洗

在宏观方面,确保机组周围不积聚各种污染物是非常重要的,这不仅可以简化安装后的调试和验收过程,而且可以保证调试后机组的安全和良好的维护。在微观方面,必须注意清洁单元的屏幕和轮廓,确保单元外部没有裂缝或生锈,确保数据和信息的传输,避免灰尘和其他阻碍数据传输的因素。工作人员还应该注意故障排除和电路检查。必须根据相关技术条件对设备和生产线进行彻底检查,并在安装后单独对特定工艺进行压力热管试验。在控制室,在第二次联合校验期间,还必须考虑到整体协调,对系统的设备和电路进行局部调整,并向中央控制组报告。

## （八）试运行

自动化设备的安装和生产完成后,在正式生产前必须进行试运行。在调试过程中,可以发现系统问题,并检查系统的一般操作条件是否与实际操作条件相符。如果系统不存在安全隐患,控制设置可以根据实际操作条件进行调整和优化。系统故障排除包括在运行过程中对每个部件进行单独检查,主要检查工作数据的稳定性,如输出压力、输入压力等。同时,在大型机组运行过程中,检查联锁系统的工作数据,以确保 CIP 自动化技术作为与下游操作的沟通,并通过远程和本地控制更好地控制联锁系统,检查联锁系统的工作数据;为了更好地检查 CIP 系统的稳定性,调试必须覆盖单个系统,并在 CIP 自动化系统完全测试之前确保至少 72 h 的可用性。分析系统运行过程中获得的数据(主要来自摄像设备、液位系统、温度设备和传感器),综合评价运行效率。

## 三、火电厂热控自动化控制设备调试的注意事项

现阶段,动态调试和静态调试是火电厂热控自动化控制设备常用的调试方法,其注意事项如下。

### （一）动态调试

在对热控自动化控制设备进行动态调试时,应考虑以下三点:

（1）电气控制。由于每个系统电源都有自己独特的指令,在连接电源时经常出现问题,如匹配不合理,在安装热控自动化设备时,应派专业人员负责隔离信号。

（2）火焰探测器。火焰探测器的质量对化石燃料发电厂的消防安全有重大影响。当火灾发生时,由于火源对探测器的影响,信号无法正常传输,火焰探测器可能无法正常工作。因此,在安装火焰探测器时,有必要提高对探测器特性的要求,如灵敏度和稳定性,以确保探测器的长期稳定运行。

（3）紧急测试。在热控自动化设备的动态调试过程中可能会发生事故。因此,在安装过程中,最好不要改变系统配置。如果需要更改,应邀请专家进行更改,并做好相应记录。

### （二）静态调试

静态调试是调试热控自动化设备的重要方法,但许多化石燃料电厂在调试过程中忽略了这一点。在静态调试过程中,应注意以下三点:

（1）在热控自动化控制设备运行过程中,可对内部元件进行检查。

（2）在生产过程中,必须由司机对每个过程和连接进行检查;在对驱动器进行测试之前,必须对相关系统和接地线进行全面细致的检查。

（3）传动试验。在传动试验前,应对设备的相关模板、接线盒、外部电路的接线和电压进行全面细致的检查。

# 第六节　火电厂循环冷却水全自动化处理

## 一、常规循环冷却水处理技术

循环冷却水处理的目的是最大限度地防止和减缓冷却水系统的腐蚀、结垢和微生物生长等。常规的循环冷却水处理方式是循环水处理工艺与排污相结合，循环冷却水处理工艺为加硫酸、阻垢缓蚀剂和杀菌剂。循环冷却水加硫酸一般采用连续投加方式，加酸点无严格限制，可加在循环冷却水补水中，也可加在循环冷却水泵的入口管道中，目的是将水中的碳酸盐硬度转变为非碳酸盐硬度，防止生成碳酸钙水垢。

在循环冷却水中加入杀菌剂，能够杀死微生物或抑制微生物的生长和繁殖，一般采用连续投加氧化性杀菌剂和冲击式投加非氧化性杀菌剂两种方式。常用的氧化性杀菌剂有氯气、次氯酸钠、三氯异氰脲酸和二氧化氯等；常用的非氧化性杀菌剂有季铵盐、酚类、戊二醛和异噻唑啉酮衍生物等。

循环冷却水加阻垢缓蚀剂一般为连续投加方式，阻垢机制一般有晶格畸变、分散、溶限效应，缓蚀机制为形成钝化膜、沉积膜或吸附膜。阻垢缓蚀剂有效成分多为磷（膦）酸盐（聚磷酸盐、正磷酸盐、有机磷酸盐）和各种低分子聚合物。排污是循环冷却水处理过程中的关键控制环节之一，它能平衡循环冷却水水质，避免发生结垢或腐蚀。在循环冷却水处理过程中，通常讲"三分药剂，七分管理"，化学药剂虽然起到了非常关键的作用，但在日常的监督和运行控制中，不可能完全依赖药剂的效果。能否取得好的循环冷却水处理效果，还是要靠现场的过程管理和监督管理，如果管理跟不上，使用再好的水处理药剂也不会取得好的水处理效果。管理到位主要体现在：药剂按照要求（数量、频率）进行投加；水质分析及监测及时，调整到位；出现问题前、后能够及时做出预判和处理等。目前，国内循环冷却水处理主要存在如下四个问题。

（1）药剂大都采用人工配制、投加的方式，存在滞后及加药误差。

（2）循环冷却水项目监测大都采用人工化验方式，存在分析数据延后的情况。

（3）循环冷却水处理效果评价依靠停机检查；凝汽器腐蚀评定通过定期挂片监测，无法实时监测腐蚀程度。

（4）循环冷却水排污依靠人工控制，不易精细管理，导致浓缩倍率不稳定。

随着水资源的日益匮乏，越来越多的电厂将中水作为循环冷却水补充水。中水水质差且不稳定，富营养化严重，导致循环冷却水处理在腐蚀监测、药剂质量浓度监测及浓缩倍率计算等方面产生了新的问题。

面对以上问题，有必要在数据处理、现场监测、在线分析、排污控制等方面进行自动化控制，尤其是循环冷却水水质指标与腐蚀、结垢状况建立内在关系的闭环控制自动加药系统，可以实现精确、快速的管理与控制，弥补人工管理的不足，提高运行管理效率。实现循环冷却水处理过程的全自动化与精细化管理，将会对系统防垢、防腐起到积极作用，保障循环水系统的安全运行。

## 二、循环冷却水自动化处理方案

循环冷却水自动化处理原理为：根据在线监测的循环冷却水电导率、补充水电导率自动计算浓缩倍率，根据浓缩倍率控制排污电动阀自动排污，使浓缩倍率稳定在控制范围内；通过流量计在线监测补充水量，控制磷系阻垢缓蚀剂计量泵；通过荧光示踪技术在线监测循环冷却水中药剂的质量浓度，从而控制无磷阻垢缓蚀剂计量泵；通过在线监测循环冷却水中的氧化还原电位（ORP）来控制氧化性杀菌剂（如二氧化氯）输送泵，保持循环冷却水中游离余氯的质量浓度；通过在线监测污垢热阻、污垢沉积速率、碳钢腐蚀速率、不锈钢腐蚀速率、循环冷却水浊度、循环冷却水温度等参数，以达到全面了解系统运行状况的目的。循环冷却水自动化处理方案为：选择合适的控制器，通过可编程的系统操作软件来设置工艺流程画面，显示各种采集参数，实现循环冷却水处理的自动控制。

### （一）自动投加阻垢缓蚀剂

设置两种自动投加阻垢缓蚀剂模式：一种模式是以循环水补水量来控制磷系阻垢缓蚀剂的投加；另一种模式为使用荧光示踪技术实现无磷阻垢缓蚀剂的投加。

（1）在各循环冷却水系统的补水管道上加装流量计，设定好小时补水量（经验值）及对应的加药量，以 1 h 为 1 个加药计算周期，当实际补水量累积到该值时启动计量泵，达到对应的加药量后计量泵停止。

（2）考虑今后将中水作为循环冷却水补充水，为消除中水中含磷量的影响，使用荧光示踪技术测量无磷阻垢缓蚀剂的质量浓度，以实现自动投加。

### （二）自动投加杀菌剂

（1）为保证循环水处理的杀菌效果，在线监测 ORP 值。特别是针对中水回用水质，通过设定 ORP 上、下限值，自动控制氧化性杀菌剂泵连续投加，对循环冷却水进行微生物控制。

（2）为了达到更好的微生物控制效果，循环冷却水系统也需要定期投加非氧化性杀菌剂，可通过程序实现定时自动冲击式投加非氧化性杀菌剂。

### （三）自动控制循环冷却水排污

通过在线测量循环冷却水和补充水的电导率，自动计算循环冷却水浓缩倍率，根据浓缩倍率自动控制循环冷却水排污，实现连续排污，解决浓缩倍率不稳定的问题，同时达到节水的目的。

### （四）在线监测 pH 自动加酸

在线监测 pH，控制加酸泵的启停，实现自动加酸。运行一段时间后，pH 设定值可参照碳钢腐蚀速率、污垢热阻、浓缩倍率等参数进行调整。

（五）在线监测金属腐蚀速率

通过监测碳钢、不锈钢腐蚀速率，实时查看系统金属材质的腐蚀情况，根据腐蚀情况调整处理措施，避免系统腐蚀超标，同时可为及时调整加药方案及浓缩倍率提供参考依据。

（六）在线监测浊度

浊度是循环水水质控制的重要指标之一，当水的浊度高达到一定程度时，悬浮物会因为流速降低而在换热器的表面沉积，引起结垢。通过浊度仪实时在线监测冷却水系统浊度，以便及时采取对策。

（七）在线监测污垢热阻、污垢沉积速率

污垢热阻与污垢沉积速率在线监测非常重要，是及早发现结垢和污垢沉积的有效手段，是保证凝汽器换热效率的前提条件。通过模拟换热器监测的进口温度、出口温度和蒸汽温度来计算污垢热阻和污垢沉积速率，可以及早发现问题并解决。

（八）在线监测实际补水量、加药量

将原有的补水流量计测量值通过仪表远传，在加药泵出口设计加药流量计，将加药实际测量值远传，能够精确掌握系统补水量和加药量。

## 三、循环冷却水自动化处理效果分析

实现循环冷却水的全自动化处理后，可提高循环冷却水系统运行的安全性，避免结垢、腐蚀、微生物超标，保持换热效率；可以节约水资源，减少循环水排污量，节省化学品消耗量，降低运行成本；可以提高运行管理效率，降低人员劳动强度，节省人工成本，实现循环冷却水处理过程的精细化管理。实现循环冷却水自动化处理后，将会使循环冷却水的化学处理提高到新的水平，满足不断提高的节能、环保和安全运行要求。

# 第六章　燃煤机组超低排放技术

## 第一节　燃煤机组超低排放系统的设计

### 一、设计程序

超低排放系统的设计,可以参考电力工程设计的主要步骤,可以分为可行性研究、初步设计、施工图设计三个阶段,设计程序及各阶段的设计要求如下。

#### (一)可行性研究

对于超低排放系统一般直接进行可行性研究即可,一般不用进行初步可行性研究。可行性研究则要详细论证超低排放系统的必要性,选择的技术路线应具备技术上的可行性和经济上的合理性,落实建设条件,全面阐明该工程项目能够成立的根据。

#### (二)初步设计

根据审批的可行性研究报告,由设计单位编制具体反映工程项目各项技术原则的初步设计文件。初步设计的内容包括设计说明书、厂区总布置、各工艺系统、厂房布置、建筑物的结构、建筑等设计方案及图纸、设备和主要材料清册、施工组织设计大纲、工程概算和有关的技术经济指标。

#### (三)施工图设计

根据审批的初步设计报告,由设计单位编制施工设计文件,施工设计文件一般由说明书、图纸、设备清册、材料清册四部分组成。设计文件应密切结合工程实际,充分考虑设计和施工的相互紧密关联,强调施工图设计内容深度和施工图设计质量能够充分满足施工和运行的需要。

#### (四)设计方案审核的基本要求

1.初步设计阶段审核基本要求

(1)初步设计阶段设计深度的要求:进行设计方案的比较选择和确定,主要设备材料订货,土地征用,基建投资的控制,施工图设计的编制,施工组织设计的编制,施工准备和生产准备等。

(2)设计文件的基本要求:①没有批准的计划任务书和批准的工程选场报告以及完整的设计基础资料,不能提供初步设计文件。②设计文件表达设计意图充分,采用的建设标准适当,技术先进可靠,指标先进合理,专业间相互协调、分期建设与发展处理得当。重大设计原则应经多方案比较选择,提出推荐方案供审批选择。③积极稳妥地采用成熟的新技术,力争比以往同类型工程在水平上有所提高。设计文件中应阐明其技术优越性、经济合理性和采用可能性。④设计概算应准确地反映设计内容及深度,满足控制投资、计划安排及拨款的要求。⑤设计文件内容完整、正确,文字简练,图面清晰,签署齐全。

2.施工图设计阶段的阶段审核基本要求

(1)设计依据和原始资料:①初步设计的审批文件。②设计总工程师编制的技术组织措施、各专业间施工图综合进度表、主要设计人编制的电气专业技术组织措施。③有关典型设计。④新产品试制的协议书。⑤在产品目录中查不到的必要设备技术资料。⑥协作设计单位的设计分工协议和必要的设计资料。

(2)对设计文件的基本要求:①符合初步设计审批文件,符合有关标准、规范,符合工程技术组织措施及卷册任务书要求。②采用的原始资料、数据及计算公式要正确、合理,计算项目完整,演算步骤齐全,结果正确。③卷册的设计方案、工艺流程、设备选型、设施布置、结构形式、材料选用等,要符合运行安全、经济,操作、检修、维护、施工方便,造价低,原材料节约的要求,新技术的采用要落实。④在克服工程"常见病""多发病"方面,应比同类型工程有所改进。凡符合卷册具体条件的典型、通用设计应予以套(活)用。⑤卷册的设计内容与深度要完整、无漏项,并符合施工图成品内容深度的要求。各专业及专业内部的成品之间要配合协调一致,满足施工要求。⑥制、描图工艺水平符合标准。

# 二、工艺设计

## (一)工艺系统及设计参数

(1)脱硝改造:①低氮燃烧器燃烧调整或低氮燃烧器改造;②SCR脱硝装置改造。

(2)除尘改造:①低低温静电除尘系统改造,包括增设管式GGH和低低温静电除尘器改造;②增设湿式静电除尘器,包括本体部分、水冲洗系统和废水预澄清系统。

(3)脱硫改造:①吸收塔本体改造;②循环泵改造(含工艺水系统改造);③增压风机改造。

(4)烟气系统改造。

1.脱硝改造

(1)低氮燃烧器调整试验。在35%~100%BMCR负荷正常运行方式下,测试SCR入口烟温、$NO_x$含量、锅炉热效率及烟气量,以掌握目前锅炉的运行状况及$NO_x$排放水平。

在不同负荷下通过调整锅炉二次风量、一次风量、周界风风门开度、燃尽风风门开度及组合方式、二次风配风方式、煤粉细度等参数,密切观察SCR入口烟温及$NO_x$含量,尽量降低SCR入口处$NO_x$含量。调整至最佳工况后,测试SCR入口烟温、$NO_x$及锅炉热效率等相关参数。调整试验要求在50%THA以上负荷保证SCR入口$NO_x$浓度不大于250 mg/m³(干基,6%$O_2$,下同);在35%BMCR~50%THA负荷下SCR入口$NO_x$浓度尽可能低。同时要求在各负荷下的燃烧调整对锅炉效率不会有较大影响,这样就不需要进行低氮燃烧改造。

（2）SCR 脱硝装置改造。经低氮燃烧系统调整后,锅炉出口 $NO_x$ 浓度可控制在 250 mg/m³ 左右,考虑一定的裕量,SCR 脱硝装置按入口 $NO_x$ 浓度 300 mg/m³ 设计,设计脱硝效率为 85%;SCR 出口 $NO_x$ 浓度为 45 mg/m³。为了充分利用原有催化剂的剩余活性,节约投资成本,若原有催化剂使用时间较短或者活性较高,可以考虑保留原有两层催化剂,在第三层预留层上加装新的催化剂。若使用时间较长或活性较低,可以联系专业厂家对催化剂进行再生,必要时对催化剂进行全部更换。由于增加第三层催化剂,需在第三层催化剂上部增设声波吹灰器,声波吹灰器与原有声波吹灰器形式与布置协调一致。

2.除尘改造

除尘改造主要包括低低温静电除尘系统改造,包括增设管式 GGH 和低低温静电除尘改造(含高频电源改造),以及增设湿式静电除尘器,包括本体部分、水冲洗系统和排水处理系统。

1）低低温静电除尘系统改造

低低温静电除尘系统通过管式 GGH 烟气冷却器降低低低温静电除尘器入口烟气温度(一般降到酸露点温度以下),从而降低烟尘的比电阻,使低低温静电除尘器性能提高,以达到提高除尘效率的效果。低低温静电除尘技术可以有效防止电除尘器发生电晕,同时烟气温度降低后烟气量降低,烟气流速也相应减小,在低低温静电除尘器内的停留时间有所增加,低低温静电除尘装置可以更有效地对烟尘进行捕获,从而达到更好的除尘效果。另外,降低到酸露点温度以下的烟气中的 $SO_3$ 以 $H_2SO_4$ 的微液滴形式存在,可以吸附于烟尘并与烟尘一起收集至集尘板,从而除掉大部分的 $SO_3$。另外,通过增设管式 GGH 加热器,提高净烟气的排放温度,减少烟气冷凝结露,提高烟气抬升力,促进烟气扩散,能有效地消除冒白烟现象,解决石膏雨问题,提高电厂周边环境质量。

（1）增设管式 GGH。管式 GGH 主要包括两级换热器(烟气冷却器和烟气加热器)、热媒辅助加热系统、热媒增压泵、热媒补充系统,以及附属管道、阀门、附件等。热媒介质采用除盐水,闭式循环,增压泵驱动,热媒辅助加热系统采用辅助蒸汽加热。

（2）低低温静电除尘器改造。低低温静电除尘器的改造是在现有的干式静电除尘器上进行的改造。一方面,烟气通过烟气冷却器后温度降低到 85.6 ℃,烟气量下降,烟气在除尘器内的停留时间增加;另一方面,从目前燃烧煤种的飞灰比电阻测试来看,温度降低使飞灰比电阻下降。两者都会增加除尘效率。为了尽最大限度提高除尘效率,将原工频电源改造成为高频电源,可有效防止电场内反电晕的产生,在节电的同时可以提高除尘效率。由于烟气温度降低后灰的流动性变差,关键部位会产生结露爬电和腐蚀现象等,对灰斗和关键部位也进行相应的改造。改造后低低温静电除尘器出口烟尘浓度不超过 15 mg/m³。

2）增设湿式静电除尘器

湿式静电除尘器通常布置在脱硫吸收塔后,可以有效去除烟气中的烟尘微粒、PM2.5、$SO_3$ 微液滴、汞及除雾器后烟气中携带的脱硫石膏雾滴等污染物,是一种高效的静电除尘器。其主要工作原理是:将水雾喷向集尘板(有的技术方案也可将水雾喷至放电极),水雾在放电极形成的强大电晕场内荷电后分裂进一步雾化;电场力、荷电水雾的碰撞拦截、吸附凝并,共同对烟尘粒子起捕集作用,最终烟尘粒子在电场力的驱动下到达集尘极而被捕集。与干式电除尘器通过振打将极板上的灰振落至灰斗不同的是,湿式静电除尘器是将水喷至集尘极上形成连续的水膜,流动水将捕获的烟尘冲刷到灰斗中随水排出。由于没有振打装置,湿式静电除尘器除尘过程中不会产生二次扬尘,并且放电极被水浸润后,使得电场中存在大量带电雾滴,大大增加亚微米粒子碰撞带电的概率,大幅度提高亚微米粒子(烟气中的 $SO_3$ 在 205 ℃ 以下时主要以 $H_2SO_4$ 的微液滴形式存在,其平均颗粒的直径在 0.4 μm 以下,属于亚微米颗粒范畴)向集电极运行的速度,可以在较高的烟气流速下,捕获更多的微粒。湿式静电除尘器可明显提高除尘和除 $SO_3$ 效果。

项目采用水平板式静电除尘器,在入口烟尘(含石膏)浓度为 16 mg/m³ 时,除尘效率为 70%,湿式静电除尘器出口烟尘浓度不大于 5 mg/m³。湿式静电除尘器主要由本体部分、水冲洗系统和废水预澄清系统组成。

(1)本体部分。湿式静电除尘器本体部分主要结构包括钢支架、壳体、阴极线及框架、阳极板、进口出口烟箱、灰斗、平台扶梯、内部配管及喷嘴、气流均布板等。

(2)水冲洗系统。由喷淋水系统和循环水处理系统组成,喷淋水系统通过选择适合的喷嘴类型和喷嘴孔径,并经过合理的管道布置和喷嘴布置,可以确保极板、极线的清洗效果。循环水处理系统将喷淋收尘后的水进行加碱中和处理,经过滤后循环喷淋使用,使得排放水量降到最低值,实现循环水利用的最大化。

湿式静电除尘器喷淋水系统由阳极板喷淋管路、阴极线冲洗管路和气流均布板冲洗管路三部分组成。阳极板喷淋管路在湿式静电除尘器正常工作状态下连续喷淋,主要清除阳极板收集的粉尘和吸收 $SO_2$ 雾滴,其分为两条供水支路,一条来自补充水箱,另一条来自循环水箱。阴极线冲洗管路和气体均布板冲洗管路主要清除阴极线和气体均布板上的粉尘,其供水来自补充水泵。喷淋水系统中收集粉尘的喷淋水汇集到灰斗内,通过管道分别流入循环水箱和排水箱。

湿式静电除尘循环水处理系统主要包括循环水箱、循环水泵、自清洗过滤器、补充水箱、补水泵、排水箱、排水泵、碱储罐及碱计量泵等。进入排水箱的废水 pH 为 2~5,为了达到循环利用和排放标准,配置了碱储罐和加碱装置,排水箱中的水经过加碱中和后,通过排水泵输送至废水预澄清系统使用,循环水箱的水经过中和处理后,作为湿式静电除尘器的喷淋水循环使用。

(3)废水预澄清系统。湿式静电除尘器外排废水采用预澄清器进行处理,上排液含固率不大于 500 mg/L,溢流进入除雾器冲洗水箱后作为除雾器冲洗水使用;下排液通过废水底泥输送泵送至脱硫区域浆池。预澄清器采用中心驱动,刮板浓缩(手动调节高度),壳体采用鳞片树脂防腐。

3.脱硫改造

通过对新增循环泵和原有吸收塔及循环泵改造,使脱硫效率达到 98%,保证烟囱出口 $SO_2$ 浓度不超过 35 mg/m³。改造后,原有脱硫增压风机的出力不能满足要求,需要对原脱硫增压风机进行改造。

(1)吸收塔本体改造。拆除原有的三层喷淋母管及支撑梁,将第二、三层标准型喷淋母管及喷嘴改为交互式喷淋系统;原第一层循环泵增加扬程后与原第二层循环泵构成第一层交互式喷淋系统;与原第三层循环泵构成第二层交互式喷淋系统。

在第一层喷淋母管拆除后留下的空间新增设一层合金托盘及支撑梁,与原有的一层托盘构成双托盘系统;同时安装吸收塔增效装置。

(2)循环泵改造(含工艺水系统改造)。在现有浆池容积条件下,尽可能增大循环泵流量,现有的三层循环泵流量由 11 000 m³/h 增大至 11 400 m³/h。为此需更换原有循环泵叶轮,第一层循环泵电动机功率不能满足要求,需由 1 120 kW 改为 1 250 kW,原第二、三层循环泵电动机满足要求,可不更换。同时每台机组增加 1 台备用循环泵。

4.烟气系统改造

(1)烟道及附属设备。每台机组需改造一套烟气系统,主要包括:从锅炉吸收塔后烟道引出的烟气,通过湿式静电除尘器,在湿式静电除尘器本体内除尘净化,经管式 GGH 烟气加热器加热后,再接入主体烟道经烟囱排入大气。

由于增设管式 GGH,需拆除和增加部分烟道满足管式 GGH 烟气冷却器的布置要求。考虑到湿式静电除尘器等设备的单侧隔离检修要求,在湿式静电除尘器进口和管式 GGH 加热器出口各增设一挡板门。

若机组配置没有增压风机(一般脱硝改造时引风机与增压风机采用合二为一,都取消了增压风机),根据系统要求需对引风机进行改造,以满足系统阻力要求。

(2)烟道除雾装置。为了降低烟气中进入烟气加热器的雾滴含量,在湿式静电除尘器后水平净烟道处增加烟道除雾装置。

(二)辅助设施与其他

1.保温、油漆及隔音

(1)保温。需要设计保温的区域标准为:①外表面高于 50 ℃ 需要减少散热损失的;②要求防冻、防结露、防冷凝的设备管道;③工艺生产中不需保温,但外表面温度超过 60 ℃,需要防烫伤的区域。改造后需要保温的有:所有烟道、管式 GGH 烟气冷却器和烟气加热器、湿式静电除尘器本体、低低温电除尘灰斗、管道及闭式箱罐。

(2)油漆。底漆采用环氧富锌漆,中间漆采用环氧云铁漆,面漆采用聚氨酯漆。

(3)隔音。所有设备最大噪声不大于 85 dB(A)(距离设备 1 m 处)。

2.其他设施

(1)钢结构、平台和扶梯。所有设备检修和维护平台、扶梯采用钢结构。尽量不采用直爬梯。同一平台不同荷重的特定区域应做上永久标记。设计时要考虑系统与设备的热膨胀,以及平台、扶梯和栏杆协调性(如形式、色彩等)。

(2)管道及附件、阀门。管道设计时应选用恰当的管材及附件、阀门等。工艺水及除盐水采用碳钢管,湿式静电除尘器循环水、排水处理管道等采用衬胶防腐,碱液管道采用 304 不锈钢,蒸汽管道采用 20 G 无缝管。工艺水、除盐水及蒸汽管道所用阀门为普通碳钢,脱硫浆液、湿式静电除尘器废水管道采用衬胶阀门,碱液管道上阀门采用不锈钢材质。

# 三、电气、仪控设计

## （一）电气部分

### 1.电气接线形式选择

超低排放改造电气接线形式的合理与否，对整个电厂工作的可靠性有很大影响。因此，超低排放改造电气接线形式的选择应保证供电的连续性和可靠性，又不能影响电厂的正常运行。

电气接线形式的选择除应满足正常运行时的安全、可靠、灵活、经济和维护方便等一般要求外，还应满足以下要求：

（1）尽量缩小超低排放改造电气系统故障时的影响范围，以免影响厂用电系统，以便改造的电气系统故障时能尽快切除故障点。

（2）应充分考虑电厂正常、事故、检修等方式，以及启停机过程中的供电要求。

（3）若有备用电源，应尽量保证其独立性，引接处应保证有足够的容量。

### 2.湿式静电除尘器电气主接线

湿式静电除尘器低压段电源的引接有两种形式：①增加湿式静电除尘器变压器，电源取自主厂房高压母线；②新增的用电负荷利用原有间隔或者拼接新间隔。形式①低压系统采用 PC（动力中心）、MCC（电动机控制中心）两级供电方式。一台机组设 2 台湿式静电除尘器变压器，互为备用，为所有的超低排放低压负荷供电。低压 PC 采用单母线分段，设 380/220 V 湿式静电除尘器 A、B 段，由 2 台低压干式变压器低压侧供电。380/220 V 湿式静电除尘器 A、B 段之间设母联开关。2 台湿式静电除尘器变压器分别接于主厂房 6 kVA、B 段上。380 V 系统为高阻接地系统，220 V 系统为直接接地系统。

形式①比较灵活，在主体工程与超低排放改造不同期设计时优势更明显，与主厂房设计接口简单，制约性较小；对于已建成的电厂，在设计初期未考虑超低排放改造工程，没有预留足够的间隔情况下，考虑单独增设湿式静电除尘变压器。当然，主厂房高压母线需有湿式静电除尘器变压器电源开关间隔。与超低排放同时设计的电厂同样可以采用形式①。

形式②省去了湿式静电除尘器变压器，但是新增负荷直接接在已有母线下面。因此，在间隔足够或者拼柜可行的情况下此方案可行。形式①、形式②都必须在高厂变容量核算足够的前提下才能实施，且形式②还需考虑原有低压变压器容量是否足够。

### 3.事故保安电源

根据超低排放改造低低温及湿式静电除尘器除尘工艺特点，湿式静电除尘系统的一些负荷如湿式静电除尘器进口及管式 GGH 烟气加热器出口挡板、湿式静电除尘系统 DCS 柜、湿式静电除尘系统仪表柜、湿式静电除尘电梯等在厂用电中断时，为确保设备的安全停机，仍需继续供电，因此需要保安电源。由于超低排放改造新增的保安负荷数量不多且全部为馈线负荷，根据现场实际情况，建议不新增湿式静电除尘系统专用保安段母线。将新增的保安负荷接在 380 V 保安段上或者 380 V 脱硫保安 MCC 上。

**4.直流系统**

超低排放改造湿式静电除尘器布置于脱硫吸收塔出口烟道上,距离脱硫系统较近。湿式静电除尘系统不单独设置 110 V 直流系统,改造中的 380 V 湿式静电除尘段母线直流控制及仪表、继电器电源取自本机及邻机脱硫 110 V 直流母线备用间隔,其中本机直流电源作为主电源使用,邻机直流电源作为备用电源。

**5.UPS(不停电电源系统)**

湿式静电除尘系统 DCS 柜、湿式静电除尘系统仪表柜备用电源取自交流不停电电源系统,电压 220 V。由于只需要两路 UPS 电源,因此超低排放改造不再新增 UPS,湿式静电除尘系统 DCS 柜、湿式静电除尘系统仪表柜备用电源取自本机脱硫 UPS 备用间隔。

**(二)仪控部分**

**1.改造及设计范围**

超低排放改造项目改造范围包括脱硝增效系统、脱硫增效系统和除尘增效系统。

(1)脱硝增效系统主要是加装的催化剂层声波吹灰器控制系统。

(2)脱硫增效系统主要是新增浆液循环泵的控制系统。因新增湿式静电除尘引起的原脱硫烟道上的热控测点进行移位。

通过采取改造现有吸收塔浆液循环泵来提高液气比、增设托盘来强化气液传质等技术措施,提高脱硫系统性能,主要包括吸收塔本体改造、吸收塔浆液循环泵改造、部分烟道的拆除等工作内容,其中吸收塔本体改造没有控制设备的变化,热控角度不予以考虑。

(3)除尘增效系统主要是增加湿式静电除尘器、增加管式 GGH、低低温电除尘改造。布置在脱硫吸收塔后烟道上的湿式静电除尘器,是一种高效的静电除尘器,可以有效去除烟气中的烟尘微粒、PM2.5、$SO_3$ 微液滴、汞及烟气中携带的脱硫石膏雾滴等污染物。本改造项目采用水平板式湿式静电除尘器,主要由本体部分、水冲洗系统和废水预澄清系统组成。

**2.控制方式及水平**

(1)热工自动化设计实现的热工自动化功能:

①数据采集和处理系统。对现场工艺过程参数和设备状态进行连续采集和处理,以便及时向运行人员提供有关的运行信息,实现整套装置安全经济运行。

数据采集和处理系统的基本功能包括数据采集、数据处理、屏幕显示、参数越限报警、事件顺序记录、操作员记录、性能与效率计算和经济分析、打印制表、屏幕拷贝、历史数据存储和检索等。

②模拟量控制系统。模拟量控制系统能满足装置在不同负荷阶段中安全经济运行的需要,具有在装置事故及异常工况下连锁保护协调控制的措施。

③顺序控制系统。顺序控制系统能满足装置的连锁保护和启停控制,实现装置在事故和异常工况下的控制操作,保证装置安全。对需要经常进行有规律性操作的辅机系统以及一些主要阀门的开闭控制由顺序控制系统来完成,实现功能组或子组级的控制。

④热工保护及热工报警。热工保护:对重要的保护系统设置独立的 I/O 通道,并有电隔离措施;冗余的 I/O 信号采用不同的 I/O 模件引入。热工报警:由 DCS 中的报警功能

完成,可以对任一输入过程变量或计算值进行限值检查,按时间顺序以及优先级显示和打印报警。

(2)超低排放控制应实现:

超低排放改造项目不设单独的运行人员监控室,DCS 操作员站及工程师站等设备利用电厂原有设备。

①脱硝系统。加装的催化剂层的声波吹灰器 I/O 点,以利用原主机 DCS 脱硝控制器备用点的方式,纳入到脱硝系统进行控制,并实现运行人员通过集控室内 DCS 操作员站完成对上述设备的启/停控制、正常运行的监视和调整,以及异常与事故工况的处理和故障诊断。

超低排放改造后脱硝系统的吹灰,按每台机组 42 个声波吹灰器整体运行。

②脱硫系统。新增浆液循环泵改造的 I/O 点,以利用原主机 DCS 脱硫控制器备用点为基础,在原机柜备用插槽新增卡件为补充的方式,纳入到脱硫系统进行控制,并实现运行人员通过集控室内硫灰操作员站完成对上述设备的启/停控制、正常运行的监视和调整以及异常与事故工况的处理和故障诊断。

③除尘系统。管式 GGH 系统配套 DCS 机柜布置在原三期除灰控制楼的电子室内。管式 GGH 等系统、湿式静电除尘废水排放系统,由于相对是新增系统,此次改造设置一套独立的 DCS 控制站,作为一个独立的节点,纳入对应机组 DCS 控制,实现运行人员通过集控室内硫灰操作员站完成对上述设备的启/停控制、正常运行的监视和调整,以及异常与事故工况的处理和故障诊断。

# 四、土建设计

燃煤机组超低排放系统建(构)筑物主要包含湿式静电除尘器配电室、湿式静电除尘器支架、烟气冷却器支架、预澄清箱、冲洗水箱、循环水箱、循环浆液泵等设备基础。

(1)湿式静电除尘器(含烟气加热器、除雾器)布置于引风机及 GGH 区域上方。电厂基建时烟道支架的基础形式为 PHC 桩,独立承台;脱硫改造新增 GGH 支架及烟道支架的基础形式为钻孔钢筋混凝土灌注桩,独立承台。湿式静电除尘器支架仍旧采用钢结构。采用贴覆钢板的形式加固已有烟道支架及 GGH 支架的部分钢柱并伸长,联合部分新立钢柱,形成湿式静电除尘器(含烟气加热器、除雾器)支架。桩型采用钻孔钢筋混凝土灌注桩。扩大加固原支架独立承台,新建新立钢柱独立承台。湿式静电除尘区域安装电梯一部,钢楼梯两架,均到达湿式静电除尘器顶部。湿式静电除尘器平台与脱硫吸收塔、干电平台连通。

(2)烟气冷却器布置于脱硝钢架内。加固脱硝支架钢柱、钢梁及新设部分钢梁,用以支承烟气冷却器设备。经过校核,脱硝钢支架基础可以承受新增荷载。烟气冷却器平台与干电平台连通。

(3)预澄清箱、除雾器冲洗水箱、湿式静电除尘器循环水箱、工艺水箱等设备基础采用现浇钢筋混凝土大块式结构,钻孔钢筋混凝土灌注桩。

(4)循环浆液泵基础采用现浇钢筋混凝土大块式结构,天然地基。

（5）湿式静电除尘器区域浆池采用现浇钢筋混凝土结构,内壁贴花岗岩防腐。

（6）碱罐低位布置。碱罐池采用现浇钢筋混凝土结构,池内各表面涂覆防腐环氧涂料。

（7）湿式静电除尘器配电室采用现浇钢筋混凝土框架结构,天然地基。

（8）桩及桩型选择。由于主要结构采用新、老支架联合形成支架,设计时必须考虑新、老支架协同工作,对设计沉降量进行严格控制。施工期间机组正常运行,作业空间限制大,同时为避免挤土效应对已有建(构)筑物造成不利影响,设计选用钻孔钢筋混凝土灌注桩。

（9）沉降观测。为了对支架沉降进行严密监测,新立、加固钢柱均应设立沉降观测点,区域内关联钢柱50%设置沉降观测点。

# 第二节　燃煤机组超低排放系统的设备选型

## 一、换热器的结构技术特点

换热器是一种在不同温度的两种或两种以上流体间实现物料之间热量传递的节能设备,是使热量由温度较高的流体传递给温度较低的流体,使流体温度达到规程规定的指标,以满足工艺条件的需要,也是提高能源利用率的主要设备之一。

以某项目为例,管式GGH是通过闭式循环水作为换热介质,利用原烟气的热量来加热净烟气,提高净烟气的排放温度,满足环保的要求。在原烟气侧的烟道中安装烟气冷却器,在净烟气侧的烟道中安装烟气加热器,在烟气冷却器和烟气加热器之间安装有闭式循环水管道,水作为换热介质在2个换热器之间传递热量,因此原烟气和净烟气之间没有联系,避免了回转式GGH的泄漏问题,管式GGH是一个无泄漏的GGH。另外,在管式GGH系统中,没有大功率的传动设备,又是一个低能耗的系统。

考虑到项目的实际情况,烟气冷却器拟采用翅片管换热器,在空气预热器的出口安装烟气冷却器,均采用ND钢翅片管换热器。烟气加热器安装在湿式静电除尘器的出口,采用分段的换热管的烟气加热器。每台换热器都采用模块化,每个模块受热面分组设计,每组有独立的进出水分集箱,运行中若某一局部出现问题,可将此位置所处的受热面组解列,而其余各组模块受热面仍可正常运行。在烟气换热器本体位置设计有检修平台,本体设备前、后烟道设计有人孔门,方便烟气换热器本体设备防磨检查及故障检修。翅片管的特点:顺列管子/顺列鳍片布置;直通的烟气通道,降低积灰程度;保证吹灰更加有效;布置尺寸紧凑;更少的管材用量。

## 二、防磨损、防积灰措施

磨损防控技术:优化烟气流速,降低受热面磨损;优化换热管横向节距和纵向节距,避免尾迹磨损;圆形翅片管自身有抑制贴壁磨损的功能;烟气进、出口和受热面组织均匀烟气流场。

积灰防控技术:选择合理的烟气流速,减轻积灰;在冷凝受热面选择蒸气吹灰,第一级换热器下方设置灰斗;第二级换热器在除尘器之后,根据工程项目实例,此处灰分较少,仅设置蒸气吹灰器,无须设置灰斗。

### 三、湿式静电除尘器系统

(1)配套设备(每台机组):湿式静电除尘器(WWEP)1台,水处理设备1套,各种配管1套,电气控制设备1套。

(2)基本计划条件:

①气体条件(WWEP 入口气体条件)。FGD 出口烟气体量(湿基,实际氧)3 364 015 $m^3/h$,FGD 出口烟气体量(干基,实际氧)2 953 396 $m^3/h$,FGD 出口烟气体量(湿基,6%$O_2$)3 588 283 $m^3/h$,FGD 出口烟气体量(干基,6%$O_2$)3 150 289 $m^3/h$,运行气体温度50.0 ℃(BMCR 工况),运行气压1 800 kPa,气体成分 $H_2O_3$ 28 614 kg/h,$SO_3$(干基,6%$O_2$)40 mg/$m^3$。

②粉尘条件。FGD 出口烟尘浓度(含石膏)(干基,6%$O_2$)不大于 16 mg/$m^3$,FGD 出口雾滴浓度(干基,6%$O_2$)40 mg/$m^3$(其中石膏含量20%),FGD 出口烟气雾滴中 $Cl^-$ 浓度20 000 ×$10^{-6}$,电除尘出口粉尘浓度不大于 5 mg/$m^3$。保证效率(在前述条件下):粉尘去除率(含石膏)不小于70%,PM2.5 去除率不小于70%,雾滴去除率不小于70%,$SO_3$ 去除率不小于20%。

③WEP 环境设计条件。WEP 设计温度 80 ℃,WEP 设计压力+5 kPa。外界空气温度:设计气温 15.7 ℃;最高气温 28.1 ℃(最热月平均气温),38.4 ℃(极值);最低气温3.5 ℃[最冷月(1 月)平均气温],−10.6 ℃(极值);最大风速37 m/s;地震系数依据新抗震标准(水平震度为 0.079g);最大积雪 15 cm;压力损失 0.196 kPa 以下(因出货范围而异);电器设计温度 0~40 ℃以下;电器设计湿度 10%~95%。

### 四、仪控仪表

#### (一)电气部分

1.380 V 湿式静电除尘器母线接地方式选择

380 V 低压厂用电系统有直接接地和高阻接地系统两种。380 V 低压厂用电系统接地方式的选择既要考虑整个厂区电气系统的配置,也要考虑该 380 V 母线上负荷的特性。湿式静电除尘器系统 380 V 母线下有高频电源、电动机、加热器等。考虑加热器、电除尘电场等属于易发生接地故障设备,380 V 湿式静电除尘器母线接地方式采用高阻接地方式。高阻接地即电力系统中性点通过电阻接地,其单相接地故障时的电阻电流被限制到等于或略大于系统总电容电流。

中性点经高阻接地后,对电弧接地过电压和串联谐振过电压有较大的抑制作用,从而有效地防止了异常过电压对电动机、电缆绝缘的危害,保证了用电设备的安全运行。电阻接地的 380 V 系统的安全性比 380 V 直接接地系统更高,它的最大特点是发生接地时不直接跳闸,留有足够的时间查找接地点。380 V 湿式静电除尘器母线应配有小电流接地选线装置,以便发生接地故障时能快速找到接地支路。

2.湿式静电除尘器电源选型

湿式静电除尘器电源是电除尘装置中的核心部分,为电除尘器提供所需的高压电场,其性能直接影响除尘的效果和效率。因此,湿式静电除尘器电源的改进是提升电除尘器性能、提高除尘效率的关键,同时也是节能降耗的主要环节。传统的电除尘器普遍采用工频可控硅电源供电。其电路结构是两相工频电源经过可控硅移相控制幅度后,送整流变压器升压整流,形成 100 Hz 的脉冲电流送除尘器。高频电源则是把三相工频电源通过整流形成直流电,通过逆变电路形成高频交流电,再经过整流变压器升压整流后,形成高频脉动电流送除尘器,其工作频率可达到 20 ~ 50 kHz。

从国内外对电除尘器高频电源的理论研究及应用实践中证明,其相对于传统工频电源具有明显的优势。在电源设备本身电能转换效率上,高频电源可达 90% 以上,工频电源只有 70% 左右。与工频电源相比,高频电源可增大电晕功率,从而增加了电场内粉尘的荷电能力。高频电源在纯直流供电方式时,电压波动小(一般在 1% 左右,而工频电压波动大于 30%),电晕电压高(可达到工频电源二次电压的 130%),电晕电流大(峰值电流是工频电源二次电流的 200%)。高频电源的火花控制特性更好,仅需很短时间(小于25 μs,而工频电源需 10 000 μs)即可检测到火花发生并立刻关闭供电脉冲,因而火花能量很小,电场恢复快(仅需工频电源恢复时间的 20%),从而进一步提高了电场的平均电压,提高了除尘效率。

高频电源比工频电源对复杂多变的烟气工况具有更强的适应性。高频电源的供电电流由一系列窄脉冲构成,其脉冲幅度、宽度及频率均可以调整,可以给电除尘器提供各种电压波形,控制方式灵活,因而可以根据电除尘器的工况提供最合适的电压波形。间歇供电时,可有效抑制反电晕现象,特别适用于高比电阻粉尘工况,对细粒子的去除效果也有明显改善。

高频电源的体积更小、质量更轻,可高度集成。高频电源的配电系统、控制系统、高频整流变压器可根据需要设计集成在一个箱体内,体积及总质量大大减小。高频电源的安装也更方便,辅助设备更少,直接安装在电除尘器顶部,既能节省配电室空间,又能节省大部分信号电缆和控制电缆,减少安装费用。高频电源采用三相平衡电源,对电网影响小,无缺相损耗。因此,湿式静电除尘器电源选用高频电源,高频电源容量、数量按设计要求配置,其中变压器二次电压为 72 kV。

3.电动机选型标准

(1)电动机的设计应符合技术规范书和被驱动设备制造厂商提出的特定使用要求。当运行在设计条件下时,电动机的铭牌出力应不小于被驱动设备所需功率的 115%。75 kW 及以上电动机能效等级要求 2 级及以上。

(2)电动机应为异步电动机。电动机应能在电源电压变化为额定电压的 ±10% 内,或频率变化为额定频率的 ±5% 内,或电压和频率同时改变,但变化之和的绝对值在 10% 内时连续满载运行。电动机的输出功率、电压、频率均为额定值时,电动机的功率因数为0.85 以上,效率保证值为 93%以上。

(3)电动机应为直接启动式,应保证在 80%额定电压下平稳启动,6 kV 电动机能在65%额定电压下自启动,380 V 电动机能在 55%额定电压下自启动。

(4)电动机的启动电流应达到与满足其应用要求的良好性能与经济设计一致的最低电流值。在额定电压条件下,6 kV 电动机的最大启动电流不得超过其额定电流的 600%,380 V 电动机的最大启动电流不得超过其额定电流的 650%。潜水泵电动机启动电流应不超过满载电流的 250%。所有绕组的绝缘应足以承受全部浸没在自然状态水中的条件。

(5)在规定的启动电压的极限值范围之内,电动机转子允许启动时间不得低于其加速时间。

(6)电动机应能满足在冷态下连续启动不少于 2 次,热态下连续启动不少于 1 次。

(7)在电动机电源由正常电源向备用电源切换的过程中,对应备用电源,电动机残压可能为 $50\%U_n$,相角差为 180°,电动机应能承受此转矩和电压应力。电动机的破坏扭矩不小于满载扭矩的 220%。

(8)电动机应选用全封闭外壳,防护等级至少 IP55。电动机应具有 F 级绝缘,B 级温升考核。电动机绕组应经真空浸渍处理和环氧树脂密封。电动机的连接线与绕组的绝缘应具有相同的绝缘等级。电动机的绝缘还应能承受周围环境影响,包括传导体或磨屑,如具有硫的飞灰、烟气、雨水等,并考虑防爆要求。屋外电动机的暴露部件均需涂上一层适用于屋外设备的防腐层。铁芯冲片和其他内部部件也需涂一层保护层以防止腐蚀。

(9)电动机的振动幅度不应超过标准所规定的数值。

(10)电动机的最高噪声水平应符合所列规范和标准的要求。距外壳 1 m 远处,电动机的平均声压级不得大于 85 dB(A)。

(11)每台电动机在电动机机座上应有接地装置。额定容量大于 75 kW 的电动机应设有两个接地装置。若采用螺栓连接,在金属垫片或是电动机的底座上,应有足够数量的螺栓保证连接牢固,直径不小于 12 mm。卧式电动机应在相反的两侧接地;立式电动机,一个接地装置设在电缆接线盒下面,另一个接地装置设在第一个接地装置转 180°的另一侧。

(12)电动机内部应配备接线与外部电缆接合的全封闭接线盒(防护等级至少为IP54)。在接线盒内应标明电动机的相序。旋转方向标记在铭牌上,箭头直接指向旋转方向。出线盒的方位,面对轴伸端看,一般在电动机右侧。安装在电动机机座上的独立的易卸接线盒应提供下列回路接线:动力回路导线、加热器导线、CT 回路导线、RTD 和热电偶导线。动力接线盒尺寸、开孔尺寸以及端子板尺寸应考虑到电缆因降压和敷设温升效应需比按电动机额定电流选择的截面要大,需考虑将有关尺寸至少放大一挡。

(13)容量在 75 kW 以上的电动机需装有电压为 380 V 的空间加热器,但适用于单相220 V 运行,以保证较长的寿命。加热器的设计应保证电动机在静止状态时的电动机内部湿度在露点以上,加热器应安装在电动机内部可以检查的地方。

4.低压开关柜选型标准

380 V 湿式静电除尘器母线中性点采用高阻接地方式,低压开关按负荷类型配置。一般 100 kW 及以上馈线负荷、75 kW 及以上电动机负荷采用框架式断路器。100 kW 及以下馈线负荷、75 kW 及以下电动机负荷可以采用塑壳断路器。

## (二)仪控部分

根据有关火电厂热工自动化技术规程、规定,选用性能高、质量好、安全可靠、成熟、经济的产品。对有关系统的重要控制设备,如国内无高质量的产品,将选用合适的进口产品。设备的选型尽可能与主体工程的设备选型相统一。除尘和脱硫改造,仪表控制设备原则上尽可能地利用原有设备,新增仪表设备选型尽可能与原有设备一致。

1.控制系统

(1)DCS 控制系统:采用与机组 DCS 一体化的系统。项目管式 GGH 纳入对应机组原有 DCS 进行监控。采用与机组 DCS 一体化配置的 DCS 控制柜(机组 DCS 品牌为西屋 OVATION 系统),配置一对独立的控制器,接入机组 DCS 系统。

(2)PLC 品牌采用施耐德 MODICON QUANTUM 产品,CPU 选用目前主流型号 140CPU67160。每套 PLC 设备的控制模件、电源模件、通信模件和交换机应冗余配置(包括远程 I/O 站电源模块),PLC 系统采用双网、双 CPU 模件、双电源卡热备用,I/O 模件应与 CPU 同一系列。

2.控制台、柜、箱

DCS 机柜等随 DCS 控制系统配供。热控 380/220 V AC 电源分配柜、变送器保温/保护箱、就地控制盘、供电箱及接线盒等采用技术可靠的国内设备。

3.监测仪表

脱硫系统测量仪表选用质量可靠的产品,其中关系到重要调节品质和保护的仪表采用冗余配置。

(1)变送器。采用罗斯蒙特 3051 系列和横河 EJA 系列智能变送器,并具有 HART 通信协议接口。控制系统监视与控制用的压力和差压信号,应采用压力/差压变送器测量,压力/差压变送器二线制,输出 4~20 mA DC 信号。变送器应具有 HART 协议,就地液晶指示的智能变送器,精度达到 0.075 级,提供的外部负载至少为 500,螺纹接口采用 1/2NPT 阴螺纹;过程逻辑开关精度至少为 0.5 级,防护等级 IP65,螺纹接口为采用1/2NPT 阴螺纹,变送器与仪表管采用卡套连接方式。所有不使用的连接口应予以封堵。差压型变送器应能过压保护来防止一侧的压力故障对其产生的损害。变送器选型时应遵循下列原则,即变送器标定的量程应使正常工作压力(差压)在其标定量程刻度的 1/2~2/3 处。室外的所有变送器应就近集中安装在测点附近的仪表保护箱或保温箱内。

(2)温度测量。可以采用国产 WZP2-230 型双支热电阻。热电阻应采用国产优质品牌产品或科技部等五部委颁发重点新产品证书及相当水平的国产产品。热电阻应采用双支 PT100,测量电动机线圈温度选用电动机专用双支 Pt100 防振型预埋热电阻。热电阻的信号-信号、信号-接地的绝缘电阻应不小于 100 MΩ;采用绝缘型的铠装热电偶,信号-信号、信号-接地的绝缘电阻应不小于 1 000 MΩ。热电阻保护套管选用不锈钢保护套管,引出线应配防水、防尘式接线盒;对于烟气测量,测温元件护套应具有防酸腐蚀和耐磨措施,材质为铁-镍-铬合金。

(3)流量测量。用于远传的流量测量传感器应带有 4~20 mA DC 两线制信号输出。管式 GGH 系统,因介质为低电导水,流量测量采用"节流装置+变送器"。节流装置应采用环室取样方式的孔板,带有引出管与差压测量管路连接,节流装置前后的直管段长度应符合要求。变送器集中布置在仪表保温箱,为了防止冬季气温过低的影响而配置伴热带控制回路,取样管路敷设伴热带。

湿式静电除尘器水系统,因介质为高电导水,流量测量使用电磁流量计。电磁流量计选用一体化流量计,流量计传感器选用罗斯蒙特 8705 系列,流量计变送器选用罗斯蒙特 8732EST2A1NAM4。电磁流量计能同时提供瞬时流量和累积流量远传信号,精度不小于 0.5%,防护等级 IP67;测量腐蚀介质的电极材质应选用防腐材料;电磁流量计应有市级以上计量单位出具的检定合格证以及检定报告。

(4)液位测量。用于集中控制与监视用的水位、液位、料位信号,所采用的变送器应具有 4~20 mA DC 信号输出。就地水位测量不应采用玻璃管水位计,而应采用磁翻板水位计。对于箱罐的液位测量,使用磁翻板水位计配套的液位变送器,测量范围满足要求,输出信号 4~20 mA DC,外壳防护等级 IP67,液位变送器可靠贴合磁翻板液位计的测量筒壁。

对于有悬浮物介质、废水池,其液位测量选用 E+H 的 FMU30AAHEAAGGF 超声波液位计,超声波液位计带就地液晶显示,波束角应满足安装要求,输出信号 4~20 mA DC,外壳防护等级 IP67,并具有不小于 13 mm 的螺纹电缆接口。液位计的连接法兰应根据测量工质是否具有腐蚀、挥发等特性来选择材质,同时要保证连接法兰的严密性。

(5)pH 测量。pH 计应为优质成熟产品,测量精度至少要达到 ±0.01pH 单位,4~20 mA DC 两线制信号输出。

# 第三节 燃煤机组超低排放系统的安装

## 一、燃煤机组超低排放系统的安装施工特点

### (一)主要施工内容

**1.土建工程**

对于湿式静电除尘器卧式布置的改造方案,湿式静电除尘器、管式 GGH 加热器区域及箱罐区域均需新增桩基、承台及钢结构,管式 GGH 冷却器区域一般考虑采用原有钢支架加固。

**2.安装工程**

1)湿式静电除尘器及管式 GGH

湿式静电除尘器及管式 GGH 加热器及其进出口烟道属于新增设备,一般布置于引风机出口水平烟道上部,新增管式 GGH 冷却器一般布置于原静电除尘器入口水平烟道上,

原静电除尘器进口烟道和吸收塔进出口烟道部分需要改造。另外,包括新增湿式静电除尘器附属水箱、预澄清器和除雾器冲洗水箱的安装工程。

每台机组新增两台湿式静电除尘变压器,对新增的两电场湿式静电除尘器供电,湿式静电除尘器相应水泵、电动阀门等由新增湿式静电除尘变压器供电。需增加主厂房 6 kV 段供湿式静电除尘变压器的开关、湿式静电除尘器改造相应新增动力电缆及控制电缆。每台机组新增两台管式 GGH 热媒水泵,一用一备,相应新增动力电缆和控制电缆。新增湿式静电除尘器本体采用脱硫 DCS 控制,湿式静电除尘废水排放部分、管式 GGH 及烟道除雾器等的控制以 DCS 远程控制站的方式纳入脱硫 DCS,并实现运行人员通过除灰控制室内 PLC 和脱硫 DCS 操作员站完成对上述设备的启/停控制、正常运行的监视和调整,以及异常与事故工况的处理和故障诊断。

2) 低低温静电除尘器改造

(1) 对壳体密封进行改造。

(2) 通过采用低低温技术对干式静电除尘器进行改造,干式静电除尘器内部件及壳体不需做大的改动,改造工作量相对较小。

(3) 对电除尘灰斗加热由电加热改为蒸汽盘管加热,安装相应盘管及蒸汽、疏水管道。

3) 吸收塔本体改造

(1) 塔内件拆除工作:①拆除原有部分喷淋层母管及对应层喷嘴;②拆除部分原喷淋母管箱形梁及对应 U 形抱箍、母管端部支托;③拆除部分与新安装的喷淋母管相碰的除雾器层平台。

(2) 塔内安装工作:①安装新的喷淋母管接口、箱形梁及母管端部支托;②新增的喷淋母管接口、箱形梁及支托重新鳞片防腐,喷淋层沿塔壁一圈鳞片防腐;③安装 FRP 交互式喷淋母管、U 形抱箍及喷嘴;④安装托盘箱形梁及环形角钢;⑤安装托盘及紧固件;⑥安装吸收塔脱硫增效装置。

(3) 浆液循环系统改造。原有的喷淋系统改成交互式喷淋系统后,吸收塔循环浆液管道也随之改变。原循环泵进口管道及出口垂直段管道保持不变,原浆液循环管道入吸收塔前水平段拆除后重新布置。新增一台循环泵,相应的电气开关柜、动力电缆及控制电缆新增或改造。新增浆液循环泵及除雾器喷淋改造的 I/O 点,以在原机柜备用插槽新增卡件和利用原脱硫 DCS 备用点的方式纳入脱硫 DCS 进行控制,并实现运行人员通过除灰控制室内脱硫 DCS 操作员站完成对上述设备的启/停控制、正常运行的监视和调整,以及异常与事故工况的处理和故障诊断。

4) 脱硝系统改造

SCR 脱硝改造主要包括两台机组各增加一层催化剂和相应的声波吹灰器。加装催化剂后的声波吹灰器 I/O 点,以利用原脱硝 DCS 备用点的方式纳入到脱硝 DCS 进行控制,并实现运行人员通过主机集控室内 DCS 操作员站完成对上述设备的启/停控制、正常运行的监视和调整,以及异常与事故工况的处理和故障诊断。

5) 其他系统

(1) 照明及检修系统。正常交流照明系统可考虑由就近 MCC 供电,事故照明系统装设有自带可充电电池型应急灯。

（2）防雷接地系统。防雷保护根据需要设计和安装。所有的高耸建筑物用接闪杆、接闪带或接闪网防止直击雷。接地装置采用以水平接地体（热镀锌）为主和垂直接地体组成的复合人工接地网，并与电厂主接地网相连。

## （二）施工特点及相应措施

### 1.施工技术特点及相应措施

1）施工技术主要特点

（1）改造工程一般需要新增桩基及对原有钢支架加固，需对该区域内的部分设备、管道、电缆等进行移位改造，且部分设备或烟道移位需在机组停运时方可进行。

（2）新增管式GGH冷却器按布置于原有静电除尘器前设计时，由于静电除尘器前的烟道水平段较短，场地布置非常紧张，该区域一般有综合管架及电缆桥架，施工机械布置、大件吊装难度较大。

（3）脱硫提效涉及吸收塔内部结构改造，改造涉及机务、防腐、电仪等各专业，施工区域小，交叉作业多，工作量大，塔内作业对消防要求较高。

2）主要控制措施

（1）项目前期业主、施工单位、设计单位等加强沟通，设计时提资充分，掌握全面的设计资料（特别是老机组原设计单位的相关设计资料），确定合理的施工图，制订周密的移位方案，对需移位的设备及管道进行分类，对不影响机组正常运行的管道、设备、电缆等尽量安排在机组运行期间完成；影响机组正常运行的烟道移位及混凝土结构改造工作借机组调停机会尽量提前处理完成，以缩短停机改造工期。

（2）施工前对施工难度较大区域的作业进行充分策划，施工单位和设计单位加强沟通，总平布置时充分考虑施工机械的布置及操作空间，技术方案充分考虑施工的可操作性和施工能力，合理配置塔吊、汽车吊、履带吊等大型吊机，必要时辅以电动葫芦进行安装作业。

（3）吸收塔改造前制订周密的计划，编制详细的施工方案及专项防火方案并进行严格的会审审批手续。合理安排作业人员及作业时间，尽量避免交叉作业，同时在防腐期间采取相应范围内禁止动火的措施。

### 2.施工进度控制特点及相应措施

1）施工进度控制主要特点

（1）由于发电厂一般都有年度的发电计划和任务，同时发电量是考核电厂的主要指标，因此从电厂的角度总是希望停机改造工期尽量缩短，施工方与业主方在工期方面的矛盾是不可避免的，需要达到一个双方认可的平衡点，如某厂湿式静电除尘器卧式布置的600 MW、1 000 MW机组停机改造工期均为75 d。

（2）根据电厂的企业特点，改造的停机施工与计划检修一般是结合开展的，而计划检修时间都是提前申报的，不要因设计、设备采购周期较长而造成施工进度紧张。

（3）根据部分改造作业需待机组停运后方可实施，如机组原设有回转式GGH则必须待其拆除后方能在此区域进行钢结构改造、烟道及设备安装工作，停机期间改造施工时间紧张。

2）主要控制措施

（1）根据施工内容详细排定施工工序及工期，各参建方加强对工期的会审讨论，在确保安全作业的前提下合理优化工期,同时在施工过程中,根据各种边界因素的变化对工期进行及时动态调整,尽量避免赶工或窝工现象。如烟道、湿式静电除尘器壳体、吸收塔箱梁可采用地面防腐,再进行吊装后修补防腐,以缩短工期。

(2)编制详细可操作设计出图计划、设备供货计划,过程中与设计、采购密切沟通,在主要设备厂家资料未及时提供的情况下,估算荷载进行部分预设计工作,采取集中设计、驻厂蹲点催货等方式,确保相关图纸、设备及时到场,同时结合项目进展情况合理安排计划检修时间。

(3)准备工作充分,确保具备条件时能及时开工;合理安排工机具进场时间、劳动力资源配置计划,确保各工种之间的衔接和有序施工。在停机前具备条件施工的(如湿法电除尘、管式 GGH 换热器及相连进出口烟道的安装及防腐等)内容尽量完成,减少停机期间改造的主线。

3.施工安全文明主要特点及相应措施

1)施工安全文明特点

(1)桩基、土建、钢结构吊装施工主要在机组运行状态下完成,要确保施工时人员及机组设备、系统运行安全,杜绝由于措施不当导致设备停运或机组跳闸等事故发生。

(2)吸收塔、回转式 GGH、老烟道内均为鳞片防腐,在防腐区域进行动火作业必须严格做好防火措施。吸收塔改造及新烟道、湿式静电除尘器在安装完成后均须进行防腐修补,防腐期间产生的挥发性气体极易燃烧,必须要有严格的动火管理制度及防火措施。

(3)作业现场场地小,施工机械、临时材料设备堆放场地不足。

2)主要控制措施

(1)机组运行期间施工时需做好施工人员安全技术交底工作,并完善施工区域的围护和警示标识;土建施工时,以机械开挖为主,离运行设备较近的重点区域采用人工开挖,同时合理选择施工机具,确保机组运行安全;冬季施工须重点做好防冻、防滑、防火、高空作业、机械吊装安全监督,确保安全措施到位。

(2)针对吸收塔、烟道、湿式静电除尘器等防腐作业,须编制防腐作业安全专项方案和应急预案并经审批后发布,严格按方案要求进行施工。严格执行工作票及动火票制度,避免防腐与动火交叉作业,做好防腐区域的隔离、监护。

(3)制定有限空间作业、交叉施工等危险性较大作业管理制度,要编制 GGH 及烟道系统拆除、防腐施工作业、脚手架搭拆、大型机具拆装等安全专项方案,对于现场布置的塔吊的安全专项方案组织专家评审,按规定程序完成审批,并严格执行。

(4)开工前对安全文明施工进行提前策划,设置可行的隔离方案,设备、材料、工具等定置堆放,每日做到工完、料尽、场地清。


# 二、燃煤机组超低排放系统安装施工方案


(一)概述

施工方案是针对某一分项工程的施工方法而编制的具体的施工工艺,它将对此分项

工程的材料、机具、人员、工艺、安全措施等进行详细的部署,保证质量要求和安全文明施工要求,具有可行性、针对性,符合施工及验收规范。

超低排放改造工程施工作业区域集中,高风险作业较多,为确保工程施工的安全有序推进,重点区域、重要系统施工及风险较大的关键工序作业前必须制订施工计划,编制完善的施工方案并严格执行,才能保证施工的安全高效。

(二)施工方案清单

根据超低排放项目特点,需编制的方案清单一般如下:

(1)土建专业:桩基施工方案,基础承台施工方案,电控室施工方案,围栏布置施工方案。

(2)机务专业:烟道制作安装施工方案,湿式静电除尘器(如有)安装施工方案,管式GGH安装方案,管道安装施工方案,电除尘改造施工方案,钢结构施工方案,保温油漆施工方案,吸收塔改造施工方案,吸收塔防腐施工方案,烟道防腐施工方案,湿式静电除尘器防腐施工方案,吸收塔改造施工方案,辅助设备安装方案。

(3)电仪专业:电气施工方案,仪控施工方案。

(4)专项方案:塔式吊机拆装方案,脚手架搭设方案,大型履带吊安装、拆卸施工方案,施工用电方案,GGH系统拆除方案,冬季施工专项安全措施。

(5)防火专项方案:吸收塔防腐施工防火专项方案,湿式静电除尘器防腐施工防火专项方案,烟道防腐施工防火专项方案,吸收塔改造施工防火专项方案,立式湿式静电除尘器施工防火专项方案,吸收塔除雾器拆装防火专项方案,水平烟道除雾器施工防火专项方案,其他附属设备防腐施工防火专项方案。

## 三、燃煤机组超低排放系统在安装施工中安全、质量管理主要措施

超低排放改造施工难度、时间跨度、投资均远远超过原来的脱硫或脱硝改造,因此安全、质量管理尤其重要,这既是保障工程顺利实施的需要,也是保证改造效果的需要,必须有正确合理的策划及措施确保工程的施工安全、质量。

(一)安全目标

以下安全目标供借鉴参考:

(1)不发生重伤(包括全口径)以上人身事故。

(2)不发生直接经济损失50万元以上的设备及在建设施损坏事故。

(3)不发生一般火灾事故。

(4)不发生项目部责任引起的电厂一类障碍以上事故(不安全事件)。

(5)不发生造成人员轻伤、电厂主设备停运或损坏等后果的误拉、误合、误碰、误动、误关、误开、误整定、误调试等各类误操作事件。

(6)不发生负主责以上由人员重伤构成的一般以上交通事故。

(7)不发生一般以上环境污染事件因环保问题造成的群体事件,不发生被政府相关

部门通报批评的环保事件。

（8）不发生恶性人身伤害未遂事故。

（9）不发生员工永久性职业伤害事故。

（10）不发生以下任一治安事件、刑事案件：①5 万元以上现金或 15 万元以上物品被盗抢案件；②危险物品（剧毒品、爆炸品等）被盗、丢失或被非法转让案件；③设备、设施遭破坏，严重影响安全生产；④内保工作不到位被上级部门通报批评的事件。

（11）不发生本项目部责任造成的重大社会影响的其他安全生产事故（事件）、群体事件。

（12）杜绝重复发生相同性质的事故。

## （二）质量目标

以下质量目标供借鉴参考：

（1）设计质量目标。设计指标先进、方案优化、评审严格、供图及时、设计成品合格率为 100%。设计性能达到主要污染物排放控制指标：$NO_x$ 排放浓度不大于 45 $mg/m^3$、$SO_2$ 排放浓度不大于 35 $mg/m^3$、烟尘排放浓度不大于 5 $mg/m^3$。

（2）设备质量目标。采购选型合理、技术可靠、严格监造、供货及时、设备开箱检验率为 100% 的设备。

（3）施工质量目标：①单位工程、分部工程、分项工程、检验批质量合格率为 100%；②工程建设见证点、待检核点等质量控制点的验收签证合格率为 100%；③受检焊口一次检验合格率不小于 98%。

（4）调试质量目标：①分部试运项目及整套试运验收项目均达到优良率 100%；②热控、电气自动投入率为 100%，保护装置投入率为 100%；③机组服役后一年内不发生因设计、施工、调试质量引起的设备事故。

## （三）保障体系

### 1. 完善管理制度

制定工程质量管理制度、单位工程开工报审制度、工程质量检查与验收制度、隐蔽工程质量验收制度、不合格项处理管理规定、大体积混凝土浇筑监理规定、工程主要设备材料质检制度等，统一质量管理工作程序、方法和内容，规范工程建设各责任主体及有关机构的质量行为，加强机组烟气超低排放改造项目的质量管理工作，使工程质量管理工作处于有序状态，保证建设工程质量，保护人民生命和财产安全。

### 2. 建立健全组织机构

安全保障体系是工程安全的基础。成立以建设单位总经理为主任、各参建单位参与的安全生产委员会，全面负责工程的安全管理工作。明确安全生产委员会及各参建单位的安全职责及管理界面，相关单位签订安全管理协议。各参建单位建立以项目经理为组长的安全管理网络，配置专职安全员。实行建设单位、监理单位、总承包单位、施工单位各参建单位多层次管理。

各参建单位联合成立工程现场质量监督站，在开工前、施工过程中、投产前组织对工程开展质量监督检查,及时发现工程实施中的质量问题。业主单位专门抽人成立超低排放改造办公室,全程参与协调改造相关事宜,加强现场过程的安全、质量监督管理。

### (四)监督体系

#### 1.安全监督

有效的安全监督是工程安全的保证。由建设单位牵头成立安全督查组,每天(包括周六、周日)到施工现场进行安全巡视检查,及时掌握施工过程中安全设施、作业环境、文明施工的情况,对不符合要求的及时要求整改。建立施工单位自查、各级安全管理人员例行检查、督查组定期督查、业主组织不定期抽查及专项检查的安全监督管理模式。做好施工的两头管理,即早晨开工和夜间施工的检查,防止安全监督管理出现真空。定期开展专项检查,根据工程特点分阶段对施工中存在的问题集中检查整治。制定安全文明管理及考核实施细则,对于习惯性违章加大处罚力度。在关键工序施工时实行业主、总包单位、施工单位消防三方监护,确保消防安全。

实行安全动态检查,根据工程动态及时做好现场重点检查管理,如模块、结构吊装时重点检查起重安全规范;吸收塔和烟道防腐作业时重点检查现场消防措施是否到位,动火工作票制度是否严格执行,消防监护人的资质能力检查;系统调试运行时,重点检查设备试运流程是否规范,设备工作票制度执行情况以及各种可能影响到正常运行机组的不安全因素。

#### 2.质量监督

(1)在设计阶段,包括基本设计方案及施工阶段的图纸、资料等均按程序进行会审和评审,项目经理参加所有重要评审。

(2)对用于工程的主要材料,进场时必须具备正式的出厂合格证和材质化验单。如不具备,拒绝在工程中使用。

(3)设备材料必须选好供货厂家,主要设备和批量大的材料采取招标投标的办法优选。工程中所有各种构件,必须具有厂家批号和出厂合格证。钢筋混凝土构件应按规定的方法进行抽样检验。凡标志不清或认为质量有问题的材料,对质量保证资料有怀疑或与合同规定不符的一般材料,应进行一定比例抽检,以控制和保证其质量。对于进口材料设备和重要工程或关键施工部位所用的材料,则应进行全部检验。

(4)对于主要设备要委派人员驻厂监造,确保设备出厂质量合格。

(5)施工过程的质量监督:①严格持证上岗制度,对从事特殊作业的操作人员进行资格审查。②执行开工报告制度。在每个单位工程开工前,严格按相关规定办理开工手续。③施工过程严格检验各道工序是否符合相关标准,应严格执行质量验收制度,上道工序未完成,不得进行下道工序施工。同时必须根据质量控制点,完成各项工作的检测,并做好记录。

# 第七章　新能源综述

## 第一节　认识新能源

### 一、新能源的概念

能源与新材料、生物技术、信息技术一起构成了文明社会的四大支柱。能源是推动社会发展和经济进步的主要物质基础,能源技术的每次进步都带动了人类社会的不断发展。

随着煤炭、石油和天然气等化石燃料资源面临不可再生的消耗及生态环保的需要,新能源的开发将促进世界能源结构的转变,新能源技术的日益成熟将使未来产业领域发生革命性的变化。

新能源又称非常规能源,是指传统能源之外的各种能源形式,也指刚开始开发利用或正在积极研究、有待推广的能源。一种能源在它没有被大规模利用以前,都属于新能源。

随着技术的进步和可持续发展观念的树立,过去一直被视作垃圾的工业与生活有机废弃物重新得到认识,并作为一种能源资源化利用的物质而被深入研究和开发利用。因此,废弃物的资源化利用也可看作是新能源技术的一种形式。

### 二、各种新能源利用技术

新能源都是直接或者间接地来自太阳或地球内部深处所产生的热能,包括太阳能、风能、生物质能、地热能、海洋能、可燃冰、氢能等,下面分别做简要的介绍。

太阳能是指地球接收到的太阳辐射能。按照目前太阳质量消耗的速率计算,太阳内部的热核反应足以维持 600 亿年,相对于人类发展历史的有限年代而言,可以说是"取之不尽,用之不竭"的能源。太阳能的转换和利用技术主要有太阳能光热转换,即将太阳能转换为热能加以利用,如太阳能热水系统、太阳能制冷与空调、太阳能采暖、太阳能干燥系统等;太阳能光电转换,即太阳能光伏发电,包括半导体太阳能电池和光化学电池等。

风能也源于太阳能,是由于太阳辐射造成地球各部分受热不均匀,引起各地温差和气压不同,导致空气运动而产生的能量。利用风力机械可将风能转换成电能、机械能和热能等。风能利用的主要形式有风力发电,如海上风力发电、小型风机系统、风力提水、风力制热以及风帆助航等。

生物质能是蕴藏在生物质中的能量,是绿色植物通过光合作用将太阳能转化为化学能而储存在生物质内部的能量。有机物中除矿物燃料外的所有源于动植物的能源物质均属于生物质能,通常包括木材及森林废弃物、农业废弃物、水生植物、油料植物、城市和工业有机废弃物、动物粪便等。生物质能开发利用技术有生物质气体技术、生物质成型技术、生物质液化技术等。

地热能是来自地球内部的能量,指地壳内能够科学、合理地开发出来的岩石中的热量和地热流体中的热量。不同品质的地热能具有不同的作用。地热能的利用方式主要有地热发电和地热直接利用,如地热采暖、供热等。

海洋能是指蕴藏在海洋中的可再生能源,它包括潮汐能、波浪能、潮流能、海流能、海水温差能和海水盐差能等。海洋能按其储存的能量形式可分为机械能、热能和化学能。潮汐能、波浪能、海流能、潮流能为机械能;海水温差能为热能;海水盐差能为化学能。海洋能利用技术可将海洋能转换成电能或机械能。

可燃冰(天然气水合物)是 20 世纪科学考察中发现的一种新的矿产资源。它是水和天然气在高压和低温条件下混合时产生的一种固态物质,外貌极像冰雪或固体酒精,点火即可燃烧,有"可燃冰""气冰""固体瓦斯"之称,被誉为 21 世纪具有商业开发前景的战略资源。

氢能是世界新能源领域正在积极研究开发的一种二次能源。氢能具有清洁、无污染、高效率、储存及输送性能好等诸多优点,赢得了全世界各国的广泛关注。氢能在 21 世纪有望成为占主导地位的新能源,起到战略能源的作用。氢能利用技术包括制氢技术(如化石燃料制氢、电解水制氢、热化学分解水制氢等)、氢提纯技术、氢储存与运输技术(如压缩氢气储氢、液化储氢、金属氢化物储氢等)、氢的应用技术(如燃料电池、燃气轮机发电、氢内燃机等)。

未来的新能源还包括以下几种:

煤层气:煤在形成过程中由于温度及压力增加,在产生变质作用的同时,也释放出可燃性气体。从泥炭到褐煤,每吨煤产生 68 $m^3$ 气;从泥炭到无烟煤,每吨煤产生 400 $m^3$ 气。据科学家估计,地球上煤层气可达 2 000 万亿 $m^3$。

微生物:世界上有不少国家盛产甘蔗、甜菜、木薯等,利用微生物发酵,可制成酒精,酒精具有燃烧完全、效率高、无污染等特点,用其稀释汽油可得到乙醇汽油,而且制作酒精的原料丰富,成本低廉。据报道,巴西已改装的以乙醇汽油或酒精为燃料的汽车达几十万辆,减轻了大气污染。此外,利用微生物可制取氢气,是开辟能源的新途径。

第四代核能:当今世界,科学家已研制出利用正反物质的核聚变来制造出无任何污染的新型核能源。正反物质的原子在相遇的瞬间灰飞烟灭,此时会产生高当量的冲击波以及光辐射能。这种强大的光辐射能可转化为热能,如果能够控制正反物质的核反应强度作为人类的新型能源,那将是人类能源史上一场伟大的能源革命。

## 三、新能源的主要特点

相对于传统能源,新能源普遍具有储量大、污染少等特点,对于解决当今世界严重的环境污染问题和能源资源特别是化石能源枯竭问题具有重要意义。具体来说,新能源具有如下特点。

（一）资源丰富，分布广泛，具备代替化石能源的良好条件

以中国为例，2006年仅太阳能、风能和生物质能等资源，在当时科学技术水平下，一年可以获得的资源量即达73亿t标准煤，而且这些资源绝大多数是可再生的、洁净的能源，既可以长期、连续利用，又不会对环境造成污染。尽管新能源在其开发利用过程中因为消耗一定数量的燃料、动力和一定数量的钢材、水泥等物质而间接排放一些污染物，但排放量相对来说微不足道，从整体上可减少环境污染。

新能源分布的广泛性为建立分散型能源提供了十分便利的条件。此外，由于很多新能源分布均匀，对于解决由能源不均引发的战争，以及减少能源运输成本也有着重要意义，这相对于化石能源来说具有不可比拟的优越性。

（二）技术逐步趋于成熟，作用日益突出

新能源技术的主要特征：能量转换效率不断提高；技术可靠性进一步改善；系统日益完善，稳定性和连续性不断提高；产业化不断发展，已涌现出一批商业化技术。

（三）经济可行性不断改善

目前，如果仅就其经济效益而论，大多数新能源技术还不是廉价的技术，许多技术都达不到常规能源技术的水平，在经济上缺乏竞争能力。但是，在某些特定的地区和应用领域已表现出一定程度的市场竞争能力，如太阳能热水器、地热发电、地热采暖技术和微型光伏系统等。

# 第二节　新能源与可再生能源

## 一、新能源和可再生能源的含义

自然界存在着无限的能量资源。仅就太阳能而言，太阳每秒通过电磁波传至地球的能量相当于500多t煤燃烧放出的热量。不过，由于人类对能源开发与利用的技术水平尚受到社会生产力、科学技术、地理原因、世界经济、政治等多方面因素的影响与制约，包括太阳能、风能、水能在内的巨大数量的能源，利用得微乎其微，因而继续开发的潜力巨大。人类能源消费的剧增、化石燃料的匮乏以至枯竭，加之生态环境的日趋恶化，迫使人们不得不思考人类社会的能源问题。国民经济的可持续发展需要依赖能源的可持续供给，因而就必须研究开发新能源和可再生能源。

1981年8月10~21日，联合国在肯尼亚首都内罗毕召开了"联合国新能源和可再生能源会议"，通过了促进新能源和可再生能源发展与利用的《内罗毕行动纲领》。此次会议提出的新能源和可再生能源的发展方向为：以新技术和新材料为基础，使传统的可再生能源得到现代化的开发与利用，用取之不尽、周而复始的可再生能源来不断取代资源有限、对环境有污染的化石能源，重点在于开发太阳能、风能、生物质能、海洋能、地热能和氢

能等。新能源和可再生能源是一个完整的含义,在英文中缩写为 NRSE(new and renewable sources of energy),在中国则习惯地简称为"新能源"。新能源与可再生能源的含义在我国是指除常规能源和大型水力发电外的生物质能、风能、太阳能、海洋能、地热能、氢能等能源资源。

新能源并不是新发现的能源,它很久以前就存在,并且自古以来就在被人类使用,只是使用的技术程度不同,开发的数量有限。也可以说,新能源是远有前景、近有实效的,它的技术属性有高有低,它伴随着人类文明进化而发展。

目前,我国常用的新能源有下面几种:

(1)太阳能。太阳是自然界赐给人类的巨大能源之一。地球上的风能、水能、海洋温差能、生物质能以及化石燃料(如煤、石油、天然气等)都源于太阳能。目前,人类已经迈出了利用太阳能的步伐,太阳能热水器、太阳能电池等太阳能利用技术日臻成熟,对太阳能的进一步开发和利用技术研究已经越来越深入。

(2)风能。风能就是利用风力机将风的动能转化为电能、热能、机械能等各种形式的能量,用于发电、提水、助航、制冷和制热等。风力发电是主要的开发利用方式。根据最新风能资源评价,全国陆地可利用风能资源 3 亿 kW,加上近岸海域可利用风能资源,共计约 10 亿 kW。我国的风能资源主要分布在两大风带:一是三北(东北、华北北部和西北地区)地区;二是东部沿海陆地、岛屿及近岸海域。另外,内陆地区还有一些局部风能资源丰富区,有广阔的开发前景。风能是一种自然能源,由于风的方向及大小都变幻不定,因而其经济性和实用性也就由风机的安装地点、方向、风速等多种因素综合决定。

(3)水能。水能资源是我国重要的可再生能源资源,是清洁能源,也指水体的动力势能和压力能等能量资源。广义的水能资源包括河流水能、潮汐水能、波浪能、海流能等能量资源;狭义的水能资源指河流的水能资源,是常规能源、一次能源。水不仅可以直接被人类利用,它还是能量的载体。太阳能驱动地球上的水循环,并使之持续进行,地表水的流动是重要的一环。在落差大、流量大的地区,水能资源丰富。随着矿物燃料的日渐减少,水能是非常重要且前景广阔的替代资源。

(4)氢能。氢能不仅是一种二次能源,也是一种理想的新的含能体能源。在人类生存的地球上,虽然氢是最丰富的元素,但自然界中氢的存在量极少,因此必须将含氢物质加工后方能得到氢气。

(5)地热能。地热能是指来自地下的热能资源。地热能在世界很多地区应用相当广泛。老的技术现在依然富有生命力,而新技术业已成熟,并且在不断地完善。在能源的开发和技术转让方面,地热能未来的发展潜力相当大。地热能是天生就储存在地下的,不受天气状况的影响,既可作为基本负荷能使用,也可根据需要提供使用。据初步勘探,我国地热能资源以中低温为主,适用于工业加热、建筑采暖、保健疗养和种植养殖等,资源遍布全国各地。据初步估算,全国可采地热资源量约相当于 33 亿 t 标准煤。

(6)海洋能。海洋能通常指蕴藏于海洋中的可再生能源,主要包括潮汐能、波浪能、海流能、海水温差能、海水盐差能等。海洋能蕴藏丰富,分布广,清洁无污染,但能量密度低,地域性强,因而开发困难,并有一定的局限性。开发利用的方式主要是发电,其中潮汐发电和小型波浪发电技术已经非常实用。波浪能发电利用的是海面波浪上下运动的动能。

（7）生物质能。生物质能是指植物叶绿素将太阳能转化为化学能储存在生物质内部的能量。

## 二、我国能源资源的特点

（1）总量比较丰富。煤炭占主导地位。2006 年,我国煤炭保有资源量 10 345 亿 t,剩余探明可采储量约占世界的 13%,居世界第 3 位。油页岩、煤层气等非常规化石能源储量潜力比较大。水力资源理论蕴藏量折合年发电量为 6.19 万亿 kW·h,经济可开发年发电量约 1.76 万亿 kW·h,相当于世界水力资源量的 12%,居世界首位。

（2）人均拥有量低。煤炭和水力资源人均拥有量相当于世界平均水平的 50%,石油、天然气人均资源量仅相当于世界平均水平的 1/15 左右。耕地资源不足世界人均水平的 30%,生物质能源开发也受到制约。

（3）赋存分布不均。中国能源资源分布广泛但不均衡,煤炭资源主要赋存在华北、西北地区,水力资源主要分布在西南地区,石油、天然气资源主要赋存在东、中、西部地区和海域。中国主要的能源消费地区集中在东南沿海经济发达地区,资源赋存与能源消费地域存在明显差别。大规模、长距离的北煤南运、北油南运、西气东输、西电东送,是中国能源流向的显著特征和能源运输的基本格局。

（4）开发难度较大。与世界相比,中国煤炭资源地质开采条件较差,大部分储量需要井工开采,极少量可供露天开采。石油天然气资源地质条件复杂,埋藏深,勘探开发技术要求较高。未开发的水力资源多集中在西南部的高山深谷,远离负荷中心,开发难度和成本较大。非常规能源资源勘探程度低,经济性较差,缺乏竞争力。

## 三、能源分类

### （一）按能源的来源分类

1. 来自太阳的能源

来自太阳的能源或称为来自地球以外天体的能源。太阳能除可以直接利用它的光和热外,还是地球上多种能源的主要来源。目前,人类所需能量的绝大部分都直接或间接地来源太阳能。各种植物通过光合作用,把太阳能转变成化学能,在植物体内储存下来,这部分能量为人类和动物界的生存提供了能源。地球上的煤、石油、天然气等矿物燃料(也称化石燃料),是由古代埋在地下的动植物,经过漫长的地质年代形成的,所以矿物燃料实质上是由古代生物固定下来的太阳能。另外,风能、水能等也都是由太阳能转换来的。

2. 地球本身蕴藏的能源

这类能源主要指地热能和核能,它们都存在于地球本身。

（1）地热能。地球是一个大热库,地球内部储存的地热资源异常丰富,从地下喷出地面的温泉和火山爆发喷出的岩浆,都是地热的表现。按目前的钻井技术,可以达到地下 10 km 的深度,估计在这个深度内地热总量相当于世界能源全年消费量的 400 多万倍。

（2）原子核能。原子核能是指某些物质在进行人工控制的原子核反应时放出来的能量。现在许多国家建设的原子能发电站（核电站），就是使用铀原子裂变时放出来的能量。原子核聚变放出的能量更多，如果能充分利用海洋里的氘和氚进行核聚变反应，则由其提供的聚变能量足够人类使用亿万年。

（3）地球和月球、太阳等天体之间有规律的运动及相对位置的变化所形成的能源。这类能源是指由于天体之间引力使海水涨落形成的潮汐能。与上面两类能源相比，这一类能源的数量并不大。

### （二）按能源形成的条件分类

（1）一次能源。一次能源是指在自然界中现成存在、没有经过加工或转换的能源，如煤、石油、天然气、水能、太阳能、风能、柴草等。

（2）二次能源。二次能源是指由一次能源经过加工、转换的能源产品，如电力、煤气、石油制品、蒸汽、焦炭等，一般统称为二次能源。

### （三）按能源的使用消耗分类

（1）可再生能源。可再生能源是指在自然界中不会随本身的转化或人类利用而日益减少并有规律地得到补充（再生）的能源，如太阳能、风能、水能、生物质能等。

（2）不可再生能源。不可再生能源是指经过亿万年形成的、使用后逐渐减少、短期内无法恢复的能源，如石油、煤、天然气、核燃料等。

### （四）按能源利用的技术状况分类

（1）常规能源。常规能源是指在一定历史时期和科学技术水平下，已经被人们广泛应用的能源，如煤、石油、天然气、电力等。

（2）新能源。新能源是指对许多古老的能源采用先进的方法加以广泛利用，以及用新发展的先进技术而得以利用的能源，如太阳能、风能、生物质能、水能、地热能以及原子核能等。

### （五）按能源使用性能分类

（1）燃料能源。燃料能源是指能源中可作为燃料使用的能源，它主要以热能形式提供能量。煤、石油、天然气、生物质、煤气、沼气、酒精、氢以及核燃料等都属于燃料能源。

（2）非燃料能源。非燃料能源是指不能直接燃烧的能源。太阳能、水能、风能、地热能、电力等都属于非燃料能源。

### （六）按能源在经济流通领域中的地位分类

（1）商品能源。商品能源是指进入市场，在国内或国际市场上进行买卖的能源，如煤、石油及其制品、天然气、电力、焦炭等。

（2）非商品能源。非商品能源是指那些一般不通过市场的能源，如秸秆、薪柴、牲畜粪便等。某些非商品能源在当地市场上也参与买卖，但规模很小，国家未将其列入正式商品,仍称为非商品能源。

# 第三节　新能源发展概况与意义

## 一、新能源发展现状

自 20 世纪 70 年代出现能源危机以来,世界各国逐渐认识到能源对人类的重要性,同时也认识到常规能源在利用过程中对环境和对生态造成的破坏,许多国家制定了新能源的发展规划,加大了人力和物力的投入,使新能源技术得到了快速发展。目前,新能源成为能源可持续战略中的重点之一,为能源的可持续发展提供了新的增长点和商机,促使各国政府和具有能源战略眼光的大公司投入新能源研究中,加快了新能源的推广应用进程。

（一）新能源研究

新能源的研究方法主要分为基础理论研究、实用技术研发和工程实用推广等。

基础理论研究在为新能源实用技术的研发奠定基础的同时也指明了方向,是其进入商业化应用的基石。世界各国对新能源的基础研究十分重视,我国在国家自然科学基金和"863"计划中都专门将它作为重点资助的领域。新能源的基础理论研究主要集中在高等院校和科研机构,国外少数大公司所属的研究所也从事它的基础理论研究,目前已解决了许多基础理论问题,但还存在一些尚未解决的难题。

新能源的实用技术研发和工程实用推广主要集中在政府部门以及从事新能源的企业中。而新能源的商业化应用不仅取决于其技术本身,而且取决于其他相关学科技术的发展以及能源政策的扶持和激励作用。目前,材料科学与技术、计算机科学与技术、控制理论与技术、通信技术、环保技术等相关领域的发展和进步都直接影响和制约了新能源的商业化进程,只有上述相关领域的技术取得新的突破,才能降低新能源的生产成本,提高竞争力,最终提高其在能源总消费中的比例。

（二）新能源技术开发

我国几种主要新能源技术开发现状如下:

（1）太阳能开发技术。太阳能开发技术主要包括太阳热能直接利用、太阳能光电池和太阳能热电技术三方面。太阳热能直接利用技术发展较快。

（2）风能开发技术。我国小型风力发电机的发电技术开发应用得比较快。小型风力发电机机型已成系列,性能、结构工艺、制造质量和可靠性已接近国外先进水平。小型风电技术已商品化,风力发电已初步形成产业。我国在大中型风力发电机的设计、制造和材料方面还落后于丹麦、荷兰、英国和美国等国家。截至 2010 年底,全国累计风电装机容量已突破 4 000 万 kW,海上风电大规模开发已正式起步。截至 2020 年 7 月底,全国风电累计装机容量为 21 799 万 kW;而 2014 年初,全国的风电累计装机容量为 7 656 万 kW,6 年间装机容量已经增长至 2.8 倍。

（3）生物质能开发技术。我国沼气技术"厌氧消化技术"研究水平较高，可与世界先进水平相比。近年来，在大型沼气池的供气或发电及环境的综合治理技术开发、廉价商品化组合式沼气池研制与开发、沼气发酵微生物和生物化学发酵工艺研究等方面，都取得了较好的研究成果。在沼气技术的推广应用上，我国居世界领先地位。全国农村有沼气池500万口，年产沼气10亿 m³ 以上，大中型沼气工程已建成1 000多处。

（4）地热能开发技术。地热能开发技术包括地热发电技术和地热直接利用技术，其中地热发电属于高技术。在地热发电方面，我国主要开发了地热蒸汽发电技术，已建成8座地热电站，总装机容量14.586 MW，居世界第14位。在地压地热、干热岩体和岩浆型高温地热的发电技术开发研究上，我国仍需努力。据不完全统计，我国的地热直接利用的利用总量相当于74.3万 kW，其中，工业用15.8万 kW，农业用17.2万 kW，生活用41.3万 kW。

（5）海洋能开发技术。我国潮汐能发电技术已取得一定的成就，相继建成一批中小潮汐电站，总装机容量已超过10 000 kW，居世界第3位。在灯泡式贯流机组研制、防腐防垢、沉箱施工筑堤和电站自动化运行等方面积累了成功的经验，开始了小型全贯流式机组的研究，对单机容量为万千瓦级的潮汐电站也进行了论证研究。在波浪能发电方面，我国已研制出 BD102 型航标灯用波力发电装置，性能居世界先进地位，并已成批生产。潮流发电、温差发电的研究尚处于实验室模拟阶段。

## 二、发展新能源的意义

中国石油、天然气资源相对不足，探明可采储量石油只占世界的 2.4%，天然气占1.2%，人均石油、天然气可采储量分别仅为世界平均值的10%和5%。而煤炭消费在能源结构中的比例比世界平均水平高出41.5个百分点，比石油低16个百分点，比天然气低20.5个百分点。新能源的开发利用对于中国能源开发利用的意义重大。

（一）节约能源，维护能源安全

发展新能源对节约我国一次能源、优化能源结构、维护我国能源安全具有重大意义。我国目前处于经济高速发展的时期，能源建设任重道远。但是，长期以来中国的能源结构以煤为主，这是造成能源效率低下、环境污染严重的重要原因。优化能源结构、改善能源布局已成为我国能源发展的重要目标之一。

在优化能源结构的过程中，提高优质能源，如石油、天然气在能源消费中的比例是十分必要的，但同时也带来了能源安全问题。我国能源需求的急剧增长打破了长期以来自给自足的能源供应格局，我国1993年和1996年分别成为油品和原油的净进口国，且石油进口量逐年增加，石油进口依存度由1993年的6%一路攀升，2000年达到20%，2009年首次突破国际警戒线50%，达到52%。随着国民经济的持续增长，石油进口量在整体石油需求量中的份额会随之增长。天然气在我国有着广阔的发展前景，我国自2006年成为天然气净进口国，进口数量逐年增加。2009年，天然气表观消费量达900亿 m³，其中进口78亿 m³，对外依存度超过8%。由于我国化石能源尤其是石油和天然气生产量相对不足,未来我国能源供给对国际市场的依赖程度将越来越高。2010年7月至2021年2月期间平均值为162.5亿 m³,2020年前9个月,天然气表观消费量2 309亿 m³,同比增长 3.6%。

化石能源(尤其是石油)是一种战略物资,它的供应数量及价格经常受到国际形势的影响。国际贸易存在着很多的不确定因素,国际能源价格有可能随着国际和平环境的改善而趋于稳定,但也有可能随着国际局势的动荡而波动。今后国际石油市场的不稳定以及油价波动都将严重影响我国的石油供给,对经济社会造成很大的冲击。在进口依存度逐渐增加的情况下,我国能源供应的稳定性也会受到国际局势的影响。

新能源大多属于本地资源,其开发和利用过程都在国内开展,不会受到国外因素的影响。新能源通过一定的技术工艺,可转换为电力及液体燃料,如燃料乙醇、生物柴油和氢等。因此,大力发展国内丰富的新能源,尤其是在具有丰富可再生资源的地区,充分发挥资源优势,如利用西部和东南沿海的风能资源,既可以显著地改善能源结构,还可以缓解经济发展给环境带来的压力。通过建立包括新能源在内的多元化的能源结构,不仅可以满足经济增长对能源的需求,而且可相对减少中国能源需求中化石能源的比例和对进口能源的依赖程度,有利于国家的能源安全。

(二)减少污染,保护环境

发展新能源是减少温室气体排放的一个重要手段。新能源大部分属于清洁能源,与化石能源相比最大的好处就是其环境污染少,目前世界各国都已经注意到发展清洁的新能源具有巨大的环境效益,其中重要的一点就是清洁新能源的开发利用很少或几乎不会产生二氧化碳($CO_2$)、二氧化硫($SO_2$)、氮氧化物($NO_x$)等对大气环境有危害的气体。以风电为例,它们在全生命周期内的碳排放强度仅为 6 g/(kW·h),远远低于燃煤发电的275 g/(kW·h)。

我国作为一个经济快速发展的大国,应努力降低化石能源在能源消费结构中的比例,尽量减少温室气体的排放,树立良好的国家形象。而新能源是有效减少温室气体排放的技术手段之一,因此从减少温室气体排放、承担减缓气候变化的责任出发,应加大力度开发利用新能源。

# 第四节　新能源与可持续发展

## 一、我国新能源存在的主要问题及对策

目前国内新能源产业发展面临着诸多困难和挑战。

(1)基础应用研究、技术开发、生产推广之间关系不协调,单位之间协作少,缺乏统一领导。

(2)许多实用技术还不完善,核心技术缺位,国产化问题没有解决好。

(3)产业发展缺乏规划,出现重复建设倾向。

（4）目前新能源在一次能源中的比例总体上偏低。

我国新能源产业发展面临的困难一方面与国家的重视程度与政策有关,另一方面与新能源技术的成本偏高有关,尤其是技术含量较高的太阳能、生物质能、风能等。

太阳能、生物质能、地热能、海洋能、氢能等新能源发展潜力巨大,近年来得到较大发展。自 2010 年以来,政府将"调结构"作为宏观经济发展的重中之重,能源结构优化升级已是大势所趋,新能源产业迎来发展新契机。民营企业、国际资本、风险投资等诸多投资者争相投资中国新能源领域,我国新能源产业发展前景广阔。

新能源行业发展策略主要有以下几个方面。

### （一）深化体制改革,坚持政策引导

科研和生产的管理体制是发挥生产力作用的条件。当前新能源发展的主要推动力仍然是政策扶持。政策引导力度有待进一步加强,即加强新能源产业的布局和监管,加大新能源技术的研发力度,构建新能源经济政策体系。

### （二）加强技术攻关,提高新能源技术的水平

引进技术的消化吸收、新能源材料的国产化、影响新能源技术发展的关键研究和开发项目等要加强攻关,从自主创新、掌握核心技术方面入手,扭转我国企业整体科研实力特别是基础理论领域长期滞后、国家相关政策过分强调应用领域研究的不利局面。应从长期利益着眼,推动本土企业创新能力提升和装备国产化率提高,为新能源高技术产业发展铺平道路。

### （三）制定产业发展规划,防止产业陷入低价恶性竞争怪圈

抓紧制定新能源产业发展规划,明确产业发展目标和重点开发方向,结束产业发展的盲目性和混乱状态,是当前产业发展中的重大任务。防止盲目扩张,同时建议相关部门统筹规划,进一步研究能源发展布局和比例,在制定能源发展总体规划时,要考虑通过设置技术壁垒,提高环保标准,避免低水平重复建设。

### （四）加强中外合作,广开资金来源,支持新能源事业发展

中国市场复杂,机遇巨大,发展问题紧迫,中外合作的前景在于中外企业将共同发现市场机遇并寻找解决方案。广开资金来源,首先要有国家支持,建立新能源开发基金。其次要多渠道集资,利用地方政府、单位乃至个人的资金及外资。

## 二、实现可持续发展

人类社会实现可持续发展面临两大世界性的能源问题:一是能源短缺及供需矛盾所造成的能源危机;二是随着经济的发展和生活水平的提高,人们对环境质量的要求也越来越高,相应的环保标准和环保法规也越来越严格。

多年来,全球能源消耗平均每年呈 3% 的指数增加。目前,尽管许多发达国家能源消

耗基本趋于稳定,但大多数新兴发展中国家(如中国)工业化进程加快,能耗不断增加。因此,预计未来全球能源消耗仍将保持3%的增长速度。

能源消耗持续快速增长带来十分严重的后果:一方面,愈来愈快地消耗常规化石能源储量;另一方面,化石能源从开采、运输到使用都带来严重污染。伴随着化石燃料消耗的增加,大气中二氧化碳等污染物的含量持续增加。大量研究证明,80%以上的大气污染和95%的温室气体都是由燃烧化石燃料引起的,同时化石燃料还会对水体和土壤带来一系列的污染,这些污染使得生态环境恶化,自然灾害频发,其造成的损失逐年增加,对人体健康的影响也极其严重。

人类社会可持续发展必须以能源的可持续发展为基础,实现可持续发展必须建立可持续能源系统。根据可持续发展的定义和要求,可持续能源系统必须同时满足三个条件:一是从资源来说是丰富的、可持续利用的,能够长期支持经济社会发展对能源的需求;二是在质量上是洁净的,低排放或零排放的,不会对环境构成威胁;三是在技术经济上是人类社会可以接受的,能带来实际经济效益的。从世界可持续发展的角度以及人们对保护环境资源的认识程度来看,开发利用洁净的新能源是可持续发展的必然选择。

发展新能源是建立可持续能源系统的必然选择。从新能源的角度看,首先新能源资源丰富、分布广泛,具备代替化石能源的良好条件;其次新能源对环境保护影响大,污染排放较少,对人类健康影响较小;最后新能源在技术上不断成熟,经济可行性不断提高,新能源系统是符合可持续发展的要求的。

我国是世界上最大的煤炭生产和消费国,煤炭占商品能源消费量的75%,燃煤已成为我国大气污染的主要来源。已经探明的常规能源剩余储量(煤炭、石油、天然气等)及可开采年限十分有限,潜在危机比世界总的形势更加严峻,能源工业面临经济增长、环境保护和社会发展的压力更大。因此,我们应把握第三次能源革命的契机,开发和利用新能源,建立一种新型、清洁、安全的可持续能源系统,走能源、环境、经济社会和谐发展之路。能源消费结构已经开始从以石油为主要能源逐步向多元能源过渡。

# 第八章 新能源发电技术

## 第一节 机械动力技术

### 一、风力机

#### (一)风力机的分类

风力机是把风的动能转换为机械能的装置,鉴于风力机的结构形式繁多,因此分类方法也是多种多样。

(1)按风轮轴与地面的相对位置,可分为水平轴式、垂直轴(竖轴)式。

(2)按叶片工作原理,可分为升力型、阻力型。

(3)按风轮相对塔架的位置,可分为上风向(前置式)和下风向(后置式)。

(4)按叶片数量,可分为单叶片式、双叶片式、三叶片式、四叶片式和多叶片式。

(5)按叶片材料,可分为由木质、金属和复合材料制成。

(6)按叶片形状,可分为螺旋桨式、Φ 形、△ 形、H 形、S 形等。

(7)按容量大小,可分为微型(1 kW 以下)、小型(1~10 kW)、中型(10~100 kW)、大型(100~1 000 kW)和巨型(1 000 kW)以上。国外一般只分三类,即小型(100 kW 以下)、中型(100~1 000 kW)和大型(1 000 kW 以上)。

(8)按风力机的用途,有风力发电机、风力提水机、风力领草机、风力饲料粉碎机等。

(9)按风轮叶片叶尖速度与对应风速之比的大小,分为高速风力机(比值大于 3)和低速风力机(比值小于 3),也有将此比值为 2~5 的称为中速风力机。

关于风力机的牌号,通常用"FD"表示风力发电机,如 FD4-500 W 型风力发电机,其风轮直径为 4 m,额定功率为 500 W;用"FS"表示风力提水机,如 FS-8 型风力提水机,其风轮直径为 8 m。

#### (二)风力机的组成及各部件的功用

下文以水平轴风力机为例介绍常见风力机的基本组成和各部件的功用。风力机一般由风轮、传动装置、做功装置、蓄能装置、控制系统、塔架、附属部件等组成。

(1)风轮。风轮是风力机最重要的部件,它是风力机区别于其他动力机的主要标志。其作用是捕捉和吸收风能,并将其转变为机械能,由风轮轴将能量送至传动装置。

(2)控制系统。①调速(限速)机构。风轮的转速随风速的增大而变快,而转速超过设计允许值后,将导致机组的毁坏或寿命的降低,有了调速(限速)机构后,即使风速很大,风轮的转速仍能维持在一个较稳定的范围之内,防止超速乃至飞车的发生。②调向机构。垂直轴风力机可接受任何方向吹来的风,因此不需要调向机构。而水平轴的风力机为了获得较高的效率,应使它的风轮经常对准风向,大多数水平轴风力机都有调向机构。

（3）传动装置。将风轮轴的机械能送至做功装置的机构称为传动装置。对于风力发电机,其传动装置为增速机构。风力机的传动装置与一般的传动装置没有什么区别,多为齿轮、皮带、曲柄连杆等机械传动。

（4）做功装置。由传动装置送来的机械能供给工作机械按既定意图做功,称相应的机械,如发电机、水泵、粉碎机、侧草机等为风力机的做功装置。

（5）蓄能装置。由于风时大时小、时有时无,因而风力机的输出功率不可能一直是稳定的,这样能量的储备就十分必要。可以把在有风或大风时所获得的能量的一部分储存起来,供无风和小风时使用。风力发电机的蓄电池和风力提水机的蓄水罐就是蓄能装置。

（6）塔架。风轮、控制系统和机舱（内有传动机构）等组成了风力机的机头,用塔架将其支撑到设计的高空。

（7）附属装置。风力机还有一些附属装置,如机舱、机座、回转体、停车机构等,它们配合主要部件工作,以保证风力机的正常运行。

(三) 风轮

风轮一般由叶片、叶柄、轮毂及风轮轴等组成。风力机的风轮叶片是接受风能的最主要部件。叶片的设计要求要有高效地接受风能的翼型、合理的安装角（或迎风）、科学的升阻比、尖速比和叶片型线扭曲。由于叶片直接迎风获得风能,所以要求叶片有合理的结构、先进的材料和科学的工艺,使叶片能可靠地承担风力、叶片自重、离心力等给予叶片的各种弯矩、拉力,而且还要求叶片重量轻、结构强度高、疲劳强度高、运行安全可靠、易于安装、维修方便、制造容易、制造成本和使用成本低。另外,叶片表面要光滑,以减少叶片转动时与空气的摩擦阻力。

1.叶片材料和结构

叶片的基本形式有三种,即平板型、弧板型和流线型。在相同条件下,产生的升力值:流线型>弧板型>平板型;产生的阻力值:平板型>弧板型>流线型。

风力发电机的叶片横截面的形状接近于流线型;而风力提水机的叶片多采用弧板型,也有采用平板型的。风轮叶片是一个复合材料制成的薄壳结构。叶片根部材料一般为金属结构;外壳一般为玻璃钢;龙骨（加强筋或加强框）一般为玻璃纤维增强复合材料或碳纤维增强复合材料。

随着风力机的大型化,叶片材料也在不断改进和发展,采用强度更高、相对密度更轻、抗蚀性更好以及更耐久的新型材料是叶片材料发展的方向,现就较常用的叶片结构做简要介绍。

（1）木制叶片及布蒙皮叶片。近代的微、小型风力机也有采用木制叶片的,由于木制叶片不易做成扭曲型,而常采用等安装角叶片。整个叶片由几层模板粘压而成,与轮毂连接用金属板做成法兰,用螺栓可靠地连接。

大、中型风力机很少用木制叶片,采用木制叶片也是用强度很好的整体木方做叶片纵梁来承担叶片在工作时所必须承担的力和弯矩。叶片肋梁模板与纵梁木方用胶与螺钉可靠地连接在一起，其余叶片空间用轻木或泡沫塑料填充，用玻璃纤维覆面，外涂环氧树脂。

叶片也有采用金属纵梁、钢板肋梁，内填硬泡沫塑料，用布蒙皮，外涂环氧树脂或涂漆结构的。

（2）钢梁玻璃纤维蒙皮叶片。目前较多采用钢管或 D 形钢做纵梁、钢板做肋梁，内填充泡沫塑料，外覆玻璃蒙皮的结构形式，往往在大型风力机上使用。可变桨距叶片的根部可做成能与轮毂做俯仰转动的轴与轮毂连接，几个叶片可同步旋转的机构设在轮毂内。叶片纵梁的钢管及 D 形钢从叶根至叶尖的截面应逐渐变小，以满足扭曲叶片的要求并减轻叶片重量，即做成等强度梁。

（3）铝合金等弦长挤压成型叶片。用铝合金挤压成型的等弦长叶片易于制造，可连续生产，将其截成所需要的长度，又可按设计要求的扭曲进行扭曲加工，叶根与轮毂连接的轴及法兰可通过焊接或螺栓连接来实现。铝合金叶片重量轻，易于加工，但不能做到从叶根至叶尖渐缩的叶片，因为到目前为止世界各国尚未解决这种挤压工艺。

钢梁玻璃蒙皮叶片及铝合金挤压成型的等弦长叶片和其他金属叶片的风力机在正常运行时对电视等能形成重影或条状纹干扰，设计时应注意。

（4）玻璃钢叶片。所谓玻璃钢，就是环氧树脂、不饱和树脂等塑料渗入长度不同的玻璃纤维或碳纤维面做成的增强塑料。增强塑料强度高、重量轻、耐老化，表面可再缠玻璃纤维及涂环氧树脂，既可增加强度，又能使叶片表面光滑。

（5）玻璃钢复合叶片。至 20 世纪末，世界工业发达国家的大、中型商品风力机的叶片基本上采用 D 形钢纵梁、夹层玻璃钢肋梁及叶根与轮毂连接用金属结构的复合材料做叶片。

2.叶片结构设计要点

叶片设计难点包括：叶型的空气动力学设计，强度、疲劳、噪声设计，复合材料铺层设计。在风力机组设计中，叶片外形设计尤为重要，它涉及机组能否获得所希望的功率。

叶片的疲劳特性也十分突出，由于要承受较大的风负载，而且是在地球引力场中运行，重力变化相当复杂。叶片由于自重而产生相同次数的弯矩变化。

对于复合材料叶片来说，每种复合材料或多或少存在疲劳特性问题，当它受到交变负载时，会产生很高的负载变化次数。如果材料所承受的负载超过其相应的疲劳极限，它将限制材料的受力次数。当材料出现疲劳失效时，部件就会疲劳断裂。疲劳断裂通常从材料表面开始，然后是截面，最后到材料彻底破坏。

在叶片的结构强度设计中，要充分考虑到所用材料的疲劳特性。首先要了解叶片所承受的力和力矩以及在特定的运行条件下风负载的情况。在受力最大的部位最危险，在这些地方负载很容易达到材料承受极限。

叶片的重量完全取决于其结构形式。目前生产的叶片，多为轻型结构叶片，承载力好而且很可靠。轻型结构叶片的优点是：在变距时驱动质量小，在很小的叶片机构动力作用下，可以产生很高的调节速度；减少风力机组总重量；风轮的机械刹车力矩很小；周期振动弯矩由于自重减轻而很小；减少了材料成本；运费减少；便于安装。但是轻型结构叶片也有缺点：要求叶片结构必须可靠，制造费用高；所用材料成本高；风轮推力小，风轮在阵风时反应敏感,因此要求功率调节也要快;材料特性及负载计算必须很准确,以免超载。

## (四)齿轮箱

风力机组中的齿轮箱是一个重要的机械部件,其主要功用是将风轮在风力作用下所产生的动力传递给发电机并使其得到相应的转速。通常风轮的转速很低,远达不到发电机发电所要求的转速,必须通过齿轮箱齿轮副的增速作用来实现,故也将齿轮箱称为增速箱。根据机组的总体布置要求,有时将与风轮轮毂直接相连的传动轴(俗称大轴)与齿轮箱合为一体,也有将大轴与齿轮箱分别布置,其间利用胀紧套装置或联轴节连接的结构。为了增加机组的制动能力,常常在齿轮箱的输入端或输出端设置刹车装置,配合叶尖制动(定桨距风轮)或变桨距制动装置共同对机组传动系统进行联合制动。

由于机组多安装在高山、荒野、海滩、海岛等风口处,受无规律的变向、变负荷的风力作用以及强阵风的冲击,常年经受酷暑严寒和极端温差的影响,加之所处自然环境,交通不便,齿轮箱安装在塔顶的狭小空间内,一旦出现故障,修复非常困难,故对其可靠性和使用寿命都提出了比一般机械高得多的要求。如对构件材料的要求,除常规状态下的机械性能外,还应该具有低温状态下抗冷脆性等特性;应保证齿轮箱平稳工作,防止振动和冲击;保证充分的润滑条件等。对冬夏温差较大的地区,要配置合适的加热和冷却装置,还要设置监控点,对运转和润滑状态进行遥控。因此,齿轮箱设计要考虑的问题有:选用的基本类型、齿轮箱与主轴轴承是分离型还是集成型、增速比、级数、齿轮箱的重量和成本、齿轮箱的载荷、润滑、断续运行时的效率、噪声等因素。

不同形式的风力机组有不一样的要求,齿轮箱的布置形式以及结构也因此而异。水平轴风力机组用固定平行轴齿轮传动和行星齿轮传动最为常见。

风力机组齿轮箱的种类很多,按照传统类型可分为圆柱齿轮增速箱、行星增速箱以及它们互相组合起来的齿轮箱;按照传动的级数可分为单级和多级齿轮箱;按照传动的布置形式又可分为展开式、分流式和同轴式以及混合式等。

# 二、水轮机

## (一)水轮机的分类

水轮机是将水能转换成机械能的水力机械。根据水轮机能量转换的特征不同,水轮机可分为反击式水轮机和冲击式水轮机两大类。反击式水轮机的能量转换是在有压管流中进行的;冲击式水轮机的能量转换是在无压大气中进行的。各类水轮机因其结构不同又有多种不同的形式。反击式水轮机有混流式、轴流式(轴流转桨式、轴流定桨式)、贯流式(贯流转桨式、贯流定桨式)和斜流式;冲击式水轮机有水斗式、斜击式和双击式。

(1)混流式水轮机。混流式水轮机的水流进入转轮前沿主轴半径方向,在转轮内转为斜向,最后沿主轴轴线方向流出转轮。水流在转轮内做旋转运动的同时,还进行径向运动和轴向运动,所以称为"混流式"。这类水轮机适用于 30~800 m 水头的水电站,属于中等水头、中等流量机型。

（2）轴流式水轮机。轴流式水轮机的水流在进入转轮前已经转过 90°弯角,水流沿主轴轴线方向进入转轮,又沿主轴轴线方向流出转轮。水流在转轮内同时做旋转运动和轴向运动,没有径向运动,所以称为"轴流式"。这类水轮机适用于 3~80 m 水头的水电站,属于低水头、大流量机型。轴流式水轮机又分为轴流定桨式水轮机和轴流转桨式水轮机两种。

（3）斜流式水轮机。斜流式水轮机其转轮内的水流运动与混流式水轮机的转轮一样,但其转轮叶片又与轴流转桨式水轮机的转轮叶片一样。因此,这种水轮机吸取了前述两种水轮机的优点,适用于 40~200 m 水头的水电站,属于中等水头、中等流量机型。

（4）贯流式水轮机。贯流式水轮机的转轮结构及转轮内的水流运动与轴流式的转轮完全一样,也有贯流定桨式和贯流转桨式两种形式。与轴流式水轮机不同的是,贯流式水轮机的水流从进入水轮机到流出水轮机几乎始终与主轴线平行贯通,"贯流式"由此而得名。由于水流进出水轮机几乎贯流畅通,因此水轮机的过流能力很大,只要有 0.3 m 的水位差就能发电。这种水轮机适用于 30 m 水头以下的水电站,特别是潮汐电站,属于超低水头、超大流量机型。按结构形式贯流式水轮机还可以分轴伸贯流式、灯泡贯流式、竖井贯流式和虹吸贯流式四种。

（5）水斗式水轮机。这种水轮机的水流由喷嘴形成高速运动的射流,射流沿着转轮旋转平面的切线方向冲击转轮斗叶,所以又称为切击式水轮机。这种水轮机适用于 100~1 700 m 水头的水电站,属于高水头、小流量机型。

（6）斜击式水轮机。这种水轮机的水流由喷嘴形成高速运动的射流,射流沿着转轮旋转屏幕的正面约 22.5°的方向冲击转轮叶片,再从转轮旋转屏幕的背面流出转轮。该水轮机适用于 25~400 m 水头的小型水电站。

（7）双击式水轮机。双击式水轮机的应用水头较低,没有水斗式和斜击式水轮机中的喷嘴,而是在压力管道末端接了一段与转轮宽度相等的矩形断面的喷嘴。它形成的水流流速比较小,水流流出喷管后,首先从转轮外圆柱面的顶部向心地进入转轮流过叶片,将 70%~80%的水能转换成机械能,然后从转轮内腔下落,绕过主轴从转轮的内圆柱面离心地离开转轮。所谓"双击",是指水流两次流过转轮叶片。它的结构简单,但效率低,适用于 5~100 m 水头的乡村小水电站。

（8）可逆式水轮机。可逆式水轮机是一种新型的水轮机,当抽水蓄能电站中的可逆式水轮机正转时可作为水泵运行抽水蓄能,在反转时可作水轮机运行放水发电;应用在潮汐电站中的可逆式水轮机正反转都可作水泵运行抽水蓄能,也都可作水轮机运行放水发电。可逆式水轮机有可逆混流式、可逆斜流式、可逆轴流式和可逆贯流式四种。

（二）水轮机的布置形式

与蒸汽机相同,水轮机与发电机是用联轴器连接在一起同速转动的。根据机组轴线的布置形式的不同,水轮发电机组有立式布置和卧式布置两大类。

大中型水轮发电机组特别是低转速机组,常采用立式布置,即机组的主轴垂直布置,发电机位于水轮机的上部。立式机组轴承受力好,机组占地面积小,运行平稳,但是厂房分发电机层和水轮机层,因此厂房高,面积大,机组安装检修不方便,厂房投资大。

小型水轮机大都采用卧式布置,即机组的主轴水平布置,发电机同水轮机一般布置在同一高度上。卧式机组安装、检修和运行维护方便,厂房投资小,但是机组占地面积较大,水轮机、发电机的噪声对运行人员干扰大,夏天室温高。

### (三)水轮机的基本结构

#### 1.反击式水轮机的主要结构

反击式水轮机主要由四大过流部件(引水部件、导水部件、工作部件和泄水部件)及四大非过流部件(主轴、轴承、密封和飞轮)组成。由于水流直接作用于四大过流部件,其性能的好坏直接影响水轮机的水力性能。

(1)引水部件就是引水室,其作用是以最小的水力损失将水流均匀、轴对称地引向工作部件,并使水流形成一定的旋转量,以减小水流对转轮叶片头部的进口冲角。引水室的类型有金属蜗壳引水室、混凝土蜗壳引水室、明槽引水室和贯流式引水室四种。

①金属蜗壳引水室。这种引水室其蜗牛壳形状的结构使得加工制作难度大,工艺要求高,制作成本高,但蜗形流道的包角达 345°,进入转轮的水流流态较好,水力性能最佳。它广泛应用在混流式水轮机、斜流式水轮机和中高水头的轴流式水轮机中。金属蜗壳引水室通常卧式机组的蜗壳进口轴线垂直向下,使得来自压力钢管的水流进入蜗壳时必定要转 90°,这样会使水头损失加大。如果保持水轮机其他部分不动,只将卧式布置的蜗壳绕水轮机轴线转到蜗壳进口轴线成为水平方向,则卧式水轮机的这一缺点就可以克服。国内外已经有这样的电站,该电站将水轮机的蜗壳进口轴线按水平方向布置。

②混凝土蜗壳引水室。当水轮机的工作流量较大时,全部流量都需通过金属蜗壳引水室的进口断面,这样使得蜗壳进口断面直径增大,从而造成蜗壳的总宽度增大,机组间距增大,进而要求厂房面积增大,投资增加。因此,在工作水头较低的轴流式水轮机中,为了节省机组和厂房的投资,采用部分蜗形流道的混凝土蜗壳引水室,蜗形流道的包角为 180°~225°,从非蜗形流道进入工作部件的水流流态较差,水头损失较大。混凝土蜗壳引水室的水力性能比金属蜗壳引水室的差,但比明槽引水室的好。混凝土蜗壳引水室应用在中低水头轴流式水轮机中。

③明槽引水室。为了减少投资,在 500 kW 以下的低水头小容量轴流定桨式水轮机中常采用明槽引水室。明槽引水室是引水渠道的末端渠道,结构简单,水流进入转轮前的水流流态较差,引水室的水头损失较大。

④贯流式引水室。贯流式引水室只能应用在贯流式水轮机中。贯流式引水室又分灯泡式、轴伸式、竖井式和虹吸式四种形式,其中灯泡式引水室应用最广泛。

(2)导水部件主要由导叶转动机构组成,所以又称导水机构。导水部件的作用是根据负荷调节进入转轮的水流量及开机、停机。其类型有径向式、轴向式和斜向式三种。

①径向式导水机构。径向式导水机构的特点是:水流沿着与水轮机主轴垂直的径向流过导叶,导叶转轴线与水轮机主轴线平行,大部分反击式水轮机采用的都是径向式导水机构。

②轴向式导水机构。轴向式导水机构的特点是:水流沿着与水轮机主轴平行的轴向流过导叶,导叶转轴线与水轮机主轴线垂直,由于控制环的转动平面与连杆的移动平面、

拐臂的转动平面相互不平行,因此三者之间的连接结构较复杂。这种导水机构主要应用在轴伸式贯流式水轮机。

③斜向式导水机构。斜向式导水机构的特点是:水流沿着与水轮机主轴倾斜的方向流过导叶,导叶转轴线与水轮机主轴线倾斜,同样由于控制环的转动平面与连杆的移动平面、拐臂的转动平面相互不平行,因此三者之间的连接结构较复杂。这种导水机构主要应用在斜流式、灯泡式、竖井式和虹吸式、贯流式等水轮机中。

(3)工作部件。工作部件就是转轮,其作用是将水能转换成转轮旋转的机械能。工作部件是水轮机的核心部件,水轮机的水力性能主要由转轮决定。转轮的类型有混流式转轮、轴流式(贯流式)转轮和斜流式转轮。由于轴流式水轮机的转轮与贯流式水轮机的转轮完全一样,因此反击式水轮机的机型有四种,转轮形式只有三种。

(4)泄水部件。泄水部件就是尾水管,所起作用有:①将水流平稳地引向下游;②回收转轮出口处水流相对下游水位的位能,形成转轮出口处的静力真空;③部分回收转轮出口处水流的动能,形成转轮出口处的动力真空。尾水管有直锥形尾水管、曲膝形尾水管和弯肘形尾水管三种形式。直锥形尾水管结构最简单,制作最方便,水流在管内平稳减速回收动能,水力性能最佳,主要应用在小型立式水轮机的灯泡式、竖井式及虹吸式、贯流式水轮机中。曲膝形尾水管的主要特点是:水流一离开转轮,还来不及减速就经弯管段转过90°,主要的减速回收动能都在圆锥段内完成,弯管段的水头损失较大,水力性能最差,主要应用在卧式混流式水轮机和轴伸式贯流式水轮机中。弯肘形尾水管结构复杂,制作不便。水流离开转轮时在圆锥段中稍减速再转过90°后作水平减速运动,肘管段从垂直圆形断面转变为水平矩形断面,因此肘管段制造难度大,水流运动紊乱,水头损失较大,水力性能比直锥形尾水管差,但矩形扩散段水流的动能回收充分,因此性能比曲膝形尾水管好,主要应用在大中型立式水轮机中。

2.冲击式水轮机的主要结构

(1)水斗式水轮机主要由转轮、喷嘴、折向器和喷针-折向器协联操作机构组成。

①转轮。是水斗式水轮机的工作部件,其作用是将射流的动能转换成转轮旋转的机械能,水流的能量转换在大气中进行。装配在主轴叶轮外圆上的均布斗叶与叶轮的连接方式有整体铸造结构、焊接结构和螺栓连接结构三种。

②喷嘴。是水斗式水轮机的导水部件,其作用是将高压水流的压能转换成射流水柱高达 100 m/s 以上的流速(动能),以冲动转轮旋转做功,并根据负荷调节冲击转轮斗叶的射流流量及开机、停机。喷嘴的圆形管段末端为收缩段,水流在该段被不断加速流出喷嘴,称为高速运动的射流。支撑筋板中的导向管内装有喷针,轴向移动喷针可改变喷嘴口的过水面积,从而调节冲击转轮的射流流量及开机、停机。

③折向器的作用是当机组甩负荷时,在 2~4 s 内切入射流,将射流偏引到下游尾水渠,使射流不再冲击转轮斗叶,机组转速不至于上升过高。

④喷针-折向器协联操作机构有布置在流道内的内控式和布置在流道外的外控式两种形式。

(2)斜击式水轮机的喷嘴与水斗式水轮机的一样,只是射流冲击转轮的方向不同,蘑菇伞状的转轮上径向均匀分布叶片,由于叶片在半径方向很长,因此为防止叶片振动,用外环将所有叶片的头部连为一片,这样可提高叶片的刚度。水流的能量转换在大气中进行。

(3)双击式水轮机是一个均匀分布圆弧状断面长叶片的滚筒,叶片的长度方向与水轮机主轴线平行,滚筒中心有一个圆柱体空间。双击式水轮机的喷嘴与水斗式水轮机的及斜击式水轮机的完全不同,双击式水轮机的喷嘴就是压力钢管末段的一段矩形断面的管道,因此称喷管。喷管内部有一个单导叶或闸板,调节单导叶或闸板可调节冲击转轮的流量。转轮将水能转换成机械能的,工作原理类似于混流式水轮机转轮,但是水流能量在大气中进行转换又类似于水斗式水轮机转轮。水流在喷管中由水平运动转为垂直向下运动,穿过转轮后,从尾水槽排入下游。

各种形式的冲击式水轮机都没有严格意义上的尾水管,只有汇集水流的尾水槽,尾水槽用来把水流顺利引向下游排水渠。

# 第二节　发电机技术

## 一、风力发电机

风力发电机组的运行方式不同,一般所用的发电机也不同。独立运行的风力发电机组中所用的发电机主要有直流发电机、永磁式交流发电机、硅整流自励式交流发电机及电容式自励异步发电机。并网运行的风力发电机组中使用的发电机主要有同步发电机、异步发电机、双馈发电机、低速交流发电机、无刷双馈发电机、交流整流子发电机、高压同步发电机及开关磁阻发电机等。下面分别介绍这两种运行方式中的一些主要的发电机。

(一)独立运行风力发电机组中的发电机

独立运行的风力发电机一般容量较小,与蓄电池的功率交换器配合实现直流电和交流电的持续供给。通过控制发电机的励磁、转速及功率变换器以产生恒定电压的直流电或恒压恒频的交流电。

1.直流发电机

直流发电机从磁场产生(励磁)的角度来分,可分为永磁式直流发电机和电磁式直流发电机。永磁式直流发电机的定子磁极采用永磁体建立磁场,转子绕组在磁场中转动切割磁场产生感应电动势,由电动势产生的电流经电刷和换向器输出直流电。电压一般为12 V、24 V、36 V,主要用于微、小型风力发电机组中。电磁式直流发电机的定子磁极由几组绕在主磁极上的绕组(励磁绕组)通以直流电流形成。根据励磁绕组与转子绕组的连接方式不同,分为他励式、并励式、串励式及复励式等,其直流电输出与前者相同,主要用于大、中型风力发电机组中。

直流发电机可直接将电能送给蓄电池蓄能,可省去整流器,随着永磁材料的发展及直流发电机的无刷化,永磁直流发电机功率不断增大、性能不断提高。

2.永磁式交流同步发电机

永磁式交流同步发电机转子采用永磁材料励磁,转子磁极有凸极式和爪极式两种。定子同普通交流电机,由定子铁芯和定子绕组组成,在定子铁芯槽内安放有三相绕组或单相绕组。

当风轮带动发电机转子旋转时,旋转的磁场切割定子绕组,在定子绕组中产生感应电动势,由此产生交流电流输出。定子绕组中的交流电流建立的旋转磁场的转速与转子的转速同步,属于小型同步发电机。

3.硅整流自励式交流同步发电机

硅整流自励式交流同步发电机的定子由定子铁芯和三相定子绕组组成,定子绕组为星形连接,放在定子铁芯的内圆槽内;转子由转子铁芯、转子绕组(励磁绕组)、集电环和转子轴等组成,转子铁芯有凸极式和爪极式两种,转子上的励磁绕组通过集电环和电刷与整流器的直流输出端相连,以获得直流电流励磁。

硅整流自励式交流同步发电机一般带有励磁调节器,通过自动调节励磁电流的大小,来抵消因风速变化而导致的发电机转速变化对发电机端电压的影响,延长蓄电池的使用寿命,提高供电质量。

4.电容自励式异步发电机

电容自励式异步发电机是在异步发电机定子绕组的输出端接上电容,以产生超前于电压的容性电流产生磁场,从而建立电压。

电容自励式异步发电机建立电压的条件有两条:其一是发电机必须有剩磁(若无剩磁,可用蓄电池对其充磁);其二是发电机的输出端并上足够的电容。

独立运行的异步发电机带负载运行时,负载的大小和性质对发电机输出的电压及频率都有影响。异步发电机的负载为感性负载,当负载增大时,感性电流将抵消一部分容性电流,使励磁电流减小,使发电机的端电压下降。因此,随着感性负载的增大,必须增加并接的电容数量,以维持励磁电流的大小不变;为了维持发电机的频率不变,当发电机的负载增大时,还必须相应地提高发电机转子的转速。

(二)并网运行风力发电机组中的发电机

1.异步发电机

(1)异步发电机的结构。异步发电机的定子为三相绕组,可采用星形或三角形连接;转子绕组为笼形或绕线形,与电容自励式异步发电机相同,也是采用定子绕组并接电容器来提供无功电流建立磁场,发电机转子的转速略高于旋转磁场的同步转速,并且恒速运行,发电机运行在发电状态。

因风力机的转速较低,在风力机和发电机之间需经增速齿轮箱传动来提高转速以达到适合异步发电机运转的转速。一般与电网并联运行的异步发电机为 4 极或 6 极发电机,当电网频率为 50 Hz 时,发电机转子的转速必须高于 1 500 r/min 或 1 000 r/min,才能运行在发电状态,向电网输送电能。

(2)异步发电机的工作原理。根据电机学的理论,当异步电机接入频率恒定的电网上时,面对电网同步转速,在风力机的拖动下的异步发电机转速,须以高于同步转速的速度运行,才能运行在发电状态。此时,电机中的电磁转矩为制动转矩,阻碍电机旋转,发电机需从外部吸收无功电流建立磁场(如由电容提供无功电流),从而将从风力机中获得的机械能转化为电能提供给电网。

风力异步发电机并入电网运行时,只要发电机的转速接近同步转速就可以并网,对机组的调速要求不高,不需要同步设备和整步操作。异步发电机的输出功率与转速近似呈线性关系,可通过转差率来调整负载。风力异步发电机与电网的并联可采用直接并网、降压并网和通过晶闸管软并网三种方式。

2.同步发电机

1)普通同步发电机

(1)同步发电机的结构。同步发电机是目前使用最多的一种发电机。同步发电机的定子由定子铁芯和三相定子绕组组成;转子由铁芯(励磁绕组)、集电环和转轴等组成。转子上的励磁绕组经集电环、电刷与直流电源相连,通以直流励磁电流来建立磁场。同步发电机的转子有隐极式和凸极式两种。隐极式同步发电机转子呈圆柱体状,其定子、转子之间的气隙均匀,励磁绕组为分布绕组,分布在转子表面的槽内。凸极式转子具有明显的磁极,绕在磁极上的励磁绕组为集中绕组,定子、转子间的气隙不均匀。凸极式同步发电机结构简单、制造方便,一般用于低速发电场合;隐极式同步发电机结构均匀对称,转子机械强度高,可用于高速发电。

(2)同步发电机的工作原理。同步发电机在风力机的拖动下,转子(含磁极)以转速 $n$ 旋转,旋转的转子磁场切割定子上的三相对称绕组,在定子绕组中产生三相对称的感应电动势和电流输出,从而将机械能转化为电能。由定子绕组中的三相对称电流产生的定子旋转磁场的转速与转子转速相同,即与转子磁场相对静止。

当发电机的转速一定时,同步发电机的频率稳定,电能质量高;同步发电机运行时可通过调节励磁电流,来调节输出的无功功率,因此被电力系统广泛接受。但在风力发电中,由于风速的不稳定性使得发电机获得不断变化的机械能,给风力机造成冲击和高负载,对风力机及整个系统不利。

2)新型同步发电机

(1)低速同步发电机。低速同步发电机的转子极数很多,转速较低,径向尺寸较小,轴向尺寸较大,发电机呈圆盘形,可以直接与风力机相连接,省去了齿轮箱,减小了机械噪声和机组的体积,从而提高了系统的整体效率和运行可靠性。但其功率变换器的容量较大,成本较高。

(2)高压同步发电机。高压同步发电机的定子绕组采用高压圆形电缆取代普通同步发电机中的扁绕组,以提高耐压等级,其电压可提高到 $10\sim20\ kV$,甚至可达 $40\ kV$ 以上,因此可不用升压变压器而与电网直接相连,避免了变压器运行时的损耗,同时也提高了运行可靠性;转子用永磁材料制成,且为多极式,转速较低,可省去齿轮传动机构而直接与风力机连接,减小了齿轮传动的机械噪声和机械损耗,降低了机械维护工作量。此外,转子上无励磁绕组,不需要集电环,无励磁铜损耗和集电环的摩擦损耗,系统的效率提高。但这种发电机为满足绕组匝数的要求,定子铁芯槽形为深槽形,定子齿的抗弯强度下降,必须采用新型坚固的槽楔来压紧定子齿;发电机采用永磁转子,需大量的稳定性高的永磁材料;与电网并联的高压同步发电机对风电场也提出了较高的要求。

## 二、水轮发电机

水电厂中发电机均为同步发电机,它把水轮机的机械能转变为电能,通过变压器、开关、输电线路等设备送往用户。水轮发电机工作原理是:当导线切割磁力线时可产生感应电动势,将导线连接成闭合回路,就有电流流过,同步发电机就是利用电磁感应原理将机械能转变为电能的。

(一)水轮发电机的分类

(1)立式与卧式。按水轮发电机转轴布置的方式不同可分为立式与卧式两种。转轴与地面垂直布置为立式;转轴与地面平行布置为卧式。一般小型水轮发电机和贯流灯泡式、冲击式机组都设计成卧式。现代大、中型水轮发电机,由于尺寸大,如果设计成卧式机组不仅不经济,反而造成结构上困难重重,所以通常设计成立式结构。

(2)空冷与内冷。按照冷却方式的不同,水轮发电机可分为空气冷却和内冷却两种。利用空气循环来冷却水轮发电机内部所产生的热量,这种冷却方式称为空气冷却。空气冷却水轮发电机一般分为三种类型:封闭式、开启式和空调冷却式。目前,大、中型水轮发动机多数采用封闭式,小型水轮发电机采用开启式通风冷却。空调冷却式现在很少采用,仅在一些特殊条件下采用。内冷却水轮发电机目前有两种:一种是采用水冷却,即将经处理的冷却水通入定子和转子线圈的空心导线内部,直接带走电极所产生的损耗进行冷却。定子、转子线圈都进行水冷却的电机称为双水内冷却水轮发电机,由于该种冷却方式转子设计制造技术比较复杂,所以一般不采用。目前,大容量水轮发电机都是采用定子线圈水冷却,发电机转子仍采用空气通风冷却,称为半水冷却水轮发电机。另一种为蒸发冷却,即将冷却介质(液态)通入定子空心铜线,通过液体介质的蒸发,利用汽化热传输热量进行电机冷却。这种冷却技术是我国自主知识产权的一项新型冷却方式,目前处于领先地位。

(3)常规与非常规。按照水轮发电机功能不同,可分为常规水轮发电机和非常规的蓄能式水轮发电机(发电电动机)两种。常规水轮发电机为一般同步发电机,能使水轮发电机用于蓄能电站,这种发电机具有两种功能,既可作为水轮机和发电机组合发出电能供给电力系统,又可作为水泵和电动机组合,将下游水库的水抽回到上游蓄水库。在此种情况下,它的转动方向与发电机运行时相反,为了配合水轮机作为水泵运行,通常要求具有较高的转速。有时还需要有两种不同的转速,即通过改变转子极对数和定子接线来实现。

(二)水轮发电机的结构

水轮发电机一般由定子、转子、轴承、机架、冷却器、制动系统等组成。

(1)定子是发电机产生电磁感应,进行机械能与电能转换的主要部件。水轮发电机的定子主要由机座、铁芯、绕组、端箍、铜环引线、基础板及基础螺杆组成。

①定子机座是水轮发电机定子部分的主要结构部件,是用来固定定子铁芯的,也是水轮发电机的固定部件。小容量水轮发电机的机座,一般采用铸铁整圆机座或钢板焊接机座。大中型容量水轮发电机定子机座采用钢板焊接结构。

立式机座的主要零件有缝合板、支撑零件和机座壁等零件。

②定子铁芯是定子的重要部件,也是电机磁路的主要组成部分。它由扇形片、通风槽片、定位筋、上下齿压板、拉紧螺栓及托板等零件组成。定子铁芯是采用硅钢片冲成扇形片叠装于定位筋上,定位筋通过托板焊于机座环板上,并通过上、下齿压板用拉紧螺栓将铁芯压紧成整体而成。

③绕组是构成发电机的主要部件,属于发电机的导电元件,也是发电机产生电磁作用必不可少的零件,所以绕组是电机的重要部件之一。

定子绕组的固定,对确保水轮发电机的安全运行及延长绕组使用寿命有着十分重要的作用。如固定不牢,在电磁力和机械振动力的作用下,容易造成绝缘损坏、匝间短路等故障,因而槽内线棒用槽楔压紧,端部用端箍结构固定。

电机绕组形式,可按电机相数、绕组层数、每极下每相所占槽数和绕法来分类。从电机相数来划分,可分成单相绕组和多相绕组;根据槽内绕组的布置来划分,可分为单层绕组和双层绕组;按绕组在每个极下每相所占槽数等于整数或分数,则绕组又可分为整数槽绕组和分数槽绕组;按照绕组的制作和绕法,绕组可分多匝圈式叠绕组和单匝条式波绕组。目前,水轮发电机的定子绕组大多为三相、双层多匝圈式或单匝条式绕组。

大中型水轮发电机的定子绕组是由多股导线组成的。实践证明,在这种绕组中存在两种环流。第一种环流,流动于每一股线导体中,产生集肤效应(挤流)使导体内的各点电流密度分布不均匀,从而使附加铜耗及交流电阻增加。如果采用较薄的股线,实际上就解决了这种环流。第二种环流,存在于任意两根股线所组成的回路之中,它叠加在由负载电流决定的平均值之上,使各股线电流呈现不均匀现象,其原因是各并联股线处在不同位置,它们的磁链也不相同,因而产生的电势也就不同,因此在各股线回路中形成了电势差,出现了环流。计算表明,如果没有采取专门的措施,它可能比第一种环流要大得多(因为回路中限制环流的阻尼很小)。这种环流,既增加了定子附加铜耗又使股线出现过热点,将直接危害线圈绝缘寿命,限制电极出力的提高。因此,这个问题引起了国内外的普遍关注。为了消除或减少环流所引起的损耗,通常电机绕组采用不同方式的换位,实践证明是行之有效的方法。

④定子基础部件。立式水轮发电机的定子,主要通过定子基础部件着落固定在发电机的基础混凝土的基础上。定子基础部件包括基础板、楔形板、螺栓、销钉、基础螺杆以及套管等。

(2)转子结构部件是水轮发电机的转动部件,也是水轮发电机最为重要的组成部分。转子的主要作用是产生磁场。主要由磁极、磁轭、转子支架和转轴等部件组成。

①磁极是水轮发电机产生磁场的主要部件,属于转动零件。因此,它不但要具备一般转动部件应有的机械性能,还必须有良好的电磁性能。磁极主要由磁极铁芯、磁极线圈、阻尼绕组等零部件组成。

磁极铁芯主要由磁极冲片、压板、螺杆(拉杆)或铆钉等零件组成。磁极铁芯极靴表

135

面为圆弧面,并有穿阻尼绕组的槽。磁极铁芯有实心磁极和叠片磁极两种。中等容量高速水轮发电机的转子,为了满足机械强度的要求和改善发电机的特性,尤其是高速发电电动机的转子,为了适应频繁的启动,采用实心磁极。实心磁极铁芯通常由整体锻钢和铸钢件制成;叠片式磁极铁芯是水轮发电机转子磁极最常见的一种结构,在不同容量的发动机上均有采用。叠片式磁极的铁芯是用铁芯冲片叠成,对定子采用开口槽的发电机,考虑到降低磁极表面的齿脉振损耗,选用叠片式磁极是有利的。

磁极线圈也叫转子绕组或励磁绕组,小容量数量发电机的磁极线圈,是由多层漆包或玻璃丝包圆线,漆包或玻璃丝包扁线绕成。而大多数水轮发电机由于其圆周速度高,一般都采用扁铜排的形式,立绕在磁极铁芯的外表面上,匝与匝之间用石棉板绝缘,整个磁极线圈与磁极铁芯之间用云母板绝缘。线圈绕好后经浸胶热压处理,形成坚固的整体。

一般来讲,在稳态运行时由水轮机带动的水轮发电机在转子上可以不设阻尼绕组,因原动机(水轮机)与内燃机不同,在每一周旋转过程中均产生均匀的转矩。但是从水轮发电机组系统考虑,当励磁调节器及调速器失去控制或发生故障时,水轮机转矩出现不均匀以及外部负荷不稳定都有可能导致水轮发电机发生振荡现象。振荡时,发电机的转速、电压、电流、功率以及转矩等均将发生周期性变动,严重时会造成水轮发电机与电力系统失去同步。水轮发电机设置阻尼绕组即可抑制转子自由振荡,提高电力系统运行的稳定性。同时在不对称运行中,阻尼绕组起着削弱负序气隙旋转磁场的作用。在有阻尼绕组的同步电机里,其负序电抗值要小得多。因此,水轮发电机设置阻尼绕组,由于负序电抗减小,不对称负载所引起的电压不对称度也随之减小;由于负序气隙磁场的削弱,转子的损耗及发热也随之降低;同理,交变力矩及振动也减小了。此外,转子纵、横轴的差异缩小,也减小了高频干扰的幅度。实践证明,设置阻尼绕组使发电机担负不对称负荷的能力大大提高,同时能加速发电机自同期并入系统。

②磁轭也叫轮环。它的作用是产生转动惯量和固定磁极,同时也是磁路的一部分。磁轭由扇形磁轭冲片、通风槽片、定位销、拉紧螺杆、磁轭上压板、磁轭键、锁定板、卡键、下压板等零部件组成。

磁轭在运转时承受扭矩和磁极与磁轭本身离心力。大、中型发电机转子磁轭由扇形冲片交错叠成整体,再用螺杆拉紧,然后固定在转子支架上。磁轭外缘的 T 形槽用以固定磁极。为防止超速时磁轭径向膨胀,造成磁轭与转子支架分离而产生偏心振动支架,常采用磁轭热打键加以固定。

③转子支架很大,是中型水轮发电机转子体的主要组成部分,也是连接磁轭和转轴成一体的中间部分。在机组运行中,转子支架可承受扭矩、磁轭和磁极的重力力矩、转子自身的离心力、由于热打磁轭键而产生的径向配合力,当转子支架与主轴采用热套结构时还要承受由此而引起的径向配合力等。转子支架主要有以下几种类型:磁轭圈为主体的转子支架、整体铸造或焊接转子支架,简单圆盘式转子支架、支臂式转子支架、多层圆盘式转子支架等。

④转子的固定。通常水轮发电机的磁极根据其容量的大小、转速的高低,可做成不同类型的磁极形式。如实心磁极、叠片极靴的实心磁极以及整片式叠片磁极等。同样,磁极的极身也可与磁轭做成整体或部分极身与磁轭做成一体。由于这些因素,即构成了磁极

不同的固定方式:螺栓固定方式、极靴用螺栓固定方式、梳齿形固定方式、T尾和鸽尾固定方式等。

⑤主轴的主要作用是中间连接、传递转矩,承受机组转动部分的重量及轴向推力。主轴有一根轴结构、分段轴结构、轴法兰结构和轴身结构等形式。

(3)水轮发电机轴承与其他机械的轴承在原理上并无区别。

①轴承按照结构可分为滚动轴承(滚柱和球轴承)和滑动轴承;按照轴承的导向性可分为径向轴承(径向负荷)和轴向轴承(轴向负荷);按照轴承的作用可分为推力轴承和导轴承。用于立式电机的轴承也称为推力轴承或止推轴承。

②推力轴承常被称为水轮发电机的心脏,由此可见其重要性。因此,推力轴承工作性能好坏,将直接影响到水轮发电机能否长期、安全、可靠运行。目前,水轮发电机单机容量不断增大,推力轴承负荷也随之增大,因而对大负荷推力轴承的要求就更高了。典型的水轮发电机推力轴承结构主要由卡环、轴承支撑、推力轴瓦、镜板、推力头,轴承座和冷却器等部件组成。

③导轴承。水轮发电机导轴承主要承受机组转动部分的径向机械和电磁的不平衡力,使机组在规定的摆度和振动范围内运行。导轴承可以布置在推力轴承镜板工作面或推力头工作面的外圆处。若认为布置在这两个位置的导轴承圆周速度大,会引起过大的损耗,则可以设计成在推力头的轴颈外圆处或直接布置在轴上的滑转子处。

(4)机架是发电机安置轴承的主要支撑部件。常规卧式发电机的轴承一般采用座式支架支撑。在立式电机中机架用来支撑推力轴承、导轴承及制动器等部件。所以,机架是水轮发电机的重要结构部件。机架结构形式,一般取决于水轮发电机的总体布置。不同类型的总体布置(如悬式、伞式或半伞式结构),将匹配不同类型的机架形式。机架系由中心体和数个支臂组成的钢板焊接结构。主要的机架结构形式有整体辐射型机架、井字形机架、桥形机架、斜支臂机架、多边形机架、三角环形机架等。

# 第三节　电源变换技术

## 一、能源转化过程与变流技术

各种资源从其原始状态转化为可供人类实际应用的过程,均与变流技术密不可分,它也是实现节能降耗的关键技术和转变经济增长方式的一个有力推进器。变流技术可以促进发电、输电和配电系统的现代化,推广清洁能源实用化,并可以在广泛应用领域内使电能得到最佳利用。一般说来,资源的利用必须经历资源转化、存储、能量转化、辅助能量存储、功率控制等过程。各种资源转化为能源的方式不同,将其送到用户或电网时,必须通过变流技术进行调整。

可再生能源产生的能量大多是不稳定的,如一年四季或日夜之间风力不同、太阳辐照强度差异,其直接产生的能量通常是不稳定的。以风能为例,并网型风力发电是许多台大容量风力发电机并联工作的,由于风场风力的不稳定性,如果在并网时不进行控制调节,可能对电网造成冲击。同时为了保证把尽可能多的有功能量送入电网,风力发电系统必须应用储能环节和解决存储能量再次转化的问题。这些过程都必须利用电力电子变流技术对其进行控制。此外,可再生能源分布在不同领域,可以就近建成分布式发电单元并通过电力电子变流器接口连成微电网供给特定地区的用户或与大电网连接并参与电能质量调节。

因为可再生能源可能是直流电,也可能是不稳定的交流电,所以必须通过变流器产生与电网或用户适配的电能形式,以并入电网或直接使用。可以说,几乎所有可再生资源发电系统都涉及一系列大功率,高效、高品质的能量转换、存储与控制。

除电能的产生外,电能的传输与分配也需要变流技术。传统的交流输电技术与变流技术相结合,催生了柔性交流输电技术(FACTS)。FACTS 对电网的运行参数(电压、电流、功率、品质因数、损耗角、阻抗等)或运行状态(异步互联、潮流控制、短路电流限制)从刚性控制(断续动作、慢速、欠准确和不够灵活的机电型)提升为柔性控制(快速、准确、平滑、灵活的电力电子装置),从而使得规模不断扩大,在运行条件复杂和运行难度加大的情况下,提高电力系统稳态性能,极大地改善了动态响应能力。

## 二、电源变换系统结构

(1)AC-DC 变换系统。这种变换系统的供电电源是交流电源,用电设备是直流电。此系统目前主要采用常规的二极管整流或晶闸管可控整流技术。近年来研究的高频 PWM 整流电路可提高功率因数,但输出直流电压高于输入交流电压的峰值近 2 倍,而且控制复杂,给实际应用带来一定困难。二极管整流加功率因数校正电路,同样可提高功率因数,也有输出直流电压高的问题。单相小功率电路已得到实际应用,三相大功率电路还处于应用研究阶段。

(2)DC-DC 变换系统。这种变换系统的供电电源是固定电压的直流电源,用电设备要求电压可变,或者另一种电压等级。这种供电电源一般是蓄电池,变换电路根据用电设备的要求可采用降压型或升压型 DC-DC 变换电路。降压型可采用 Buck 直流斩波电路,升压型可采用 Boost 直流斩波电路,也可采用软开关 DC-DC 变换电路。

(3)DC-AC 变换系统。这种变换系统的供电电源是固定电压的直流电源,用电设备是交流电。这种变换系统供电电源一般是蓄电池,用电设备是工频交流电,一般用在不间断电源(UPS)中。DC-AC 变换电路一般采用全桥逆变电路,正弦波脉宽调制(SPWM),输出加 LC 滤波电路,在负载上可得到正弦波电压。

(4)AC-DC-AC 变换系统。这种变换系统的供电电源是交流电源,用电设备是某一频率范围的交流电。这种变换系统供电电源是电网,AC-DC-AC 变换主要采用常规二极管整流,DC-AC 变换一般采用全桥逆变电路,功率调节在逆变电路中实现,有脉宽调制方式、移相脉宽调制方式、负载谐振调频调功方式、负载谐振脉冲密度调制方式等,并将软开关技术应用到逆变过程中。

(5)DC-AC-DC 变换系统。这种变换系统的供电电源是固定电压的直流电源,用电设备要求电压可变,或者另一种电压等级。这种变换系统和 DC-DC 变换的主要区别是通过插入 AC 环节,加入高频变压器隔离,使输入和输出电压之间完全隔离。这种变换电路有正激式、反激式、推挽式、半桥式、全桥移相变换式等。

（6）AC-DC-AC-DC 变换系统。这种变换系统的供电电源是交流电源,用电设备是直流电。这种变换系统目前主要采用常规二极管整流,即 AC-DC 变换,然后经 DC-AC 变换,变成高频交流电源,经高频变压器变压,高频整流电路整流,变换成需要的直流电压。这种变换电路主要是减小变压器体积。开关电源就是采用了这种变换系统。

（7）AC-DC-DC-AC 变换系统。这种变换系统的供电电源是交流电源,用电设备是某一频率范围的交流电。这种变换系统供电电源是电网,AC-DC 变换主要采用常规的二极管整流,DC-DC 变换电路采用 Buck 直流斩波电路,DC-AC 变换一般采用全桥逆变电路,功率调节在直流斩波电路中实现,采用脉宽调制方式,并将软开关技术应用到斩波电路中。

## 三、逆变电路系统结构

逆变电路是所有新能源转换系统中最重要的电能变换电路,其主要作用是将直流电经 DC-AC 逆变器变换成与电网同频率的交流电,为实现并网供电奠定基础。根据直流母线采用的储能组件,逆变电路又分为电流源型和电压源型两大类。

（1）电流源型逆变器。直流母线采用电感（L）储能,采用三相桥式逆变电路,功率半导体器件是全控型 IGBT 开关器件。逆变器输出经电容滤波后,与电网并网后向电网输送三相交流电流,一般电流源逆变器的控制策略采用电流滞环 PWM 模式。对于电流源逆变器,适当调节桥式逆变电路输出电流的相位和幅值,就可以使光伏发电系统输出有功功率,实现并网供电的目的。

（2）电压源型逆变器。直流母线采用电容（C）储能。中小容量的电压源光伏并网逆变器（几百千瓦及以下）采用 IGBT 的 PWM-VSC（脉宽调制-电压源变换器）结构,输出经三相滤波电感并入电网系统。

电压源逆变器的控制策略一般为正弦波 PWM,经低通滤波器滤波后输出电流波形基本为正弦波,在负载中只有很小的谐波损耗,对通信设备干扰小,整机效率高。

# 第四节　系统控制管理技术

## 一、风力发电机组的控制技术

风力发电系统中的控制技术和伺服传动技术是其中的关键技术。这是因为自然风速的大小和方向是随机变化的,风力发电机组的切入（电网）和切出（电网）、输入功率的限制、风轮的主动对风以及对运行过程中故障的检测和保护必须能够自动控制。同时,风力资源丰富的地区通常都是海岛或边远地区甚至海上,分散布置的风力发电机组通常要求无人值班运行和远程监控,这就对风力发电机组的控制系统的可靠性提出了很高的要求。与一般工业控制系统不同,风力发电机组的控制系统是一个综合性复杂控制系统。尤其是对于并网运行风力发电机组,控制系统不仅要监视电网、风况和机组运行数据,对机组进行并网与脱网控制,以确保运行过程的安全性和发电质量。风力发电机组的微机控制属于离散型控制,是将风向标、风速计、风轮转速,发电机的电压、频率、电流,电网的电压、电流、频率,发电机和增速齿轮箱等的温升,机舱和塔架等的振动,电缆过缠绕等传感器的信号经过数/模转换输送给微机,由微机根据设计程序发出各种控制指令,实现自动启停、自动调向、自动调速、自动并网、自动功率因数补偿、自动电缆解绕、自动故障诊断和保护等功能。

## (一)风力发电机组的特点及控制要求

风能是一种能量密度低、稳定性较差的能源,风速和风向的随机性、不确定性及阵风性,会产生风力发电中的一些特殊问题,例如:导致风力机叶片攻角不断变化,使叶尖速比偏离最佳值,风能的利用率偏低,对风力发电系统的发电效率产生影响;引起叶片的振动与剪切、塔架的弯曲与抖振等力矩传动链中的力矩波动,影响系统运行的可靠性和使用寿命;使发电机发出的电能的电压和频率随风速而变,从而影响电能的质量和风力发电机的并网。风力发电机机组的控制主要是为了解决上述相关问题。

由于风力发电的特点,风力发电机组是一个复杂多变量非线性系统,且有不确定性和多干扰等特点。风力发电系统控制的目标主要有四个:保证系统的可靠运行、能量利用率最大、电能质量高、机组寿命延长。风力发电系统常规的控制功能有七个:在运行的风速范围内,确保系统的稳定运行;低风速时,跟踪最佳叶尖速比,获取最大风能;高风速时,限制风能的捕获,保持风力发电机组的输出功率为额定值;减小阵风引起的转矩波动峰值,减小风轮的机械应力和输出功率的波动,避免共振;减小功率传动链的暂态响应;控制器简单,控制代价小,对一些输入信号进行限幅;调节机组的功率,确保机组输出电压和频率的稳定。

## (二)变桨距风力发电机组的控制技术

变桨距风力机的整个叶片可以绕叶片中心轴旋转,使叶片攻角在一定范围(0°~90°)变化,变桨距调节是指通过变桨距机构改变安装在轮毂上的叶片桨距角的大小,使风轮叶片的桨距角随风速的变化而变化,一般用于变速运行的风力发电机,主要目的是改善机组的启动性能和功率特性。根据其作用可分为三个控制过程:启动时的转速控制、额定转速以下(欠功率状态)的不控制和额定转速以上(额定功率状态)的恒功率控制。

## (三)变速恒频风力发电机组的控制技术

变速恒频是指发电机的转速随风速变化,通过适当地控制得到输出频率恒定的电能。其叶片一般采用变桨距结构,是当前和未来主要发展和研究的方向。与恒速恒频发电机组相比变速恒频的优越性在于:可大范围地调节转速,使功率系数保持在最佳值,从而最大限度地吸收风能,系统效率高;能吸收和储存阵风能量,减少阵风冲击对风力发电机产生的疲劳损坏、机械应力和转矩脉动,延长机组寿命,减少噪声;还可以控制有功功率和无功功率,电能质量高。但控制复杂,成本高,需要避免共振的发生。

## (四)风力发电机组的并网运行和功率补偿

由于风能是一个不稳定的能源,风力发电本身难以提供稳定的电能输出,因此风力发电必须采用储能装置或与其他发电装置互补运行。为解决风力发电稳定供电的问题,目前一般采用的方法是:1 000 kW 以上的大型风力发电机组并网运行;几十千瓦至几百千瓦的风力发电机组可以并网运行,或者与其他发电装置互补运行(如风光互补、风力-柴油发电联合运行);10 kW 以下的小型风力发电机组主要采用直流发电系统并配合蓄电池储能装置独立运行。

# 二、太阳能光伏发电的控制技术

## (一)最大功率点跟踪控制技术

在一般电气设备中,如果使负载电阻等于供电系统的内电阻时,此时可以在负载上获得最大功率。太阳能电池本身是极不稳定的电源,即输出功率往往是变化的,这是因为太阳能电池工作时发出的功率随日照强弱、天空阴雨、环境温度(电池方阵表面温度)而变化。因此,需要及时跟踪太阳,使太阳能电池获取最大功率或获得最大功率附近处的值。

1.定电压跟踪法(CVT)

该方法是对最大功率点曲线进行近似,求得一个中心电压,并通过控制使光伏阵列的输出电压一直保持该电压值,从而使光伏系统的输出功率达到或接近最大功率输出值。

这种方法具有使用方便、控制简单、易实现、可靠性高、稳定性好等优点,而且输出电压恒定,对整个电源系统是有利的。但是这种方法控制精度较差,忽略了温度对光伏阵列开路电压的影响,而环境温度对光伏电池输出电压的影响往往是不可忽略的。为克服使用场所冬夏、早晚、阴晴、雨雾等环境温度变化给系统带来的影响,在 CVT 的基础上可以采用人工调节或微处理器查询数据表格等方式进行修正。

2.扰动观察法

扰动观察法的原理是先让光伏阵列工作在某一参考电压下,检测输出功率,在此工作电压基础上加一正向电压扰动量,检测输出功率变化。若输出功率增加,表明光伏阵列最大功率点电压高于当前工作点,需继续增加正向扰动;若所测输出功率降低,则最大功率点电压低于当前工作点,需反向扰动工作点电压。

该方法的优点是控制实现较简单,对传感器精度要求不高,跟踪速度相对较快,对误判修正能力较强。其不足之处在于:工作点在最大功率点附近振荡运行,且需多次尝试设定最优扰动步长,无法兼顾控制精度与响应速度,光照强度剧烈变化时还会出现误判断。

3.电导增量法

电导增量法是通过比较光伏阵列的电导增量和瞬间电导来改变控制信号,这种方法也需要对光伏阵列的电压和电流进行采用。由于该方法控制精度高,响应速度快,因而适用于大气条件变化较快的场合。同样由于整个系统的各个部分响应速度都比较快,故其对硬件的要求,特别是对传感器的精度要求比较高,导致整个系统的硬件造价比较高。

（二）蓄电池充电控制技术

蓄电池是光伏阵列发电系统中一个重要蓄能中间环节,它担负着光伏电能在用电低峰时存储电能,而在光伏电能较低时释放电能,使发电系统能够比较平稳地进行。光伏阵列发电系统一般采用铅酸蓄电池,只有良好地应用铅酸蓄电池的充放电特性,对其实施充放电,才能使铅酸蓄电池处于最佳工作状态。

铅酸蓄电池的充电过程主要包括充电程度判断、从放电状态到充电状态的自动转换,以及充电各阶段模式的自动转换和停止控制等方面。

# 第五节　储能技术

## 一、抽水蓄能的应用

抽水蓄能电站利用可以兼具水泵和水轮机两种工作方式的蓄能机组,在电力负荷出现低谷(夜间)作水泵运行,用基荷火电机组发出的多余电能将下水库的水抽到上水库储存起来,在电力负荷出现高峰(下午及晚间)作水轮机运行,将水放下来发电,抽水蓄能机组可以和常规水电机组安装在一座电站内,这样的电站既有电网调节作用,又有径流发电作用,称为常蓄结合或混合式电站。

### （一）抽水蓄能电站的分类

（1）按建设类型分类。装有常规水轮发电和抽水蓄能两种机组的水电站称为混合式抽水蓄能电站,或称常蓄结合电站。有的抽水蓄能电站或利用现有水库为上水库或下水库,人工新建另一个水库及引水系统和厂房。就抽水蓄能的功能而言和径流发电无关,属于纯抽水蓄能电站类型。另一种纯抽水蓄能电站完全依靠人工修造上、下两个水库和引水系统,电站系统内的水体往复循环,只为抵消蒸发和渗漏需要补充少量水源,厂内安装的全是抽水蓄能机组。

（2）按调节规律分类。如果抽水蓄能电站在夜间和午间系统负荷低谷时抽水,在上午、下午及晚间负荷高峰时发电,每天都按此规律操作,则成为日调节电站。

有的电力系统不呈现日循环规律而是周循环规律,在一周的5个工作日内,蓄能机组每天都有一定次数的发电和抽水,但是每天的发电量多于抽水量,故上水库的蓄水量逐天减少,到了周末水库近于放空,因周末工业负荷很少,这两天只抽水不发电。

（3）按利用水头分类。混合式蓄能电站受天然落差的限制,水头一般不超过150～200 m,如我国在常规水电站增装蓄能机组的岗南、密云、潘家口、响洪甸等都是水头100 m以下的电站。

（4）按机组形式分类。国外早期的抽水蓄能电站使用的是单独的水泵机组和水轮机组,即水泵配以电动机,水轮机配以发电机,形成四机式机组。由于抽水和发电使用不同的电机,投资大,后来随技术进步,一台电机可以兼作电动机及发电机使用,四机式机组应用的就更少。

（二）抽水蓄能电站的组成部分

（1）上、下水库。混合式蓄能电站的上水库一般为已建成的水库,下水库可能是下一级电站的水库,或为用堤坝修建起来的新水库。纯抽水蓄能电站大多数是利用现有水库为下水库,而在高地或山间筑坝建成上水库。

（2）引水系统（高压部分）。和常规水电站一样,蓄能电站引水系统的高压部分包括上水库的进水口、引水隧洞、压力管道和调压室。上水库的进水口在发电时是进水口,但在抽水时是出水口,故称为进出水口。为满足双向水流的要求,进出水口应按两种工况的最不利条件设计。常规水电站在进出口都装有拦污栅。在蓄能电站中因水泵工况的出水十分湍急,对拦污栅施加很大的推力和振动力,所以拦污栅是进出水口设计的重要项目。

蓄能电站引水隧道上的分岔管在发电工况时流向是分流的,在抽水工况则是合流的,为使两个方向水流的损失都能最小,需要进行专门的试验研究。

（3）引水系统（低压部分）。地下电站的尾水部分（低压部分）是有压的,通常也做成圆断面的隧洞。设计中要特别注意过渡过程中可能出现的负压,如现在趋向于将厂房向上游移动,也就是尾水隧洞将会更长,产生负压的可能性也就更大。

（4）电站厂房。中低水头抽水蓄能电站分为坝后式和引水式,都可以使用地面厂房。水轮机工况的排水和水泵工况的吸水都直接连通到尾水渠。由于水泵的空化性能比水轮机要差,机组中心必须安放在比常规水轮机更低的高程,高水头蓄能电站一般都采用地下厂房,不少中低水头的蓄能电站也是用地下厂房。

（三）抽水蓄能电站在电力系统中的作用

1.抽水蓄能机组对改善电网运行的作用

（1）抽水蓄能机组属于水电机组,启动快速,使用负荷范围广,在电力系统中能很好地替代火电机组担任调峰。

（2）作为水电机组,抽水蓄能机组有很强的负荷跟随能力,在电网中可起调频作用。

（3）抽水蓄能机组的利用时数不是很高,随时可以作为系统的备用机组。同时还可以作为旋转备用,也就是在并列状况下在发电方向空转,必要时能快速地带上负荷,可以在很短的时间内转换为发电,其短时间调节能力为装机容量的2倍。

2.抽水系统在能源利用上的作用

（1）降低了电力系统燃料消耗。电力系统中的大型高温高压热力机组,包括燃煤机组和核燃料机组,均不适合在低负荷下工作。由于电网调节需要而强迫降低负荷后,燃料消耗、核电厂用电都将增加,机组的磨损也将加速。在采用了抽水蓄能机组与燃煤机组及核电机组配合运行后,这些热力机组都得以在额定或较高出力下稳定运行,实现了较高的运行效率。

（2）改变能源结构。抽水蓄能机组所代替的热力机组中有一部分是燃油的蒸汽机组或燃气轮机。抽水蓄能的动力来自燃煤,使用抽水蓄能以后就起到了以煤代油的作用,对改变燃料结构有重要意义。

（3）提高火电设备的利用率。用燃煤机组调峰时要经常改变运行方式或频繁开停机，因而导致机器磨损并经常发生事故。抽水蓄能机组可以替代这些热力机组的调峰任务，使这些机组可以担负更为稳定的负荷，设备的利用率因而得以提高，使用寿命延长。

（4）降低运行消耗。抽水蓄能机组是水力机组，厂用电消耗比常规水电站多些，但只有装机容量的2%~3%，而热力机组的厂用电一般在7%~8%。采用抽水蓄能机组后可以有效地降低运行消耗和辅助设备的投资。

## 二、电容器储能技术的应用

在脉冲功率设备中，作为储能元件的电容器在整个设备中占有很大的比例，是极为重要的关键部件，广泛应用于脉冲电源、医疗器材、电磁武器、粒子加速器及环保等领域。我国现有的大功率脉冲电源中采用的电容器基本上是按电力电容器的生产模式制造的箔式结构的电容器，其存在储能密度低、发生故障后易爆炸的缺陷。

### （一）箔式结构脉冲电容器

现有箔式结构脉冲电容器普遍采用纸膜负荷的介质结构。这种电容器主要利用纸盒聚酯膜的高介电常数及纸良好的浸渍性能。但纸的物理结构疏松，导致这种复合介质的击穿强度较低。因此，从现有水平看，再提高这种电容器的储能密度是很困难的。从提高介质的工作场强出发，高储能密度电容器的介质材料应选择击穿强度较高的聚合物膜，而不是纸膜复合材料。

### （二）自愈式高能储能密度电容器

金属化蒸镀技术在20世纪70年代应用于储能电容器。金属化膜电容器的电极由蒸镀到有机薄膜上的很薄一层金属组成，其厚度仅20~100 mm。膜在生产过程中存在缺陷或杂质，该处电流强度低于周围，称其为电弱点。随着外施电压的升高，电弱点处的薄膜先被击穿形成放电通道，放电电流引起局部高温，击穿点处的极薄金属层受热迅速蒸发、向外扩散并使绝缘恢复，因局部的击穿不影响到整个电容器，故称该过程为"自愈"。

金属化膜电容器有效地防止了单个电弱点引起的电容器失效，使用寿命大为延长，电极体积/质量的减小也大幅度提高了储能密度。但薄电极结构和端部喷金的连接形式限制了通流能力，故不能应用于大电流、陡脉冲放电领域。加厚电极边缘及改进端部喷金可提高端部通流能力。

## 三、压缩空气储电技术的应用

### （一）压缩空气储电技术简介

压缩空气储电技术的概念在20世纪50年代提出来，它像蓄电池、抽水蓄能电站等技术一样,在电力供应方面作电力削峰填谷的工具。

压缩空气储电系统由两个独立的部分组成,充气(压缩)循环和排气(膨胀)循环。压缩时,电动机/发电机作为电动机工作,使用相对较便宜的低谷电驱动压缩机,将高压空气压入地下储气室,这时膨胀机处于脱开状态。用电高峰时,合上膨胀端的联轴器,电动机/发电机作为发电机发电,这时从储气室出来的空气先经过热气预热(是用膨胀机排气作加热起源),然后在燃烧室内进一步加热后进入膨胀系统。

（二）利用压缩空气储存电能的原理

压缩空气储存发电是这样一种技术:利用夜间多余的电力制造压缩空气,使之储存在地下空洞里,白天用压缩空气使燃料燃烧使燃气轮机发电。

用一般的燃气轮机发电时,压缩机的动力占汽轮机动力输出的 $1/2 \sim 2/3$,因此发电机的额定输出比汽轮机的额定输出小,但在这种方式中,能使发电机的额定输出接近汽轮机的额定输出。燃气轮机发电启动时间短,只有几分钟,即便是压缩储存方法,也能够充分发挥这一特点。

## 四、蓄电池蓄能技术的应用

储能蓄电池主要是指太阳能发电设备和风力发电设备以及可再生能源储蓄能源用的蓄电池,它能稳定系统中电压等的短时间波动,并在系统没有后备发电机组的情况下可提供若干天的电力供应。蓄电池储能单元是影响可再生能源发电系统运行成本的最敏感因素之一:根据对风能、太阳能和风光互补发电系统的成本分析,蓄电池的投资占系统总投资的 $15\% \sim 20\%$。在正常情况下,主发电设备(风力发电机、太阳能电池等)平均使用寿命都在 15 年以上,甚至更长,可达 20 年以上,但铅酸蓄电池的平均寿命为 5 年左右,也就是说,在可再生能源发电系统的运行寿命期内,除初投资中的蓄电池组外,还要更换 2 次。如此高的投资和折旧费用,使蓄电池对发电系统的运行成本影响很大。而蓄电池又是系统中最为薄弱的环节,蓄电池的选型、使用和维护十分重要,使用维护不当会极大地缩短蓄电池的使用寿命。

（一）常用蓄电池介绍

(1)铅酸蓄电池。铅酸蓄电池是最常用的蓄电池,单个铅酸蓄电池的电动势约为 2 V,单个碱性蓄电池的电动势约为 1.2 V,将多个单个蓄电池串联组成蓄电池组,可获得不同的蓄电池组电势,如 12 V、23 V、36 V 等。当外电路闭合时,蓄电池正负两极间的电位差即为蓄电池的端电压(亦称电压),蓄电池的端电压在充电和放电过程中,电压是不相同,充电时蓄电池的电压高于其电动势,放电时蓄电池的电压低于其电动势,这是因为蓄电池有内阻的缘故,且蓄电池的内阻随温度的变化比较明显。

(2)镉镍蓄电池。镉镍(Cd-Ni)充电电池,正极为氧化镍,负极为海绵状金属镉,电解液多为氢氧化钾、氢氧化钠碱性水溶液。小型密封镉镍电池的结构紧凑、坚固、耐冲击、耐振动,成品电池自放电小,在使用上适合大电流放电,适用温度范围广,一般为 $-40 \sim$

60 ℃。它的特点是循环寿命长,理论上有 2 000~4 000 次的循环寿命。常见外形是方形、扣式和圆柱形,其有开口、密封盒、全密封三种结构。按极板制造方式又分为有极板盒式、烧结式、压成式和拉浆式。镉镍蓄电池具有放电倍率高、低温性能好、循环寿命长等特点。

(3)金属氧化物镍蓄电池。金属氧化物镍蓄电池是新开发出来的产品,负极为吸氢稀土合金,正极为氧化镍,电解液为氢氧化钾、氢氧化锂水溶液,比能量是镉镍蓄电池的1.5~2 倍,具有可快速充电、优良的高倍率放电性能和低温放电性能,价格便宜,无污染,被称为绿色环保电池。

(二)其他新型电池

一方面,由于生产蓄电池的材料,如铅和酸,在废弃后会造成环境污染;另一方面,市场对大容量、高效率、深充深放蓄电池的需求,促进了许多新型蓄电池的发展。

(1)硅能蓄电池。硅能蓄电池采用液态低钢硅盐化成液替代硫酸液作电解质,生产过程不会产生腐蚀性气体,实现了制造过程、使用过程以及废弃物均无污染,从根本上解决了传统铅酸蓄电池的主要缺点。该电池的能量特性、大电流放电特性、快速充电特性、低温特性,使用寿命及环保性能等各项性能,均大大优于目前国内外普遍使用的铅酸蓄电池。同时,还克服了铅酸蓄电池不能大电流充放电等缺点,其大电流放电和耐低温优点突出。与其他多种改良的铅酸蓄电池相比,硅能蓄电池电解质改型带来的产品性能进步明显,它掀起了电解质环保和制造业环保的新概念,是蓄电池技术的标志性进步之一。

(2)燃料电池。一般结构为:燃料电池的反应为氧化还原反应,电极的作用一方面是传递电子,形成电流;另一方面是在电极表面发生多相催化反应,反应不涉及电极材料本身,这一点与一般化学电池中电极材料参与化学反应很不相同。

# 第九章　风能及其发电技术

## 第一节　风及风能

### 一、风的形式

#### (一)大气环流

风的形成是空气流动的结果。空气流动的原因是地球绕太阳运转,由于日地距离和方位不同,地球上各纬度所接受的太阳辐射强度也就各异。赤道和低纬度地区比极地和高纬度地区太阳辐射强度强,地面和大气接受的热量多,因而温度高。这种温差形成了南北间的气压梯度,在等压面空气向北流动。

由于地球自转形成的地转偏向力称为科里奥利力,简称偏向力或科氏力。在科里奥利力的作用下,在北半球,气流向右偏转;在南半球,气流向左偏转。所以,地球大气的运动,除受到气压梯度力的作用外,还受到地转偏向力的影响。地转偏向力在赤道为零,随着纬度的增高而增大,在极地达到最大。

地球表面由于受热不均,引起大气层中空气压力不均衡,因此形成地面与高空的大气环流。各环流圈伸屈的高度,以赤道最高,中纬度次之,极地最低,这主要是由于地球表面增热程度随纬度增高而降低的缘故。这种环流在地球自转偏向力的作用下,形成了赤道到纬度 30°N 环流圈(哈得来环流)、纬度 30°~60°N 环流圈和纬度 60°~90°N 环流圈,这便是著名的三圈环流。当然,所谓三圈环流是一种理论的环流模型。由于地球上海陆的分布不均匀,因此实际的环流比上述情况要复杂得多。

#### (二)季风环流

在一个大范围地区内,它的盛行风向或气压系统有明显的季节变化,这种在一年内随着季节不同有规律转变风向的风,称为季风。季风盛行地区的气候又称季风气候。

亚洲东部的季风主要包括中国的东部、朝鲜、日本等地区。亚洲南部的季风以印度半岛最为显著,这就是世界闻名的印度季风。

形成中国季风环流的因素很多,主要是由于海陆差异、行星风带的季风转换及地形特征等综合形成的。

(1)海陆分布对中国季风的作用:海洋的热容量比陆地大得多。冬季,陆地比海洋冷,大陆气压高于海洋,气压梯度力自大陆指向海洋,风从大陆吹向海洋;夏季则相反,陆地很快变暖,海洋相对比较冷,陆地气压低于海洋,气压梯度力由海洋指向大陆,风从海洋吹向大陆。

中国东临太平洋,南临印度洋,冬夏的海陆温差大,所以季风明显。

(2)行星风带位置季节转换对中国季风的作用:地球上存在着 7 个风带,分别是赤道无风带、南、北信风带、南、北西风带、南、北极地东风带。这 7 个风带,在北半球的夏季都向北移动,而冬季则向南移动。这样,冬季西风带的南缘地带在夏季可以变成东风带。因此,冬夏盛行风就会发生 180°的变化。

冬季,中国主要在西风带的影响下,强大的西伯利亚高压笼罩着全国,盛行偏北气流。夏季,西风带北移,中国在大陆热低压控制之下,副热带高压也北移,盛行偏南风。

(3)青藏高原对中国季风的作用。青藏高原占中国陆地面积的 1/4,平均海拔在4 000 m以上,对于周围地区具有热力作用。在冬季,高原上温度较低,周围大气温度较高,这样形成下沉气流,从而加强了地面高压系统,使冬季风增强;在夏季,高原相对于周围自由大气是一个热源,加强了高原周围地区的低压系统,使夏季季风得到加强。另外,在夏季,西南季风由孟加拉湾向北推行,沿着青藏高原东部的南北走向的横断山脉流向中国的西南地区。

### (三)局地环流

#### 1.海陆风

海陆风的形成与季风相同,也是由大陆和海洋之间的温度差异的转变引起的。不过海陆风的范围小,以日为周期,势力也相对薄弱。

海陆物理属性的差异,造成海陆受热不均。白天,陆地上增温较海洋快,空气上升,而海洋上空气温相对较低,使地面有风自海洋吹向大陆,补充大陆地区上升气流,而陆地上的上升气流流向海洋上空而下沉,补充海上吹向大陆的气流,形成一个完整的热力环流;夜间,环流的方向正好相反,风从陆地吹向海洋。将这种白天从海洋吹向大陆的风称为海风,夜间从陆地吹向海洋的风称为陆风,将一天中海陆之间的周期性环流的风总称为海陆风。

海陆风的强度在海岸最大,随着离岸距离的增加而减弱,一般影响距离为 20~50 km。海风的风速比陆风大,在典型的情况下,风速可达 4~7 m/s。而陆风一般仅为 2 m/s 左右。海陆风最强烈的地区,发生在温度日变化最大及昼夜海陆温差最大的地区。低纬度日照强,所以海陆风较为明显,尤以夏季为甚。

此外,在大湖附近同样日间风自湖面吹向陆地,称为湖风;夜间风自陆地吹向湖面,称为陆风,合称湖陆风。

#### 2.山谷风

山谷风的形成原理跟海陆风是类似的。白天,山坡接受太阳光热较多,空气增温较多;而山谷上空,同高度上的空气因离地面较远,增温较少。于是山坡上的暖空气不断上升,并从山坡上空流向谷底上空,谷底的空气则沿山坡向山顶补充,这样便在山坡与山谷之间形成一个热力环流。下层风由谷底吹向山坡,称为谷风。到了夜间,山坡上的空气受山坡辐射冷却影响,空气降温较多;而谷底上空,同高度的空气因离地面较远,降温较少。于是山坡上的冷空气因密度大,顺山坡流入谷底,谷底的空气因汇合而上升,并从上面向山顶上空流去,形成与白天相反的热力环流。下层风由山坡吹向谷底,称为山风。山风和谷风又总称为山谷风。

山谷风风速一般较弱,谷风比山风大一些,谷风速度一般为 $2 \sim 4 \text{ m/s}$,有时可达 $6 \sim 7 \text{ m/s}$。谷风通过隘口时,风速加大。山风速度一般仅为 $1 \sim 2 \text{ m/s}$,但在峡谷中,风力还能增大一些。

### (四)中国风能资源的形成

风能资源的形成受多种自然因素的复杂影响,特别是天气气候背景及地形和海陆的影响至关重要。风能在空间分布上是分散的,在时间分布上也是不稳定和不连续的,也就是说,风速对天气气候非常敏感,时有时无,时大时小,尽管如此,风能资源在时间和空间分布上仍存在着很强的地域性和时间性。对中国来说,风能资源丰富及较丰富的地区,主要分布在北部和沿海及其岛屿两个大带里,其他只是在一些特殊地形或湖岸地区呈孤岛式分布。

(1)三北(西北、华北、东北)地区风能资源丰富区。冬季(12月至次年2月),整个亚洲大陆完全受蒙古国高压控制,其中心位置在蒙古国的西北部,在高压中不断有小股冷空气南下进入中国。同时,还有移动性的高压(反气旋)不时地南下,南下时气温较低,若一次冷空气过程中其最低气温为 5 ℃ 以下,且这次过程中日平均气温 48 h 内最大降温达 10 ℃ 以上,称为一次寒潮,不符合这一标准的称为一次冷空气。

春季(3~5月)是由冬季到夏季的过渡季节,由于地面温度不断升高,从 4 月开始,中、高纬度地区的蒙古国高压强度已明显地减弱,而这时印度低压(大陆低压)及其向东北伸展的低压槽,已控制了中国的华南地区。与此同时,太平洋副热带高压也由菲律宾向北逐渐侵入中国华南沿海一带,这几个高、低气压系统的强弱、消长都对中国风能资源有着重要的作用。

在春季,这几种气流在中国频繁交替。春季是中国气旋活动最多的季节,特别是中国东北及内蒙古一带气旋活动频繁,造成内蒙古和东北的大风和沙暴天气。同样,江南气旋活动也较多,但造成的却是春雨和华南雨季。这也是三北地区风资源较南方丰富的一个主要原因。全国风向已不如冬季那样稳定,但仍以偏北风占优势,但风的偏南分量显著地增加。

夏季(6~8月)东南地面气压分布形势与冬季完全相反。这时中、高纬度的蒙古国高压向北退缩得已不明显,相反地,印度低压继续发展控制了亚洲大陆,为全国最盛的季风。太平洋副热带高压此时也向北扩展和单路西伸。可以说,东亚大陆夏季的天气气候变化基本上受这两个环流系统的强弱和相互作用所制约。

随着太平洋副热带高压的西伸北跳,中国东部地区均可受到它的影响,此高压的西部为东南气流和西南气流带来了丰富的降水,但高、低压间压差小,风速不大,夏季是全国全年风速最小的季节。

夏季,大陆为热低压,海上为高压,高、低压间的等压线在中国东部几乎呈南北向分布的形式,所以夏季风盛行偏南风。

秋季(9~11月)是由夏季到冬季的过渡季节,这时印度低压和太平洋高压开始明显衰退,而中、高纬度的蒙古国高压又开始活跃起来。冬季风来得迅速,且维持稳定。此时,中国东南沿海已逐渐受到蒙古国高压边缘的影响,华南沿海由夏季的东南风转为东北风。

三北地区秋季已确立了冬季风的形势。各地多为稳定的偏北风,风速开始增大。

（2）东南沿海及其岛屿风能资源丰富的地区。其形成的天气气候背景与三北地区基本相同,所不同的是海洋与大陆由两种截然不同的物质组成,二者的辐射与热力学过程都存在着明显的差异。大陆与海洋间的能量交换不大相同,海洋温度变化慢,具有明显的热惯性,大陆温度变化快,具有明显的热敏感性,冬季海洋较大陆温暖,夏季较大陆凉爽。在冬季,每当冷空气到达海上时,风速增大,再加上海洋表面平滑,摩擦力小,一般风速比大陆增大2~4 m/s。

东南沿海又受台湾海峡的影响,每当冷空气南下到达时,由于狭管效应的结果使风速增大,因此这里是风能资源最佳的地区。

当热带气旋风速达到8级（17.2 m/s）以上时,称为台风。台风是一种直径为1 000 km左右的圆形气旋,中心气压极低,台风中心10~30 km的范围内是台风眼,台风眼中天气极好,风速很小。在台风眼外壁,天气最为恶劣,最大破坏风速就出现在这个范围内,所以一般只要不是在台风正面直接登陆的地区,风速一般小于10级（26 m/s）,它的影响平均有800~1 000 km的直径范围,每当台风登陆后,沿海可以产生一次大风过程,而风速基本上在风力机切出风速范围之内,这是一次满发电的好机会。

（3）内陆风能资源丰富的地区。在两个风能丰富带之外,风能功率密度一般较小,但是一些地区由于湖泊和特殊地形的影响,风能比较丰富,如鄱阳湖附近较周围地区风能较大,湖南衡山,湖北九宫山、利川,安徽黄山,云南太华山等较平地风能大。但是这些只限于很小范围之内,不具有像两大带那样大的面积。

## 二、风能资源的计算及其分布

在了解地球上风的形成和风带的分布规律之后,我们将进一步估计某一地区及更大范围内风能资源的潜力。任何风能利用装置,从设计、制造,到安装使用至使用效果,都必须考虑风能资源状况。

如前所述,地球上风的形成主要是由于太阳辐射造成地球各地受热不均匀,因此形成了大气环流及各种局地环流。除这些有规则的运动形式外,自然界的大气运动还有复杂而无规则的乱流运动。因此,这就给对风能资源潜力的估计、风电场的选址带来了很大的困难,但是在大的天气气候背景和有利的地形条件下仍有很强的规律可循。

（一）风能资源分布

风能资源潜力的多少是风能利用的关键。

（1）大气环流对风能分布的影响。东南沿海及东海、南海诸岛,因受台风的影响,最大年平均风速在5 m/s以上。大陈岛台山可达8 m/s以上,风能也最大。东南海沿岸有效风能密度200 W/m²,其等值线平行于海岸线,有效风能出现时间百分率可达80%~90%。风速3 m/s的风全年出现累计小时数为7 000~8 000 h;风速6 m/s的风全年出现累计小时数有4 000 h左右。岛屿上的有效风能密度为200~500 W/m²,风能可以集中利用。福建的台山、东山、平潭、三沙,台湾的澎湖湾,浙江的南麂山、大陈、嵊泗等岛,有效风能密度都在500 W/m²左右,风速3 m/s的风累计小时数为8 000 h,换言之,平均每天可以有 21 h 以上的风且风速 3 m/s。但在一些大岛，如台湾岛和海南岛，又具有独特的风能分布特点。台湾岛风能特点是南北两端大、中间小；海南岛风能特点是西部大于东部。

内蒙古和甘肃北部地区，高空终年在西风带的控制下。冬半年因其地面在蒙古高原东南缘，冷空气南下，因此总有 5~6 级以上的风速出现在春夏和夏秋之际。气旋活动频繁，当每一气旋过境时，风速也较大。这一地区年平均风速在 4 m/s 以上，有时可达 6 m/s。有效风能密度为 200~300 W/m²，风速 3 m/s 的风全年累计小时数在 5 000 h 以上，风速 6 m/s 的风全年累计小时数在 2 000 h 以上。其从北向南递减，分布范围较大，从面积来看，是中国风能连成一片的最大地带。

云、贵、川、甘南、陕、豫西、鄂西和湘西风能较小。这一地区因受西藏高原的影响，冬季在西风带的"死水区"，冷空气沿东亚大槽南下，很少影响这里。夏季海上来的天气也很难到达这里，所以风速较弱，年平均风速约在 2 m/s，有效风能密度在 500 W/m² 以下，有效风力出现时间仅 20% 左右。风速 3 m/s 的风全年出现累计小时数在 2 000 h 以下，风速 6 m/s 的风全年累计小时数在 150 h 以下。在四川盆地和西双版纳最小，年平均风速小于 1 m/s。这里全年静风频率在 60% 以上，如绵阳为 67%、巴中为 60%、阿坝为 67%、恩施为 75%、德格为 63%、耿马孟定为 72%、景洪为 79%，有效风能密度仅为 30 W/m² 左右。风速 3 m/s 的风全年出现累计小时数仅 3 000 h 以上，风速 6 m/s 的风全年累计小时数仅 20 多 h。

（2）海陆和水体对风能分布的影响。中国沿海风能都比内陆大，湖泊都比周围的湖滨大。这是由于气流流经海面或湖面摩擦力较小，风速较大。由沿海向内陆或由湖面向湖滨，动能很快消耗，风速急剧减小。风速 3 m/s 和风速 6 m/s 的风的全年累计小时的等值线不但平行于海岸线和湖岸线，而且数值相差很大。福建海滨是中国风能分布丰富地带，而距海 50 km 处，风能反变为贫乏地带。山东荣成和文登两地相差不到 40 km，而荣成有效风能密度为 240 W/m²，文登有效风能密度为 141 W/m²，相差 59%。

（3）地形对风能分布的影响。山脉对风能的影响。气流在运行中遇到地形阻碍的影响，不但会改变大形势下的风速，而且会改变方向。其变化的特点与地形有密切关系。一般范围较大的地形，对气流有屏障的作用，使气流出现爬绕运动，所以在天山、祁连山、秦岭、大小兴安岭、阴山、太行山、南岭和武夷山等的风能密度线和可利用小时数曲线大都平行于这些山脉。特别明显的是东南沿海的几条东北—西南走向的山脉，如武夷山、戴云山、鹫峰山、括苍山等。所谓华夏式山脉，山的迎风面风能是丰富的，风能密度为 200 W/m²，风速 3 m/s 的风出现的小时数为 7 000~8 000 h。而在山区及其背风面风能密度在 50 W/m² 以下，风速 3 m/s 的风出现的小时数为 1 000~2 000 h，风能是不能利用的。四川盆地和塔里木盆地由于天山和秦岭山脉的阻挡成为风能不能利用区。雅鲁藏布江河谷也由于喜马拉雅山脉和冈底斯山的屏障，导致其风能很小，不值得利用。

事实上，在复杂山地，很难分清地形和海拔高度的影响，二者往往交织在一起，如北京与八达岭风力发电试验站同时观测的平均风速分别为 2.8 m/s 和 5.8 m/s，相差 3.0 m/s。后者风大，一是由于它位于燕山山脉的一个南北向的低地，二是由于它海拔比北京高 500 多 m，是二者同时作用的结果。

青藏高原海拔在 4 000 m 以上，所以这里的风速比周围大，但其有效风能密度却较小,在 150 W/m² 左右。这是由于青藏高原海拔高,空气密度较小,因此风能较小,如在 4 000 m 的空气密度大致为地面的 67%。也就是说,同样是 8 m/s 的风速,在平地海拔 500 m 以下的地区为 313.6 W/m²,而在海拔 4 000 m 的地区只有 209.9 W/m²。

中小地形的影响。蔽风地形风速减小,狭管地形风速增大。明显的狭管效应地区如新疆的阿拉山口、达坂城,甘肃的安西,云南的下关等,这些地方风速都明显地增大。即使在平原上的河谷,如松花江、汾河、黄河和长江等河谷,风能也较周围地区大。

海峡也是一种狭管地形,与盛行风向一致时,风速较大,如台湾海峡中的澎湖列岛,年平均风速为 6.5 m/s,马祖年平均风速为 5.9 m/s,平潭年平均风速为 8.7 m/s,南澳年平均风速为 8 m/s,又如渤海海峡的长岛,年平均风速为 5.9 m/s 等。

局地风对风能的影响是不可低估的。在一个小山丘前,气流受阻,强迫抬升,所以在山顶流线密集,风速加强。山的背风面,因为流线辐射,风速减小。有时气流过一个障碍,如小山包等,其产生的影响在下方 5~10 km 的范围。有些低层风是由于地面粗糙度的变化形成的。

### (二)风能区划

风能区划的目的是了解各地风能资源的差异,以便合理地开发利用。

1.区划标准

风能分布具有明显的地域性规律,这种规律反映了大型天气系统的活动和地形作用的综合影响。

第一级区划选用能反映风能资源多寡的指标,即利用年有效风能密度和年风速 3 m/s 风的年累计小时数的多少将中国分为 4 个区。

第二级区划指标,选用一年四季中各季风能大小和有效风速出现的小时数。

第三级区划指标,采用风力机安全风速,即抗大风的能力,一般取 30 年一遇。

根据这三种指标,将全国分为 4 个大区、30 个小区。

一般仅粗略地了解风能区划的大的分布趋势。所以,按一级指标就能满足。

2.中国风能分区及各区气候特征

1)风能丰富区(Ⅰ)

(1)东南沿海、山东半岛和辽东半岛沿海区。这一地区由于面临海洋,风力较大。愈向内陆,风速愈小,风力等值线与海岸线平行。除高山站——长白山、天池、五台山、贺兰山等外,全国气象站风速 7 m/s 的地方都集中在东南沿海。平潭年平均风速为 8.7 m/s,是全国平地上最大的。该区有效风能密度在 200 W/m² 以上,海岛上可达 300 W/m² 以上,其中平潭最大(749.1 W/m²)。风速 3 m/s 的小时数全年有 6 000 h 以上,风速 6 m/s 的小时数全年在 3 500 h 以上;而平潭分别可达 7 939 h 和 6 395 h。也就是说,风速 3 m/s 的风每天平均有 21.75 h。这里的风能潜力是十分可观的。南澳、台山、小陈、南麂、成山头、东山、马祖、马公、东沙、嵊泗等地风能也都很大。

这一区风能大的原因,主要是由于海面比起伏不平的陆地表面摩擦阻力小。在气压梯度相同的条件下,海面上的风速比陆地要大。风能的季节分配,山东、辽东半岛春季最大,冬季次之,这里 30 年一遇 10 min 平均最大风速为 35~40 m/s,瞬间风速可达 50~

60 m/s，为全国最大风速的最大区域。而东南沿海、台湾及南海诸岛都是秋季风能最大，冬季次之，这与秋季台风活动频率有关。

（2）三北部区（ⅠB）。本区是内陆风能资源最好的区域，年平均风能密度在200 W/m²以上，个别地区可达300 W/m²。风速3 m/s的时间全年有5 000~6 000 h，虎勒盖尔可达7 659 h。风速6 m/s的时间全年在3 000 h以上，个别地点在4 000 h以上（如朱日和为4 180 h）。本区地面受蒙古国高压控制，每次冷空气南下都可造成较强风力，而且地面平坦，风速梯度较小，春季风能最大，冬季次之。30年一遇10 min平均最大风速可达30~35 m/s，瞬时风速为45~50 m/s，本区地域远较沿海为广。

（3）松花江下游区（ⅠC）。本区风能密度在200 W/m²以上，风速3 m/s的时间有5 000 h，每年风速6~20 m/s的时间全年在3 000 h以上。本区的大风多数是东北低压造成的。东北低压春季最易发展，秋季次之，所以春季风力最大，秋季次之。同时，这一区又处于峡谷中，北为小兴安岭，南有长白山，这一区正好在喇叭口处，风速加大。30年一遇10 min平均最大风速为25~30 m/s，瞬时风速为40~50 m/s。

2）风能较丰富区（Ⅱ）

（1）东南沿海内陆和渤海沿海区（ⅡD）。从汕头沿海岸向北，沿东南沿海经江苏、山东、辽宁沿海到东北丹东，实际上是丰富区向内陆的扩展。这一区的风能密度为150~200 W/m²，风速3 m/s的时间全年有4 000~5 000 h，风速6 m/s的时间全年有2 000~3 500 h。长江口以南，大致秋季风能大，冬季次之；长江口以北，大致春季风能大，冬季次之。30年一遇10 min平均最大风速为30 m/s，瞬时风速为50 m/s。

（2）三北的南部区（ⅡE）。从东北图们江口区向西，沿燕山北麓经河西走廊，过天山到新疆阿拉山口南，横穿三北中北部。这一区的风能密度为150~200 W/m²，风速3 m/s的时间全年有4 000~4 500 h。这一区的东部也是丰富区向南向东扩展的地区。在西部北疆是冷空气的通道，风速较大，也形成了风能较丰富区。30年一遇10 min平均最大风速为30~32 m/s，瞬时风速为45~50 m/s。

（3）青藏高原区（ⅡF）。本区的风能密度在150 W/m²以上，个别地区（如五道梁）可达180 W/m²，而3~20 m/s的风速出现的时间却比较多，一般在5 000 h以上（如茫崖为6 500 h）。所以，若不考虑风能密度，仅以风速3 m/s出现时间来进行区划，那么该地区应为风能丰富区。但是，由于这里海拔在3 000~5 000 m以上，空气密度较小。在风速相同的情况下，这里风能较海拔低的地区小，若风速同样是8 m/s，上海的风能密度为313.3 W/m²，而呼和浩特的风能密度为286 W/m²，二地高度相差1 000 m，风能密度则相差10%。林芝与上海高度相差约3 000 m，风能密度相差30%；那曲与上海高度相差4 500 m，风能密度则相差40%。由此可见，计算青藏高原（包括内陆的高山）的风能时，必须考虑空气密度的影响，否则计算值将会大大地偏高。青藏高原海拔较高，离高空西风带较近，春季随着地面增热，对流加强，上下冷热空气交换，使西风急流动量下传，风力较大，故这一地区的春季风能最大，夏季次之。这是由于此地区里夏季转为东风急流控制，西南季风爆发，雨季来临，但由于热力作用强大，对流活动频繁且旺盛，所以风力也较大。30年一遇10 min平均最大风速为30 m/s，虽然这里极端风可达11~12级，但由于空气密度小，风压却只能相当于平原的10级。

# 第二节 风力发电机、蓄能装置

## 一、独立运行风力发电系统中的发电机

### (一)直流发电机

较早时期的小容量风力发电装置一般采用小型直流发电机。在结构上有永磁式及电励磁式两种类型。永磁式直流发电机利用永久磁铁来提供发电机所需的励磁磁通;电励磁式直流发电机则是借助励磁线圈,由于励磁绕组与电枢绕组连接方式的不同,分为他励与并励(自励)两种形式。

在风力发电装置中,直流发电机由风力机拖动旋转时,根据法拉第电磁感应定律,在直流发电机的电枢绕组中产生感应电势,在电枢的出线端若接上负载,就会有电流流向负载,风能也就转换成了电能。

必须注意,若发电机励磁回路的总电阻在某一转速下能够自励,当转速降低到某一转速数值时,可能不能自励,这是因为无载特性曲线与发电机的转速成正比。转速降低时,无载特性曲线也改变了形状,因此,对于某一励磁回路的电阻值,就对应地有一个最小的临界转速值。在小型风力发电装置中,为了使发电机建立稳定的电压,在设计风电装置时,应考虑使风力机调速机构确定的转速值大于发电机最小的临界转速值。

### (二)交流发电机

**1.永磁发电机**

**1)永磁发电机的特点**

永磁发电机转子上无励磁绕组,因此不存在励磁绕组铜损耗,比同容量的电励磁式发电机效率高;转子上没有滑环,运转时更安全可靠;电机的重量轻、体积小、制造工艺简便,因此在小型及微型发电机中被广泛采用。永磁发电机的缺点是电压调节性能差。

**2)永磁材料**

永磁电机的关键是永磁材料,表征永磁材料的性能的主要技术参数为 $B$(剩余磁密)、$H$(矫顽力)、$BH_{max}$(最大磁能积)等。在小型及微型风力发电机中常用的永磁材料有铁氧体;由于铝镍钴、锆钴两种材料价格高且最大磁能积不够高,故经济性差,实际中用得不多。铁氧体材料价格较低,$H$ 较高,能稳定运行,永磁铁的利用率较高;但氧化铁的 $BH_{max}$ 约为 $3.5 \times 10^6$ GOe(高奥),$B$ 在 4 000 G(高斯)以下,而钕铁硼的 $BH_{max}$ 为 $(25 \sim 40) \times 10^6$ GOe,电机的总效率可以更高,因此在相同的输入机械功率下,输出的电功率可以提高,因而在小型及微型风力发电机中采用此种材料的情形更多,但它与铁氧体比较价格要贵些。无论是哪种永磁材料,都要先在永磁机中充磁才能获得磁性。

**3)永磁发电机的结构**

永磁发电机定子与普通交流电机相同,包括定子铁芯及定子绕组;定子铁芯槽内安放

定子三相绕组或单相绕组。永磁发电机的转子按照永磁体的布置及形状,有凸极式、爪极式两类。

爪极式永磁发电机磁通走向为:N 极—左端爪极—气隙—定子—右端爪极—S 极。所有左端爪极皆为 N 极,所有右端爪极皆为 S 极,爪极与定子铁芯间的气隙距离远小于左右两端爪极之间的间隙,因此磁通不会直接由 N 极爪进入 S 极爪而形成短路,左端爪极与右端爪极皆做成相同的形状。

为了使永磁发电机的设计达到获得高效率及节约永磁材料的效果,应使永磁发电机在运行时永磁材料的工作点接近最大磁能积处,此时永磁材料最节省。

**2.硅整流自励交流发电机**

**1)结构、工作原理**

发电机的定子由定子铁芯和定子绕组组成,定子绕组为三相、Y 形连接,放在定子铁芯的圆槽内,转子由转子铁芯、转子绕组(励磁绕组)、滑环和转子轴组成,转子铁芯可做成凸极式或爪极式,一般多用爪极式磁极,转子励磁绕组的两端接到滑环上,通过与滑环接触的电刷与硅整流器的直流输出端相连,从而获得直流励磁电流。

独立运行的小型风力发电机组的风力机叶片多数是固定桨距的,当风力发生变化时,风力机转速随之发生变化,与风力机相连接的发电机的转速也将发生变化,因而发电机的出口电压会发生波动,这将导致硅整流器输出的直流电压及发电机励磁电流的变化,并造成励磁磁场的变化,这样又会造成发电机出口电压的波动。这种连锁反应使得发电机出口电压的波动范围不断增加。显而易见,如果电压的波动得不到控制,在向负载独立供电的情况下将会影响供电的质量,甚至会造成用电设备损坏。此外,独立运行的风力发电机都带有蓄电池组,电压的波动会导致蓄电池组过充,从而降低蓄电池组的使用寿命。

**2)励磁调节器的工作原理**

励磁调节器的作用是使发电机能自动调节其励磁电流(励磁磁通)的大小,来抵消因风速变化而导致的发电机转速变化对发电机端电压的影响。

采用励磁调节器的硅整流交流发电机,与永磁发电机比较,其特点是能随风速变化自动调节发电机的输出端电压,防止产生对蓄电池的过充,延长蓄电池的使用寿命;同时还实现了对发电机的过负荷保护,但励磁调节器的动断触点,由于其断开和闭合的动作较频繁,需对触点材质及断弧性能做适当的处理。

用交流发电机进行风力发电时,发电机的转速要达到在该转速下的电压才能够对蓄电池充电。

**3)电容自励异步发电机**

由异步发电机的理论可知,异步发电机在并网运行时,其励磁电流是由电网供给的,此励磁电流对异步发电机的感应电势而言是电容性电流,在风力驱动的异步发电机独立运行时,为得到此电容性电流,必须在发电机输出端接上电容,从而产生磁场并建立电压。

自励异步发电机建立电压的条件:①发电机必须有剩磁,一般情况下,发电机都会有剩磁存在,万一失磁,可用蓄电池充磁的方法重新获得剩磁;②在异步发电机的输出端并上足够数量的电容。

值得注意的是,发电机的无载特性曲线与发电机的转速有关,若发电机的转速降低,无载特性曲线也随之下降,可能导致自励失败而不能建立电压。独立运行的异步发电机在带负载运行时,发电机的电压及频率都将随负载的变化及负载的性质发生较大的变化,要想维持异步电机的电压及频率不变,应采取调节措施。

为了维持发电机的电压不变,当发电机负载增加时,必须相应地增加发电机端并接电容的数值。因为多数情况下,负载为电感性,感性电流将抵消一部分容性电流,这样将导致励磁电流减小,相当于增加了电容线的夹角,使发电机的端电压下降(严重时可以使端电压消失),所以必须增加并接电容的数值,以补偿负载增加时感性电流增加而导致的容性励磁电流的减少。

## 二、并网运行风力发电系统中的发电机

### (一)同步发电机

#### 1.同步发电机并网方法

1)自动准同步并网

在常规并网发电系统中,利用三相绕组的同步发电机是最普遍的,同步发电机在运行时既能输出有功功率,又能提供无功功率,且频率稳定,电能质量高,因此被电力系统广泛接受。在同步发电机中,发电机的极对数、转速及频率之间有着严格不变的固定关系。

满足上述理想并网条件的并网方式即为准同步并网方式,在这种并网条件下,并网瞬间不会产生冲击电流,不会引起电网电压的下降,也不会对发电机定子绕组及其他机械部件造成损坏。这是这种并网方式的最大优点,但对风力驱动的同步发电机而言,要准确到达这种理想并网条件实际上是不容易的,在实际并网操作时,电压、频率及相位往往都会有一些偏差,因此并网时仍会产生一些冲击电流。一般规定,发电机与电网系统的电压差不超过 5%~10%,频率差不超过 0.1%~0.5%,使冲击电流不超出其允许范围。但如果电网本身的电压及频率也经常存在较大的波动,则这种通过同步发电机整步实现准同步并网就更加困难。

2)自同步并网

自同步并网就是同步发电机在转子未加励磁,在励磁绕组经限流电阻短路的情况下,由原动机拖动,待同步发电机转子转速升高到接近同步转速(为 80%~90% 同步转速)时,将发电机投入电网,再立即投入励磁,靠定子与转子之间电磁力的作用,发电机自动牵入同步运行。由于同步发电机在投入电网时未加励磁,因此不存在准同步并网时对发电机电压和相角进行调节和校准的整步过程,并且从根本上排除了发生非同步合闸的可能性。当电网出现故障并恢复正常后,需要把发电机迅速投入并联运行时,经常采用这种并网方法。这种并网方法的优点是不需要复杂的并网装置,并网操作简单,并网过程迅速;这种并网方法的缺点是合闸后有电流冲击(一般情况下冲击电流不会超过同步发电机输出端三相突然短路时的电流),电网电压会出现短时间的下降,电网电压降低的程度和电压恢复时间的长短,同并入的发电机容量与电网容量的比例有关,在风力发电情况下还与风电场的风资源特性有关。

必须指出,发电机自同步过程与投入励磁的时间及投入励磁后励磁增长的速率密切相关。如果发电机是在非常接近同步转速时投入电网,则应迅速加上励磁,以保证发电机能迅速被拉入同步,而且励磁增长的速率越大,自同步过程也就结束得越快;但是在同步发电机转速距同步速较大的情况下应避免立即迅速投入励磁,否则会产生较大的同步力矩,并导致自同步过程中出现较大的振荡电流及力矩。

2.同步发电机的转矩——转速特性

发电机的电磁转矩对风力机来讲是制动转矩性质,因此无论电磁转矩如何变化,发电机的转速应维持不变(维持为同步转速 $n$),以便维持发电机的频率与电网的频率相同,否则发电机将与电网解裂。这就要求风力机有精确的调速机构,当风速变化时,能维持发电机的转速不变,等于同步转速,这种风力发电系统的运行方式称为恒速恒频方式。与此相对应,在变速恒频系统运行方式下(风力机及发电机的转速随风速变化做变速运行,而在发电机输出端则仍能得到等于电网频率的电能输出),风力机不需要调速机构。

调速系统是用来控制风力机转速(同步发电机转速)及有功功率的,励磁系统是调控同步发电机的电压及无功功率的。总之,同步发电机并网后,对发电机的电压、频率及输出功率必须进行有效的控制,否则会发生失步现象。

## (二)异步发电机

### 1.异步发电机的基本原理及其转矩-转速特性

风力发电系统中并网运行的异步发电机,其定子与同步发电机的定子基本相同,定子绕组为三相的,可按三角形或星形接法;转子则有鼠笼型和绕线型两种。根据异步发电机理论,异步发电机并网时由定子三相绕组电流产生的旋转磁场的同步转速取决于电网的频率及电机绕组的极对数。

按照异步发电机理论,当异步发电机连接到频率恒定的电网上时,异步发电机可以有不同的运行状态;当异步发电机的转速小于异步发电机的同步转速时,异步发电机以电动机的方式运行,处于电动运行状态,此时异步发电机自电网吸取电能,而由其转轴输出机械功率;而当异步发电机由原动机驱动,其转速超过同步转速时,则异步发电机将处于发电运行状态,此时异步发电机吸收由原动力供给的机械能而向电网输出电能。

### 2.异步发电机的并网方法

因为风力机为低速运转的动力机械,在风力机与异步发电机转子之间经增速齿轮传动来提高转速以达到适合异步发电机运转的转速,一般与电网并联运行的异步发电机多选 4 极或 6 极电机,因此异步发电机转速必须超过 1 500 r/min 或 1 000 r/min,才能运行在发电状态,向电网送电。电机极对数的选择与增速齿轮箱关系密切,若电机的极对数选小些,则增速齿轮传动速比增大,齿轮箱加大,但电机的尺寸则小些;反之,若电机的极对数选大些,则传动速比减小,齿轮箱相对小些,但电机的尺寸则大些。

根据电机理论,异步发电机并入电网运行时,是靠滑差率来调整负荷的,其输出的功率与转速近乎呈线性关系,因此对机组的调速要求,不像同步发电机那么严格精确,不需要同步设备和整步操作,只要转速接近同步转速时就可并网,国内及国外与电网并联运行的风力发电机组中,多采用异步发电机。但异步发电机在并网瞬间会出现较大的冲击电流(为异步发电机额定电流的 4~7 倍),并使电网电压瞬时下降。随着风力发电机组单机容量的不断增大,这种冲击电流对发电机自身部件的安全及对电网的影响也愈加严重。过大的冲击电流,有可能使发电机与电网连接的主回路中的自动开关断开;而电网电压的较大幅度下降,则可能会产生低压保护动作,从而导致异步发电机根本不能并网。当前在风力发电系统中采用的异步发电机并网方法有以下几种:

(1)直接并网。这种并网方法要求在并网时发电机的相序与电网的相序相同,当风力驱动的异步发电机转速接近同步转速时即可自动并入电网;自动并网的信号由测速装置给出,而后通过自动空气开关合闸完成并网过程,显而易见,这种并网方式比同步发电机的准同步并网简单。但如上所述,直接并网时会出现较大的冲击电流及电网容量的下降,因此这种并网方法只适用于异步电动机容量在百千瓦以下,且在电网容量较大的情况下。中国最早引进的 55 kW 风力发电机组及自行研制的 50 kW 风力发电机组都是采用这种方法并网的。

(2)降压并网。这种并网方法是在异步电机与电网之间串接电阻或电抗器或者接入自耦变压器,以达到降低并网合闸瞬间冲击电流幅值及电网电压下降的幅度。因为电阻、电抗器等元件要消耗功率,在发电机并入电网以后,进入稳定运行状态时,必须将其迅速切除,这种并网方法适用于百千瓦以上、容量较大的机组,显而易见,这种并网方法的经济性较差,中国引进的 200 kW 异步风力发电机组就是采用这种并网方式,并网时发电机每相绕组与电网之间皆串接有大功率电阻。

(3)通过晶闸管软并网。这种并网方法是在异步发电机定子与电网之间通过每相串入一支双向晶闸管连接起来的。三相均有晶闸管控制。双向晶闸管的两端与并网自动开关的动合触头并联。接入双向晶闸管的目的是将发电机并网瞬间的冲击电流控制在允许的限度内。其并网过程如下:当风力发电机组接收到由控制系统内微处理机发出的启动命令后,先检查发电机的相序与电网的相序是否一致,若相序正确,则发出松闸命令,风力发电机组开始启动。当发电机转速接近同步转速时(为 99%~100% 同步保护转速),双向晶闸管的控制角同时由 180° 到 0° 逐渐同步打开;与此同时,双向晶闸管的导通角则同时由 0° 到 180° 逐渐增大,此时并网自动开关未动作,动合触头为闭合,异步发电机即通过晶闸管平稳地并入电网;随着发电机转速继续升高,电机的滑差率渐趋于零,当滑差率为零时,并网自动开关动作,动合触头闭合,双向晶闸管被短接,异步发电机的输出电流将不再经双向晶闸管,通过已闭合的自动开关触头流入电网在发电机并网后,应立即在发电机端并入补偿电容,将发电机的功率因数提高到 0.95 以上。

这种软并网方法的特点是通过控制晶闸管的导通角,将发电机并网瞬间的冲击电流值限制在规定的范围内(一般为 1.5 倍额定电流以下),从而得到一个平滑的并网暂态过程。

在双向晶闸管两端并接有旁路并网自动开关,并在零滑差率时实现自动切换,在并网暂态过程完毕后,即将双向晶闸管短接。与此种软并网连接方式相对应的另一种软并网方式是在异步电动机与电网之间通过双向晶闸管直接连接,在晶闸管两端没有并接的旁路并网自动开关,双向晶闸管既在并网过程中起到控制冲击电流的作用,又作为无触头自动开关,在并网后继续存在于主回路中,这种软并网连接方式可以省去一个并网自动开关,因而控制回路也有较高的开关频率,这是其优点。但这种连接方式需选用电流允许值大的高反压双向晶闸管,这是因为在这种连接方式下,双向晶闸管中通过的电流需满足通过异步电机的额定电流值,而具有旁路并网自动开关的软并网连接方式中的高反压双向晶闸管只要能通过较发电机空载电流略高的电流就可以满足要求,这是这种连接方式的不利之处。这种软并网连接方式的并网过程与上述具有并网自动开关的软并网连接方式的并网过程相同,在双向晶闸管开始导通阶段,异步电机作为电动机运行,但随着异步电机转速的升高,滑差率渐渐接近于零,当滑差率为零时,双向晶闸管已全部导通,并网过程也就结束了。

晶闸管软并网技术虽然是目前一种先进的并网方法,但它也对晶闸管器件及与之相关的晶闸管触发器提出了严格的要求,即晶闸管器件的特性要一致、稳定及触发电路可靠,只有发电机主回路中的每相的双向晶闸管特性一致,控制极触发电压、触发电流一致,全开通后压降相同,才能保证可控硅导通角在$0°\sim180°$范围内同步转速逐渐增大,才能保证发电机三相电流平衡;否则会对发电机不利。目前,在晶闸管软并网方法中,根据晶闸管的通断状况,触发电路有移相触发及过零触发两种方式。移相触发会造成发电机每相电流为正负半波对称的非正弦波(缺角正弦波)含有较多的奇次谐波分量,这些谐波会对电网造成污染公害,必须加以限制和消除。过零触发是在设定的周期内,逐步改变晶闸管大的导通周波数,最后达到全部导通,使发电机平稳并入电网,因而不产生谐波干扰。

通过晶闸管软并网将风力驱动的异步发电机并入电网是目前国内外大中型风力发电组中普遍采用的,中国引进和自行开发研制生产的 250 kW、300 kW、600 kW 的并网型异步风力发电机组,都采用这种并网技术。

### (三)双馈异步发电机

众所周知,同步发电机在稳态运行时,其输出端电压的频率与发电机的极对数及发电机转子的转速有着严格固定的关系。

显而易见,在发电机转子变速运行时,同步发电机不可能发出恒频电能,由电机结构可知,绕线转子异步电机的转子上嵌装有三相对称绕组,根据电机原理可知,在三相对称绕组中通入三相对称交流电,则将在电机气隙内产生旋转磁场,此旋转磁场的转速与所通入的交流电的频率及电机的极对数有关。

### (四)低速交流发电机

众所周知,火力发电厂中应用的是高速的交流发电机,核发电厂中应用的也是高速交流发电机,其转速为 3 000 r/min 或 1 500 r/min。在水力发电厂中应用的则是低速的交流发电机,视水流落差的高低,其转速为每分钟几十转至几百转。这是因为火力发电厂是由高速旋转的汽轮机直接驱动交流发电机,而水力发电厂则是由低速旋转的水轮机直接驱动交流发电机。

风力机也属于低速旋转的机械,大中型风力机的转速为 10~40 r/min,比水轮机的转速还要低。大型风力发电机组在风力机与交流发电机之间装有增速齿轮箱,借助齿轮箱提高转速,因此应用的仍是高速交流发电机。如果由风力机直接驱动交流发电机,则必须应用低速交流发电机。

由于低速发电机极数多,发电机每极每相的槽数少,就不能利用绕组分布的方法来削减谐波磁密在定子绕组中感应产生的谐波电热,同时由定子上齿槽效应而产生的齿谐波电势也加大了,这将导致发电机绕组的电势波形不再是正弦形。根据电机绕组理论,采用分数槽绕组,则可以削弱高次谐波电势及高次齿谐波电势,使发电机绕组电势波形得到改善,成为正弦波形。所谓分数槽绕组,就是发电机的每极每相槽数不是整数,而是分数。

转子磁极数多,采用永久磁体,可以使转子的结构简单,制造方便。

低速交流发电机的定子内径大,因而转子的尺寸及惯量也大,这对平抑风力起伏引起的电动势是有利的;但转子轮缘的结构及其截面尺寸应满足允许的机械强度及导磁的需要。

根据风力机的结构形式分为水平轴及垂直轴两种形式,低速交流发电机也有水平轴及垂直轴两种形式,德国采用的是水平轴结构形式,而加拿大采用的是垂直轴结构形式。

### (五)无刷双馈异步发电机

无刷双馈异步发电机在结构上由两台绕线式三相异步电机组成,一台作为主发电机,其定子绕组与电网连接,另一台作为励磁电机,其定子绕组通过变频器与电网连接。两台异步电机的转子为同轴连接,转子绕组在电路上互相连接,因而在转子转轴上皆没有滑环和电刷。由于不存在滑环及电刷,运行时的事故率小,更安全可靠。在高风速运行时除主发电机向电网送入电功率外,励磁机经变频器可向电源馈送电功率。采用了两台异步电机,整个电机系统的结构尺寸增大,这将导致风电机组舱结构尺寸及质量增加。

### (六)交流整流子发电机

在风力发电系统中采用交流整流子发电机(A.C. commutator machine)亦可以实现在风力机变速运转下获得恒频交流电。交流整流子发电机是一种特殊的电机,这种发电机的输出频率等于其励磁频率,而与原动电机的转速无关,因此只需有一个频率恒定的交流励磁电源,如 50 Hz 的励磁电源就可以了。

### (七)高压同步发电机

#### 1.结构特点

这种发电机是将同步发电机的输出端电压提高到 10~20 kV,甚至高达 40 kV 以上。发电机的定子绕组输出电压高,因而可以不用升压变压器而直接与电网连接,即兼有发电机及变压器的功能,是一种综合的发电设备,故称为高压发电机(powerformer)。这种电机在结构上有两个特点:一是发电机的定子绕组不是采用传统发电机中带绝缘的矩形截面铜导体,而是利用圆形的电缆线制成,电缆具有坚固的绝缘,此外,因为定子绕组的电压高,为满足绕组匝数的要求,定子铁芯槽形为深槽;二是发电机转子采用永磁材料制成,且为多极的,因为不需要电流励磁,故转子上没有滑环。

#### 2.高压发电机在风力发电系统中的应用

(1)高压发电机与风力机转子叶轮直接连接,不用增速齿轮箱,以低速运转,减少了齿轮箱运行时的能量损耗,同时由于省去了一台升压变压器,又免除了变压器运行时的损耗,转子上没有励磁损耗及滑环上的摩擦损耗,故与采用具有齿轮增速传动及绕线转子异步发电机的风力发电系统比较,系统的损耗降低,效率可调高5%左右。这种高压发电机应用在风力发电系统中,又称为 Windformer。

(2)由于不采用增速齿轮箱,减少了运行时的噪声及机械应力,降低了维护工作量,提高了运行的可靠性。与传统的发电机相比,采用电缆线圈可减少线圈匝间及相间绝缘击穿的可能性,也提高了系统运行的可靠性。

(3)采用 Windformer 技术的风电场与电网连接方便、稳妥。风电场中每台高压发电机的输入端可经过整流装置变换为高压直流电输出,并接到直流母线上,实现并网,再将直流电经逆变器转换为交流电,输送到地方电网;若需要远距离输送电力,可通过再设置更高变比的升压变压器接入高压输电线路。

(4)这种高压发电机因采用深槽形定子铁芯,会导致定子齿抗弯强度下降,必须采用新型强固的槽楔,使定子铁芯齿得以压紧,同时因应用电缆来制造定子绕组,电机的质量增加20%~40%,但由于省去了一台变压器及增速齿轮箱,风电机组的总质量并未增加。

(5)这种发电机采用永磁转子,需要用大量的永磁材料,同时对永磁材料的稳定性要求高。

### 三、蓄能装置

风能是随机性的能源,具有间歇性,并且是不能直接储存起来的,因此即使在风能资源丰富的地区,把风力发电机作为获得电能的主要方法时,也必须配备适当的蓄能装置。在风力强的期间,除通过风力发电机组向用电负荷提供所需的电能外,还需将多余的风能转换为其他形式的能量在蓄能装置中储存起来;在风力弱或无风期间,再将蓄能装置中储存的能量释放出来并转换为电能,向用电负荷供电。可见蓄能装置是风力发电系统中实现稳定和持续供电必不可少的工具。

当前风力发电系统中的蓄能方式主要有蓄电池蓄能、飞轮蓄能、电解水制氢蓄能、抽水蓄能、压缩空气蓄能等几种。

#### (一)蓄电池蓄能

在独立运行的小型风力发电系统中,广泛使用蓄电池作为蓄能装置,蓄电池的作用是当风力较强或用电负荷减小时,可以将来自风力发电机发出的电能中的一部分蓄存在蓄电池中,也就是向蓄电池充电;当风力较弱、无风或用电负荷增大时,蓄存在蓄电池中的电能向负荷供电,以补足风力发电机所发电能的不足,达到维持向负荷持续稳定供电的作用。风力发电系统中常用的蓄电池有铅酸电池(也称铅蓄电池)和镍镉电池(也称碱性蓄电池)。

单格铅酸蓄电池的电动势为 2 V,单格碱性蓄电池的电动势约为 1.2 V,将多个单格蓄电池串联组成蓄电池组,可获得不同的蓄电池组电势,例如 12 V、24 V、36 V 等,当外电路闭合时蓄电池正负两极间的电位差即为蓄电池的端电压(也称电压)。

蓄电池的端电压在充电和放电过程中,电压是不相同的,充电时蓄电池的电压高于其电动势,放电时蓄电池的电压低于其电动势,这是因为蓄电池有电阻,且蓄电池的内阻随温度的变化比较明显。

蓄电池的容量以 Ah 表示,以容量为 100 Ah 的蓄电池为例,若放电电流为10 A,可连续放电 10 h;若放电电流为 5 A,则可连续放电 20 h。在放电过程中,蓄电池的电压随着放电而逐渐降低,放电时铅酸蓄电池的电压不能低于 1.4~1.8 V,碱性蓄电池的电压不能低于 0.8~1.1 V,蓄电池放电时的最佳电流值为 10 h 放电率电流,蓄电池的最佳充电电流值等于其最佳放电电流值。

蓄电池经过多次充电及放电以后,其容量会降低,当蓄电池的容量降低到其额定值的 8% 以下时,就不能再使用了,也就是蓄电池有一定的使用寿命,影响蓄电池寿命的因素有很多,如充电或放电过度、蓄电池的电解液溶度太大或纯度降低,以及在高温环境下使用等都会使蓄电池的性能变差,缩短蓄电池的使用寿命。

### (二)飞轮蓄能

风力发电系统中采用飞轮蓄能,即在风力发电机的轴系上安装一个飞轮,利用飞轮旋转时的惯性储能原理,当风力强时,风能即以动能的形式储存在飞轮中;当风力弱时,储存在飞轮中的动能则释放出来驱动发电机发电,采用飞轮蓄能可以平抑由于风力起伏而引起的发电机输出电能的波动,提高电能的质量。

风力发电系统中采用的飞轮一般多由钢制成,飞轮的尺寸大小则视系统所需储存和释放能量的多少而定。

### (三)电解水制氢蓄能

众所周知,电解水可以制氢,而且氢可以储存,在风力发电系统中采用电解水制氢蓄能就是在用电负荷小时,将风力发电机组提供的多余电能用来电解水,使氢和氧分离,把电能储存起来;当用电负荷增大,风力减弱或无风时,使储存的氢和氧在燃料电池中进行化学反应而直接产生电能,继续向负荷供电,从而保证供电的连续性,故这种蓄能方式是将随时的不可储存的风能转换为氢能储存起来;而制氢、储氧及燃料电池则是这种蓄能方式的关键技术和部件。

燃料电池(fuel cell)是一种化学电池,其作用原理是把燃料氧化时所释放出来的能量通过化学变化转化为电能。以氢为燃料时,就是利用氢和氧化合时的化学变化所释放出来的化学能通过电极反应,直接转化为电能。由化学反应式可以看出,除产生电能外,只能产生水,因此利用燃料电池发电是一种清洁的发电方式,而且由于没有运动条件,工作起来更安全可靠,利用燃料电池发电的效率很高,例如碱性燃料电池的发电效率可达到 50%~70%。

在这种蓄能方式中,氢的储存也是一个重要环节,储氢技术有多种形式,其中以金属氧化物储氢最好,且储氢度高,优于气体储氢及液态储氢,不需要高压和绝热的容器,安全性能好。

国外还研制出一种再生式燃料电池(regenerative fuel cell),这种燃料电池既能利用氢氧化合直接产生电能,反过来应用它也可以电解水而产生氢和氧。

毫无疑问,电解水制氢蓄能是一种高效、清洁、无污染、工作安全、寿命长的蓄能方式,但燃料电池及储氢装置的费用则较高。

## （四）抽水蓄能

抽水蓄能方式在地形条件合适的地区可采用。所谓地形条件合适,就是在安装风力发电机的地点附近有高地,在高地处可以建造蓄水池或水库,而在低地处有水。当风力强而用电负荷所需要的电能少时,风力发电机发出的多余的电能驱动抽水机,将低地处的水抽到高处的蓄水池或水库中储存起来;在无风期或是风力较弱时,则将高地蓄水池或水库中储存的水释放出来流向低地水池,利用水流的动能推动水轮机转动,并带动与之相连接的发电机发电,从而保证用电负荷不断电,实际上,这时已是风力发电机和水力发电同时运行,共同向负荷供电。当然,在无风期,只要是在高地蓄水池或水库中有一定的蓄水量,就可靠水力发电来维持供电。

## （五）压缩空气蓄能

与抽水蓄能方式相似,这种蓄能方式也需要特定的地形条件,即需要有挖掘的坑,或是废弃的矿坑,或是地下的岩洞。当风力强、用电负荷少时,可将风力发电机发出的多余电能驱动一台由电动机带动的空气压缩机,将空气压缩后存储在地坑内;而在无风期或用电负荷增大时,则将存储在地坑内的压缩空气释放出来,形成高速气流,从而推动涡轮机转动,并带动发电机发电。

# 第三节　风力发电系统的构成及运行

## 一、独立运行的风力发电系统

### （一）直流系统

当风力减小、风力机转速降低,致使直流发电机电压低于蓄电池组电压时,则发电机不能对蓄电池充电,而蓄电池却要向发电机反向送电。为了防止这种情况出现,在发电机电枢电路与蓄电池组之间装有由逆流继电器控制的动断触点,当直流发电机电压低于蓄电池组电压时,逆流继电器动作,断开动断触点使蓄电池不能向发电机反向供电。

以蓄电池组作为蓄能装置的独立运行风力发电系统中,蓄电池组容量的选择至关重要,因为这是保证在无风期能对负载持续供电的关键因素,一般来说,蓄电池容量的选择与选定的风力发电机的额定数值(容量、电压等)、日负载(用电量)状况及该风力发电机安装地区的风况(无风期持续时间)等有关;同时还应按10 h放电率电流值(蓄电池的最佳充放电电流值)的规定来计算蓄电池组的充电及放电电流值,以保证合理地使用蓄电池,延长蓄电池的使用寿命。

## (二)交流系统

如果在蓄电池的正负极两端接上电阻性的直流负载,则构成一个由交流风力发电机组经整流器组整流后向蓄电池充电及向直流负载供电的系统,如果在蓄电池的正负极端接上逆变器,则可向交流负载供电。

逆变器可以是单相逆变器,也可以是三相逆变器,视负载为单相或三相而定。照明及家用电器(如电视机、电冰箱等)只需单相交流电源,选单相逆变器;对于动力负载(如电动机等),必须采用三相逆变器,对逆变器输出的交流电的波形按负载的要求可以是正弦波形或方波。

交流发电机除永磁式交流发电机及硅整流自励交流发电机外,还可以采用无刷励磁的硅整流自励交流发电机。这种形式的发电机转子上没有滑环,因此工作时更加可靠。

无刷励磁硅整流自励交流发电机在结构上由主发电机及励磁机两部分组成,励磁机为转枢式,即励磁机的三相绕组与主发电机的励磁绕组皆在主发电机的同一转轴上,并经联轴器及齿轮箱与风力机转轴连接,主发电机内除定子三相绕组及转子励磁绕组外,尚有附加绕组;励磁机的励磁绕组则为静止的。

当风力机驱动主发电机转子转动后,由于发电机有剩磁,在发电机的附加绕组中产生感应电动势,经二极管全波整流后得到的直流电流则作为励磁电流,流经励磁机的励磁绕组;而此时风力机与励磁机的三相绕组同轴旋转,故在三相绕组中感应产生交流电动势,再经过与之连接的每相一支旋转二极管的三相半波整流,产生的直流电供给主发电机的励磁绕组,主发电机的励磁绕组通电后,则在主发电机三相绕组中产生交变感应电动势;同时也在附加绕组中产生感应电动势,使附加绕组中的感应电动势增加,增大了励磁机的励磁绕组中的电流,而这又会增大励磁机三相绕组及主发电机励磁绕组中的电流,从而导致主发电机三相绕组内的感应电动势也随之增大;如此重复,主发电机三相绕组内的感应电动势越来越大,最后趋于稳定而完成建立起电压的过程。

为了控制主发电机在向负载供电时的电压及电流数值不超过其额定值,可以在主发电机的主回路中装设电压及电流继电器,分别控制接触器动断触点。

# 二、并网运行的风力发电系统

## (一)变速风力机驱动交流发电机经变频器与电网并联运行

在这种风力发电系统中,风力机可以是水平轴变桨距控制或失速控制的定桨距风力机,也可以是立轴的风力机,如达里厄型风力机。

在这种风力发电系统中,风力机为变速运行,因而交流发电机发出的为变频交流电,经整流-逆变装置转换后获得恒频交流电输出,再与电网并联,因此这种风力发电系统也是属于变速恒频风力发电系统。

如前所述,风力机变速运行时可以做到使风力机维持或接近在最佳叶尖速比下运行,从而使风力机的性能达到或接近最佳值,达到更好地利用风能的目的。

在这种关系中,由于交流发电机是通过整流-逆变装置与电网连接,发电机的频率与电网的频率是彼此独立的,因此通常不会发生同步发电机并网时由于频率差而产生的冲击电流或冲击力矩问题,是一种较好的、平稳的并网方式。

这种系统的缺点是,需要将交流发电机发出的全部交流电能经整流-逆变装置转换后送入电网,因此采用大功率高反压的晶闸管、电力电子器件的价格相对较高,控制也较复杂。此外,非正弦形逆变器在运行时产生的高频谐波电流流入电网,会影响电网的电能质量。

### (二)风力机直接驱动低速交流发电机经变频器与电网连接运行

这种并网运行风力发电系统的特点:由于采用了低速(多极)交流发电机,因此在风力机与交流发电机之间不需要安装升速齿轮箱,而成为无齿轮箱的直接驱动型。

这种系统中的低速交流发电机,其转子的极数大大多于普通交流同步发电机的极数,因此这种电机的转子外圆及定子内径尺寸大大增加,而其轴向长度则相对很短,呈圆环状。为了简化电机的结构,减小发电机的体积和质量,采用永磁体励磁是有利的。

由于IGBT(绝缘栅双极型晶体管)是一种结合大功率晶体管及功率场效应晶体管两者特点的复合型电力电子器件,它既具有工作速度快、驱动功率小的优点,又兼有大功率晶体管电流能力大、导通压降低的优点,因此在这种系统中多采用IGBT逆变器。

无齿轮箱直接驱动型风力发电系统的优点主要有以下几点:①由于不采用齿轮箱,机组水平轴向的长度大大减小,电能产生的机械传动路径被缩短了,避免了因齿轮箱旋转而产生的损耗、噪声及材料的磨损甚至漏油等问题,使机组的工作寿命更加有保障,也更适于环境保护的要求;②避免了齿轮箱部件的维修及更换,不需要齿轮箱润滑油及对油温的监控,因而提高了投资的有效性;③发电机具有大的表面,散热条件更有利,可以使发电机运行时的温升降低,减小发电机温升的起伏。

### (三)变速风力机经滑差连接器驱动同步发电机与电网并联运行

如前所述,风力机驱动同步发电机与电网并联时,当风速变化风力机变速运行时,同步发电机输出端将发出变频变压的交流电,是不能与电网并联的。如果在风力机与同步发电机之间采用电磁滑差连接器来连接,则当风力机做变速运行时,借助电磁滑差连接器,同步发电机能发出恒频恒压的交流电,实现与电网的并联运行。

电磁滑差连接器是一个特殊的电力机械,它起着离合器的作用,由两个旋转的部分组成,一个旋转部分与原动机相连,另一个旋转部分与被驱动机械相连,这两个旋转部分之间没有机械上的连接,而是以电磁作用的方式来实现从原动机到被驱动机械之间的弹性连接并传递力矩的。从结构上看,电磁滑差连接器与滑差电机相似。

## 三、风光互补发电

由太阳能电池组成的太阳光电池方阵(阵列)供电系统称为太阳能发电系统。目前,太阳能发电系统有三种运行方式:①将太阳能发电系统与常规的电力网连接,即并网连接运行;②由太阳能发电系统独立地向用电负荷供电,即独立运行;③由风力发电系统与太阳能发电系统联合运行。

独立运行的太阳能发电系统由太阳能电池方阵、阳光跟踪系统、电能储存装置(蓄电池)、控制装置、辅助电源及用户负荷等组成。

采用风力-太阳能联合发电系统的目的是更高效地利用可再生能源,实现风力发电与太阳能发电的互补。在风力强的季节或时间内,以风力发电为主,以太阳能发电为辅向负荷供电。中国西北、华北、东北地区冬春季风力强,夏秋季风力弱,但太阳辐射强,从资源的利用上恰好可以互补,因此在电网覆盖不到的偏远地区或海岛利用风力-太阳能发电系统是一种合理的和可靠的获得电力供应的方法。

# 第四节　并网风力发电机组的设备

## 一、风力发电机组设备

### (一)风力发电机组结构

#### 1.水平轴风力发电机

关于各种形式的风力发电机组前面已做了详细的论述,这里根据风电场建设项目中对设备选型的要求,重点论述不同结构风电机组的选型原则,以便读者在风电场建设中选择机组时参考。

(1)结构特点:水平轴风力发电机是目前国内外广泛采用的一种结构形式。主要优点是风轮可以架设到离地面较高的地方,从而减少了由于地面扰动对风轮动态特性的影响。它的主要机械部件都在机舱中,如主轴、齿轮箱、发电机、液压系统及调向装置等。

水平轴风力发电机的优点:①由于风轮架设在离地面较高的地方,随着高度的增加,发电量增高;②叶片角度可以调节功率直到顺桨(变桨距)或采用失速调节;③风轮叶片的叶型可以进行空气动力最佳设计,以达到最高的风能利用效率;④启动风速低,可自启动。

水平轴风力发电机的缺点:①主要机械部件在高空中安装,拆卸大型部件时不方便;②与垂直轴风力发电机比较,叶型设计及风轮制造较为复杂;③需要对风装置,即调向装置,而垂直轴风力发电机不需要对风装置;④质量大,材料消耗多,造价较高。

(2)上风向与下风向:水平轴风力发电机组也可分为上风向和下风向两种结构形式。这两种结构的不同主要是风轮在塔架前方还是在后面。对于上风向机组,风先通过风轮,然后再到达塔架,因此气流在通过风轮时因受塔架的影响,要比下风向时受到的扰动小得多。上风向必须安装对风装置,因为上风向风轮在风向发生变化时无法自动跟随风向。在小型机组上多采用尾翼、尾轮等机构,人们常称这种方式为被动式对风偏航。现代大型风电机组多采用在计算机控制下的偏航系统,采用液压马达或伺服电动机等通过齿轮传动系统实现风电机组机舱对风,称为主动对风偏航。上风向风电机组其测风点的布置是人们常感到困难的问题,如果布置在机舱的后面,风速、风向的测量准确性会受到风轮旋转的影响。有人曾把测风系统装在轮毂上,但实际上也会受到气流扰动而无法准确地测量风轮处的风速。对于下风向风轮,塔影效应使得叶片受到周期性大的载荷变化的影响,又由于风轮被动自由对风产生的陀螺力矩,这样使风轮轮毂的设计变得复杂。此外,每一叶片在塔架外通过时气流扰动,从而引起噪声。

(3)主轴、齿轮箱和发电机的相对位置:①紧凑型。这种结构是风轮直接与齿轮箱低速轴连接,齿轮箱高速轴输出端通过弹性联轴节与发电机连接,发电机与齿轮箱外壳连接。这种结构的齿轮箱是专门设计的。由于结构紧凑,可以节省材料和相应的费用。风轮上的力和发电机的力,都是通过齿轮箱壳体传递到主框架上的。这样的结构主轴与发电机轴将在同一平面内。在齿轮箱损坏拆下时,需将风轮、发电机都拆下来,拆卸麻烦。②长轴布置型。风轮通过固定在机舱主框架的主轴,再与齿轮箱低速轴连接。这时的主轴是单独的,有单独的轴承支承。这种结构的优点是风轮不是作用在齿轮箱低速轴上,齿轮箱可采用标准的结构,减少了齿轮箱低速轴受到的复杂力矩,降低了费用,减少了齿轮箱受损坏的可能性。刹车安装在高速轴上,减少了由于低速轴刹车造成的齿轮箱的损害。

(4)叶片数的选择:从理论上讲,减少叶片数、提高风轮转速可以减小齿轮箱速比,降低齿轮箱的费用,叶片费用也有所降低,但采用 1~2 个叶片的,动态特性降低,产生振动;为避免结构的破坏,必须在结构上采取措施,如跷跷板结构等,而且另一个问题是当转速很高时,会产生很大的噪声。

2.垂直轴风力发电机

垂直轴风力发电机是一种风轮叶片绕垂直于地面的轴旋转大的风力机械,通常见到的是达里厄型(Darrieus)和 H 型(可变几何式)。过去人们利用的古老的阻力型风轮,如 Savonius 风轮、Darrieus 风轮,代表着升力型垂直轴风力机的出现。

自 20 世纪 70 年代以来,有些国家又重新开始设计研制立轴式风力发电机,一些兆瓦级立轴式风力发电机在北美投入运行,但这种风轮的利用仍有一定的局限性,它的叶片多采用等截面的 NACA0012~18 系列的翼形,采用玻璃钢或铝材料,利用拉伸成型的办法制造而成。这种方法使一种叶片的成本相对较低,模具容易制造。由于在一个圆周运行范围内,当叶片运行在后半周时,它非但不产生升力反而产生阻力,使得这种风轮的风能利用率低于水平轴。虽然它质量小,容易安装,且大部件如齿轮箱、发电机等都在地面上,便于维护检修,但是它无法自启动,而且风轮离地面近,风能利用率低,气流受地面影响大。这种形式的风力发电机的主要制造者是美国的 FloWind 公司,在美国加州安装有这样的设备近 2 000 台。FloWind 公司还设计了一种 EHD 型风轮,即将 Darrieus 叶片沿垂直方向拉长以增加驱动力矩,并使额定输出功率达到 300 kW。另外,还有可变几何式结构的垂直轴风力发电机,如德国的 Heideberg 和英国的 VAWT 机组。尽管这种结构可以通过改变叶片的位置来调节功率,但造价昂贵。

3.其他形式

其他形式如风道式、龙卷风式、热力式等,目前这些系统仍处于研发阶段,在大型风电场机组选型中还无法考虑,因此不再详细说明。

## (二)风力发电机组部件

在选择机组部件时,应充分考虑部件的厂家、产地和质量等级要求;否则如果部件出现损坏,日后修理就是个很大的问题。

### 1.风轮叶片

风轮叶片是叶片式风力发电机组最关键的部件,一般采用非金属材料(如玻璃钢、木材等)。风力发电机组中的叶片不像汽轮机叶片是在密封的壳体中的,它的外界运行条件十分恶劣。

它要承受高温、暴风雨(雪)、雷电、盐雾、阵(飓)风、严寒、沙尘暴等的袭击。由于处于高空(水平轴),在旋转过程中,叶片要受重力变化的影响及由于地形变化引起的气流扰动的影响,因此叶片上的受力变化十分复杂。由于这种动态部件的结构材料的疲劳特性,在风力发电机选择时要格外慎重考虑。当风力达到风力发电机组设计的额定风速时,在风轮上就要采取措施以保证风力发电机的输出功率不会超过允许值。这里有两种常用的功率调节方式,即变桨距和定桨距。

(1)变桨距。变桨距风力发电机是指整个叶片绕叶片中心轴旋转,使叶片攻角在一定范围(一般0°~90°)内变化,以便调节输出功率不超过设计容许值。在机组出现故障时需要紧急停机,一般应先使叶片顺桨,这样机组结构受力小,可以保证机组运行的安全可靠性。变桨距叶片一般叶宽小,叶片轻,机头质量比失速机组小,不需要很大的刹车,启动性能好。在低空气密度地区仍可达到额定功率,在额定风速后,输出功率可保持相对稳定,保证较高的发电量,但由于增加了一套变桨距机构,增加了故障发生的概率,而且处理变距结构中叶片轴承故障难度大。变桨距机组比较适合在高原空气密度低的地区运行,避免了当失速机安装角确定后,有可能夏季发电低,而冬季又超发的问题。变桨距机组适合于额定风速以上风速较多的地区,这样发电量的提高比较显著。上述特点应在机组选择时加以考虑。

(2)定桨距(带叶尖刹车)。定桨距确切地说应该是固定桨距失速调节式,即机组在安装时根据当地风资源情况,确定一个桨距角度(一般-4°~4°),按照这个角度安装叶片。风轮在运行时叶片的角度就不再改变了,当然如果感到发电量明显减小或经常过功率,可以随时进行叶片角度调整。

定桨距风力机一般装有叶片刹车系统,当风力发电机需要停机时,叶尖刹车打开,当风轮在叶尖(气动)刹车的作用下转速低到一定程度时,再由机械刹车使风轮刹住到静止。当然也有极个别风力发电机没有叶尖刹车,但要求有较昂贵的低速刹车以保证机组的安全运行。定桨距失速式风力发电机的优点是轮毂和叶根部件没有结构运动部件,费用低,因此控制系统不必设置一套程序来判断控制变桨距过程,在失速的过程中功率的波动小;但这种结构也存在一些先天的问题,叶片设计制造中由于定桨距失速叶宽大,机组动态载荷增加,要求一套叶尖刹车,在空气密度变化大的地区,在季节不同时输出功率变化很大。

综上所述,两种功率调节方式各有优缺点,适合范围和地区不同,在风电场风电机组选择时,应充分考虑不同机组的特点及当地风资源情况,以保证安装的机组达到最佳的出力效果。

### 2.齿轮箱

齿轮箱是联系风轮与发电机之间的桥梁。为减少使用更昂贵的齿轮箱,应提高风轮的转速,减小齿轮箱的增速比,但实际应用中叶片数受到结构限制,不能太少。从结构平衡等特性来考虑,还是选择三叶片比较好。目前,风电机组齿轮箱的结构有下列两种:①二级斜齿。这是风电机组中常采用的齿轮箱结构之一,这种结构简单,可采用通用先进的齿轮箱,与专门设计的齿轮箱比,价格可以降低。在这种结构中,轴之间存在距离,与发电机轴是不同轴的。②斜齿加行星轮结构。由于斜齿增速轴要平移一定距离,机舱由此而变宽。另一种是行星轮结构,行星轮结构紧凑,比相同变比的斜齿价格低一些,效率在变比相同时要高一些,在变距机组中常考虑液压轴(控制变距)的穿过,因此采用二级行星轮加一级斜齿增速,使变距轴从行星轮中心通过。

(1)升速比。根据前面所述,为避免齿轮箱价格太高,因此升速比要尽量小,但实际上风轮转速在 20~30 r/min,发电机转速为 1 500 r/min,那么升速比应在 50~75 之间变化。风轮转速受到叶尖速度不能太高的限制,避免了太高的叶尖噪声。

(2)润滑方式及各部件的监测。齿轮箱在运行中由于要承担动力的传递,会产生热量,这就需要良好的润滑和冷却系统以保证齿轮箱的良好运行。如果润滑方式和润滑剂选择不当,润滑系统失效就会损坏齿面或轴承。润滑剂的选择问题在后面讨论运行维护时还将详细论述。冷却系统应能有效地将齿轮动力传输过程中发出的热量散发到空气中。在运行中还应监视轴承的温度,一旦轴承的温度超过设定值,就应该及时报警停机,以避免造成更大的损坏。

当然,在冬季,如果气温长期处于 0 ℃以下,应考虑给齿轮箱的润滑油加热,以保证润滑油不至于在低温黏度变低时无法飞溅到高速轴轴承上进行润滑而造成高速轴轴承损坏。

### 3.发电机

风电场中有如下几种形式的发电机可供风电机组选型时选择:①异步发电机;②同步发电机;③双馈异步发电机;④低速永磁发电机。

### 4.电容补偿装置

由于异步发电机并网需要无功,如果全部由电网提供,无疑对风电场经济运行不利。因此,目前绝大部分风电机组中带有电容补偿装置,一般电容器组由若干个几十千瓦的电容器组成,并分成几个等级,根据风电机组容量大小来设计每级补偿多少。每级补偿切入和切出都要根据发电机功率的多少来增减,以便功率因数向 1 趋近。

根据上面的论述可以看出,在风力机组选型时,发电机选择应考虑如下几个原则:①在考虑高效率、高性能的同时,应充分考虑结构简单和高可靠性;②在选型时应充分考虑质量、性能、品牌,还要考虑价格,以便在发电机组损坏时修理,以及机组国产化时减少费用。

### 5.塔架

塔架在风力发电机组中主要起支撑作用,同时吸收机组振动。塔架主要分为塔筒状和桁架式。

(1)塔筒状塔架。国外引进及国产机组绝大多数采用塔筒状结构。这种结构的优点是刚性好,冬季时人员登塔安全,连接部分的螺栓与桁架式塔相比要少得多,维护工作量小,便于安装和调整。目前,我国完全可以自行生产塔架,有些达到了国际先进水平。40

m 塔筒主要分上、下两段,安装方便。一般两者之间用法兰及螺栓连接。塔筒材料多采用 Q235D 板焊接而成,法兰要求采用 Q345 板(或 Q235D 冲压)以提高层间抗剪切力。从塔架底部到塔顶,壁厚逐渐减少,如 6 mm、8 mm、12 mm。从上到下采用5°的锥度,因此塔筒上每块钢板都要先计算好尺寸再下料。在塔架的整个生产过程中,对焊接的要求很高,要保证法兰的平面度及整个塔筒的筒心。

(2)桁架式塔架。桁架式是采用类似电力塔的结构形式。这种结构风阻小,便于运输,但组装复杂,并且需要每年对塔架上的螺栓进行紧固,工作量很大。冬季爬塔条件恶劣。多采用 16Mn 钢材料的角钢结构(热镀锌),螺栓多采用高强型(10.9 级)。它更适用于南方海岛使用,特别是阵风大、风向不稳定的风场使用,桁架塔更能吸收机组运行中产生的扭矩和振动。

塔架与地基的连接方式主要有两种:一种是地脚螺栓;另一种是地基环。地脚螺栓除要求塔架底法兰螺孔有良好的精度外,还要求地脚螺栓强度高,在地基中需要良好定位,并且在底法兰与地基间还要打一层膨胀水泥。而地基环则要加工一个短段塔架并要求良好防腐,塔架底端与地基采用法兰连接,便于安装。

塔架的选型原则上应充分考虑外形美观、刚性好、便于维护、冬季登塔条件好等特点(特别是在中国北方)。当然,在特定的环境下还要考虑运输和价格等问题。

6.控制系统

1)控制系统的功能和要求

控制系统总的功能和要求是保证机组运行的安全可靠。通过测试各部分的状态和数据,来判断整个系统的状况是否良好,并通过显示和数据远传,将机组的各类信息及时准确地报告给运行人员,帮助运行人员追忆现场,诊断故障原因,记录发电数据,实施远方复位,启停机组。

(1)控制系统的功能包括以下几个方面:①运行功能,保证机组正常运行的一切要求,如启动、停机、偏航、刹车变桨距等。②保护功能,如超速保护、发电机超温、齿轮箱(油、轴承)超温、机组振动、大风停机、电网故障、外界温度太低、接地保护、操作保护等。③记录数据,如记录动作过程(状态)、故障发生情况(时间、统计)、发电量(日、月、年)、闪烁文件记录(追忆)、功率曲线等。④显示功能,如显示瞬间平均风速、瞬间风向、偏航方向、机舱方向,平均功率、累计发电量,发电机转子温度,主轴、齿轮箱发电机轴承温度,双速异步发电机、大小发电机状态,刹车状态,泵油、油压、通风状况,机组状态,功率因数、电网电压、输出电流(三相)、风轮转速、发电机转速、机组振动水平;外界温度、日期、时间、可用率等。⑤控制功能,如偏航、机组启停、泵油控制、远传控制等。⑥试验功能,如超速试验、停机试验、功率曲线试验等。

(2)控制系统。要求计算机工作可靠,抗干扰能力强,软件操作方便、可靠;控制系统简洁明了、检查方便,其图纸清晰、易于理解和查找,并且操作方便。

2)远控系统

远控系统指的是风电机组到主控制室直至全球任何一个地方的数据交换,具有远方监控界面与风电机组的实时状态及现场控制器显示屏完全相同的监视和操作功能。远控系统主要由上位机(主控系统)中通信板、通信程序、通信线路、下位机和 Modem 及远控程序组成。远控系统应能控制尽可能多的机组,并尽量使远控画面与主控画面一致(相同)。应有良好的显示速度、稳定的通信质量。远控程序应可靠,界面友好,操作方便。通信系统应加装防雷系统;具有支持文件输出、打印功能;具有图表生成系统,可显示功率曲线(如棒图、条形图和曲线图)。

### (三)风力发电机组选型的原则

#### 1.对质量认证体系的要求

风力发电机组选型中最重要的一个方面是质量认证,这是保证风电场机组正常运行及维护最根本的保障体系。

风力发电机的认证体系中包括型号认证(审批)。不同国家和地区有不同审批方法,如可对批量生产的风电机组进行如下型号审批:

(1)A级。所有部件的负载、强度和使用寿命的计算说明书或测试文件必须齐备,不允许缺少,不允许采用非标准件。认证有效期为一年,由基于 ISO 9001 标准的总体认证组成。

(2)B级。认证基于 ISO 9002 标准,安全和维护方面的要求与 A 级形式认证相同,而不影响基本安全的文件可以列表并可以使用非标准年。

(3)C级。认证是专门用于试验和示范样机的,只认证安全性,不对质量和发电量进行认证。

型号认证包括四个部分:设计评估、型式试验、制造质量和特性试验。

(1)设计评估。设计评估资料包括:提供控制及保护系统的文件,并清楚说明如何保证安全以及模拟试验和相关图纸;载荷校验文件,包括极端载荷、疲劳载荷(并包括在各种外部运行条件下载荷的计算);结构动态模型及试验数据;结构和机电部件设计资料;安装运行维护手册及人员安全手册等。

(2)型式试验。型式试验包括安全性能试验、动态性能试验和载荷试验。

(3)制造质量。在风电机组运抵现场后,应进行现场的设备验收认证。在安装高度和运行过程中,应按照 ISO 9000 系列标准进行验收。风力发电机组通过一段时间的运行(如保修期内)应进行保修期结束的认证,认证内容包括技术服务是否按合同执行、损坏零部件是否按合同规定赔偿等。

(4)特性试验。风机的全特性试验就是测出风机在单独或并列运行条件下的节流和调节特性,并绘制出其特性曲线。它包括风机出力从零到最大值的一些试验工况,一般是冷态时完成。

#### 2.对机组功率曲线的要求

功率曲线是反映风力发电机组发电输出性能好坏的最主要的曲线之一。一般有两条功率曲线,由厂家提供,一条是理论(设计)功率曲线,另一条是实测功率曲线,通常是由公正的第三方即风电测试机构测得的,如 Lloyd、Risoe 等机构。国际电工组织颁布实施了 IEC 61400-12 功率性能试验的功率曲线的测试标准。这个标准对所测试标准的功率曲线有明确的规定。所谓标准的功率曲线,是指在标准状态下(15 ℃,101.3 kPa)的功率曲线。不同的功率调节方式,其功率曲线形状也不同,不同的功率曲线在相同的风况条件下,年发电量就会不同。一般来说,失速型风力发电机在叶片失速后,功率很快下降之后还会再上升,而变距型风力发电机在额定功率之后,基本在一个稳定功率上波动。功率曲线是风力发电机组发电机功率输出与风速的关系曲线。对于某一风场的测风数据,可以按 bin 分区的方法(按 IEC 61400-12 规定 bin 宽为 0.5 m/s),求得某地风速分布的频率(风频),根据风频曲线和风电机组的功率曲线,就可以计算出这台机组在这一风场中的理论发电量,当然这里是假设风力发电机组的可利用率为 100%(忽略对风损失、风速在整个风轮扫风面上的矢量变化)。

3.对特定条件的要求

1)低温要求

在中国北方地区,冬季气温很低,一些风场极端(短时)最低气温在-40 ℃以下,而风力发电机组的设计最低运行气温在-20 ℃以上,个别低温型风力发电机组最低气温可达到-30 ℃。如果长时间在低温下运行,将损坏风力发电机组中的部件,如叶片等。叶片厂家尽管近几年推出特殊设计的耐低温叶片,但实际上仍不愿意这样做。其主要原因是叶片复合材料在低温环境下其机械特性会发生变化及变脆,这样很容易使叶片在机组正常振动条件下出现裂纹而产生破坏。其他部件如齿轮箱和发电机及机舱、传感器都应采取措施。齿轮箱的加温是因为当风速较长时间很低或停风时,齿轮油会因气温太低而变得很稠,尤其是采取飞溅润滑部位的方式,部件无法得到充分的润滑,导致齿轮或轴承缺乏润滑而损坏。另外,当冬季低温运行时还会有其他一些问题,比如雾凇、霜或结冰,这些雾凇、霜或结冰如果发生在叶片上,将会改变叶片气动外形,影响叶片上气流流动而产生畸变,影响失速特性,使出力难以达到相应风速时的功率而造成停机,甚至造成机械振动而停机。如果机舱稳定性也很低,那么管路中润滑油也会发生流动不畅的问题,这样当齿轮箱油不能通过管路到达散热器时,齿轮箱油温度会不断上升直至停机。除冬季在叶片上挂霜或结冰外,有时传感器如风速计也会发生结冰现象。综上所述,在中国北方冬季寒冷地区,风电机组运行应考虑如下几个方面:①应对齿轮箱油加热;②应对机舱内部加热;③传感器如风速计应采用加热措施;④叶片应采用低温型的;⑤控制柜内应加热;⑥所有润滑油、脂应考虑其低温特性。

中国北方地区冬季寒冷,但此期间风速很大,是一年四季中风速最高的时候,一般最寒冷的月份是 1 月,-20 ℃以下温度的累计时间达 1~3 个月,-30 ℃以下温度的累计日数可达几天到几十天,因此在风电机组选型及机组厂家供货时,应充分考虑上述几个方面的问题。

2)风力发电机组防雷

由于机组安装在野外,安装高度高,因此对雷电应采取防范措施,以便对风电机组加以保护。我国风电场特别是东南沿海风电场,经常遭受暴风雨及台风袭击,雷电日从几天到几十天不等。雷电放电电压高达几百千伏甚至上亿伏,产生的电流从几十千安到几百千安。雷电主要划分为直击雷和感应雷。雷电会造成风电机组系统如电气、控制、通信系统及叶片的损坏。雷电直击会造成叶片开裂和孔洞,通信及控制系统芯片烧损。目前,国内外各风电机组厂家及部件生产厂,都在其产品上增加了雷电保护系统。如叶尖预埋导体网(铜),至少 50 mm 铜导体向下传导。通过机舱上高出测风仪的铜棒,起到避雷针的作用,保护测风仪不受雷击,通过机舱到塔架良好的导电性,雷电从叶片、轮毂到机舱塔架导入大地,避免其他机械设备如齿轮箱、轴承等损坏。

在基础施工中,沿地基安装铜导体,沿地基周围(放射 10 m)1 m 地下埋设,以降低接地电阻或者采用多点铜棒垂直打入深层地下的做法减少接地电阻,满足接地电阻小于 10 Ω 的标准。此外还可采用降阻剂的方法,也可以有效降低接地电阻。应每年对接地电阻进行检测。应采用屏蔽系统及光电转换系统对通信远传系统进行保护,电源采用隔离性,并在变压器周围同样采用防雷接地网及过电压保护。

3)电网条件的要求

我国风电场多数处于大电网的末端,接入 35 kV 或 110 kV 线路。三相电压不平衡、电压过低都会影响风电机组运行。风电机组厂家一般要求电网的三相不平衡误差不大于 5%,电压上限+10%,下限不超过−15%(有的厂家为−10%～+6%),否则经过一定时间后,机组就会停止运行。

4)防腐

我国东南沿海风电场大多位于海滨或海岛上,海上的盐雾腐蚀相当严重,因此防腐十分重要,主要是电化学反应造成的腐蚀,这些部位包括法兰、螺栓、塔筒等部件,应采用热电锌或喷锌等办法保证金属表面不被腐蚀。

4.对技术服务与技术保障的要求

风力发电设备供应商向客户(风电场或个人购买者)除了提供设备,还应提供技术服务、技术培训和技术保障。

1)保修期

在双方签订的技术合同和商务合同之中应明确保修期的开始之日与结束之日,一般保修期应为两年及以上。在这两年内厂家应提供以下技术服务和保障项目:①两年 5 次的维修(免费),即每半年一次;②如果部件或整机在保修期内损坏(由于厂家质量问题),由厂家免费提供新的部件(包括整机);③如果由于厂家质量事故造成风电机组拥有者发电量的损失,由厂家负责赔偿;④如果厂家给出的功率曲线是所谓的保证功率曲线,实际运行未能达到,用户有权向厂家提出发电量索赔要求;⑤保修期厂家应免费向用户提供技术帮助,解答运行人员遇到的问题;⑥保修期内维修时如果用去风电场的备品、备件及消耗品(如润滑油、脂),厂家应及时补上。

2)技术服务与培训

在风力发电机组到达风电场后,厂家应派人负责开箱检查,派有经验的工程监理人员免费负责塔筒的加工监理、安装指导、监理、调试和验收。应保证在 10 年内用户仍能从厂家获得优惠价格和符合条件的备件。用户应得到充分翔实的技术资料如机械、电气的安装、运行、验收维修手册等。应向用户提供 2 周以上的由风电场技术人员参加的关于风电机组运行维修的技术培训(如是国外进口机组应在国外培训),并在现场风电机组安装调试时进行培训。

## 二、风电场升压变压器、配电线路及变电所设备

### (一)风电场升压变压器

风电机组发出的电量需输送到电力系统中,为了减少线损应逐级升压送出。目前,国

际市场上的风电机组出口电压大部分是 0.69 kV 或 0.4 kV,因此要对风电机组配备升压变压器升压至 10 kV 或 35 kV 接入电网,升压变压器的容量根据风电机组的容量进行配置。升压变压器的接线方式可采用一台风电机组配备一台变压器,也可采用两台机组或以上配备一台变压器。一般情况下,一台风电机组配备一台变压器,简称一机一变,原因是风电机组之间的距离较远,若采用两机一变或几机一变的连接方式,使用的 0.69 kV 或 0.4 kV 低压电缆太长,增加电能损耗,也使得变压器保护获得控制电源更加困难。

接入系统一般选用较便宜的油浸变压器或者是较贵的干式变压器,并将变压器、高压断路器和低压断路器等设备安装在钢板焊接的箱式变电所内,目前也有将变压器设备安装在钢板焊接的箱体外的,有利于变压器的散热和节约钢板材料,但需将原来变压器进出线套管从二次侧出线改为从一次侧出线。风电机组发出的电量先送到安装在机组附近的箱式变电所,升压后再通过电力电缆输送到与风电场配套的变电所,或直接输送到当地电力系统离风电场最近的变电所。随着风电场规模的不断扩大,通常采用 10 kV 或 35 kV 箱式变压器升压后直接将电量输送到电力系统中去,一般都通过电力电缆输送到风电场自备的专用变电所,再经高压线路输送到电力系统中去。

(二)风电场配电线路

各箱式变电所之间的接线方式是采用分组连接,每组箱式变电所由 3~8 台变压器组成,每组箱式变电所台数是由其布置的地形情况、箱式变电所引出的电力电缆载流量或架空导线,以及技术经济等因素决定的。

风电场的配电线路可采用直埋电力电缆敷设或架空导线,架空导线投资低,由于风电场内的风电机组基本上是按梅花形布置的,因此架空导线在风电场内条形或格形布置既不利于设备运输和检修,也不美观。采用直埋电力电缆敷设,虽然投资较高,但风电场内景观好。

(三)风电场变电所设备

随着环保要求的提高和风电技术的发展,增大风电场的规模和单片容量,可获得容量效益,降低风电场建设工程千瓦投资额和上网电价。

风电场专用变电所的规模、电压等级是根据风电场的规划和分期建设容量及风电机组的布置情况进行技术经济比较后确定的。

变电所的设计和相应的常规变电所设计是相同的,仅在选用变压器时,如果风电场内配电设备选用电力电缆,由于电容电流较大,因此为补偿电容电流,需选用折线变压器,也即选用接地变压器。

# 第五节　风力发电机变流装置的研究

## 一、整流器

在独立运行的小型风力发电系统中,由风轮机驱动的交流发电机,需配以适当的整流器,才能对蓄电池充电。

整流器一般可分为机械整流装置及电子整流装置两类,其特点是前者通过机械动作来完成从交流电转变为直流电的过程;后者是通过整流元件中电子单方向的运动来完成从交流电到直流电的整流过程。机械整流装置一般为旋转机械装置,故又称旋转整流装置;电子整流装置的元器件皆为静止的部件,故称为静止整流装置。风力发电系统中主要采用静止型电子整流装置。

电子整流装置又可分为不可控整流装置与可控整流装置两类。

(1)不可控整流装置。不可控整流装置是由二极管组成的,常见的整流电路形式有单相半波整流电路、单相全波(双半波)整流电路、单相桥式整流电路、三相半波整流电路(零式整流电路)及三相桥式整流电路。

(2)可控整流装置。当可控硅整流器阳极接电源正极,阴极接电源负极,控制极接上对阴极为正的控制电压时(正向连接时),则可控硅导通,与可控硅连接的外电路负载上将有电流通过。可控硅一旦导通,即使取消控制电压,可控硅仍将维持导通,因此控制电压经常采用触发脉冲的形式,也即可控硅导通后,控制电压就失去作用。要使可控硅关断,必须把正向阳极电压降低到一定数值,或者将可控硅断开,或者在可控硅的阳极与阴极之间施加反向电压。

根据可控硅的触发导通的特点可知,改变触发电压信号距离起点的角度 $\alpha$(称为控制角或起燃角),就可控制可控硅导通的角度 $\theta$(称为导通角)。在单相电路中以正弦曲线的起点作为计算 $\alpha$ 角的起点,在多相电路中以各相波形的交点作为计算 $\alpha$ 角的起点。由于可控硅的导通角变化,则与可控硅连接的外电路负载上的整流电压(直流电压)的大小也跟着改变,此即可控整流。

常见的可控整流电路形式有单相全波可控整流电路、单相桥式可控整流电路、三相半波可控整流电路、三相桥式半控整流电路及三相桥式整流电路等。

## 二、逆变器

逆变器是将直流电变换为交流电的装置,其作用与整流器的作用恰好相反。现代大部分电气机械及电气用品都是采用交流电,如电动机、电视机、电风扇、电冰箱及洗衣机等。在采用蓄电池蓄能的风力发电系统中,当由蓄电池向负荷(电气器具)供电时,就必须用逆变器。

如同整流器一样,逆变器也可分为旋转型和静止型两类。旋转型逆变器是指由直流电动机驱动交流发电机,由交流发电机给出一定频率(50 Hz)及波形为正弦波的交流电。静止型逆变器则是使用晶闸管或晶体管组成逆变电路,没有旋转部件,运行平稳。静止型逆变器输出的波形一般为矩形波,需要时也可给出正弦波。在风力发电系统中多采用静止型逆变器。

(1)三相逆变器。与晶闸管整流器的主电路形式相似,晶闸管(可控硅)逆变器的接线方式也很多,有单相、三相、零式、桥式等。

(2)三相桥式逆变器。晶体管同样也可以用作逆变器,在这种情况下,晶体管是作为开关元件使用的。由晶体管组成的逆变器具有与晶闸管组成的逆变器相同结构的电路。

逆变器的标称功率是以阻性负载(如灯泡、电阻发热丝)来计算的。对于感性负载(如风扇、洗衣机)和感容性负载(如彩色电视机),在启动时电流是其额定标称电流的几倍,所以应选择功率较大的逆变器,以便使带有感性或感容性的负载能够启动。通常标称功率 100 W 的逆变器只适用于灯泡、收录机等设备;200 W 的逆变器适用于黑白电视机、日光灯、风扇等;400 W 的逆变器适用于彩色电视机、洗衣机等。

# 第十章 地热能及其发电技术

## 第一节 地热能的基本知识

### 一、地热能的概念

地热能是蕴藏于地球内部的天然热能,这种能量来自地球内部的熔岩,并以热力形式存在,是导致火山爆发及地震的能量,地球通过火山爆发和温泉外溢等途径,将其内部蕴藏的热能源源不断地输送到地面上来。地球内部的温度高达 7 000 ℃,而在 80~100 km 的深度处,温度会降至 650~1 200 ℃。透过地下水的流动和熔岩涌至离地面 1~5 km 的地壳,热力得以被传送至较接近地面的地方。高温的熔岩将附近的地下水加热,这些加热了的水最终会渗出地面。运用地热能最简单和最合乎成本效益的方法,就是直接取用这些热源,并抽取其能量。近年来,地热能还被应用于温室、热泵和供热。在商业应用方面,利用过热蒸汽和高温水发电已有几十年的历史。利用中等温度(100 ℃)水通过双流体循环发电设备发电的技术现已成熟。地热热泵技术也取得了明显进展。由于这些技术的发展,地热资源的开发利用得到较快的发展。研究从干燥的岩石中和从地热增压资源及岩浆资源中提取热能的有效方法,可进一步开发地热能的应用潜力。

地热资源是指在当前技术经济和地质环境条件下,地壳内能够科学、合理地开发出岩石热能量和地热流体中的热能量及其伴生的有用组分。

地热能与其他能源相比有以下显著的优势和特点:

(1)分布广,储量丰富。据估计,地球内部 99% 的物质处于 1 000 ℃ 以上的高温状态,只有不到 1% 处于 100 ℃ 以下,尽管其中可利用部分很小,但仅利用现有技术可以开发利用的地热能就大于目前所有化石能源储量的 30 倍以上,因此地热能是一种储量极其丰富的替代能源。我国地热可开采资源量为每年 68 亿 $m^3$,所含地热量为 973 万亿 kJ。

(2)稳定可靠。由于地热能蕴藏于地层内,不易受外部自然环境因素的影响,易于实现可控制的持续开采,提供持续稳定的能源供应,这是大规模能源供应网络运行所必须具有的条件。目前,备受重视的风能和太阳能,为克服其自身具有的时间、空间和强度波动,必须附加昂贵的缓冲和调控装置,而且如用于大规模能源网络,还必须配备足够功率储备的调峰电站,或附加可储存位能、氢能等的储能装置,导致系统复杂、成本上升、能源利用率下降。

(3)技术相对成熟。近十年深钻科学研究项目的带动,开发利用地热能的关键技术——大尺度精确深钻技术已经取得突破,钻探成本明显降低,钻探精度大大提高,为开发利用地热能提供了可靠的技术支持,并且使可利用地热能的质量和数量以及分布区域大大扩展。我国的地热资源开发中,由于多年的技术积累,地热发电效益显著提升。除地热发电外,直接利用地热水进行建筑供暖、发展温室农业和温泉旅游等利用途径也得到较快发展。全国已经基本形成以西藏羊八井为代表的地热发电、以天津和西安为代表的地热供暖、以东南沿海为代表的疗养与旅游和以华北平原为代表的种植和养殖的开发利用格局。

(4)有利于可持续发展。地热能是一种零排放且无二次污染的能源,相比较其他替代能源,更加符合可持续发展的要求。地热能不但是无污染的清洁能源,而且如果热量提取速度不超过补充的速度,那么热能还可以是可再生的。地热能大部分是来自地球深处的可再生性热能,它起于地球的熔融岩浆和放射性物质的衰变。岩浆/火山的地热活动典型寿命可达 0.5 万~100 万年,这么长的寿命也使地热源成为一种再生能源。

## 二、地热能资源及其分布

### (一)地热资源研究状况

(1)热液资源。热液资源的研究主要为储层确定、流体喷注技术、热循环研究、废料排放和处理、渗透性的增强、地热储层工程、地热材料开发、深层钻井以及储层模拟器的研制。近年来,地质学、地球物理和地球化学等学科取得了显著的进步,已开发出专门用于测定地热储层的勘探技术。

(2)地压资源。研究目的是弄清开发这种资源的经济可行性和增进对这种储藏的储量、产量和持久性的了解。

(3)干热岩资源。美国洛斯·阿拉莫斯国家实验室在美国新墨西哥州芬顿山进行了长期的干热岩资源的研究工作。初步的研究结果证明,从受水压激励的低渗透性结晶型干热岩区以合理的速度获取热量,在技术上是可行的。二期地热储层项目后期工作的主要目标是确定能否利用干热岩资源持续发电。

### (二)国内地热能资源及其分布

我国已查明的地热资源相当于 2 000 万亿 t 标准煤。从技术经济角度来看,目前地热资源勘查的深度可达到地表以下 5 000 m,其中,2 000 m 以上为经济型地热资源,2 000~5 000 m 为亚经济型地热资源。资源总量为:可供高温发电的约 5 800 MW 以上,可供中低温直接利用的约 2 000 亿 t 标准煤当量,总量上我国以中低温地热资源为主。

进行地热储量评价的大、中型地热田有 50 多处,主要分布在京津冀、环渤海地区、东南沿海和藏滇地区。西藏、云南、四川、广东、福建等地的温泉多达 1 503 处,占全国温泉总数的 61.3%。在全国 121 个水温高于 80 ℃的温泉中,云南、西藏占 62%,广东、福建占 18.2%,其他省区不足 1/5。

根据地热资源成因,我国地热资源可分为如下几种类型:

(1)近现代火山型。近现代火山型地热资源主要分布在台湾省北部大屯火山区和云南西部腾冲火山区。腾冲火山高温地热区是印度板块与欧亚板块碰撞的产物。台湾省大屯火山高温地热区属于太平洋岛弧的一环,是欧亚板块与菲律宾小板块碰撞的产物。在台湾省已探到293 ℃高温地热流体,并建有装机容量3 MW地热试验电站。

(2)岩浆型。在现代大陆板块碰撞边界附近,埋藏在地表以下6~10 km,隐伏着众多的高温岩浆,成为高温地热资源的热源。如我国西藏南部高温地热田,均沿雅鲁藏布江即欧亚板块与印度板块的碰撞边界出露,就是这种生成模式的较典型代表。西藏羊八井地热田ZK4002孔,在井深1 500~2 000 m处,探获329.8 ℃的高温地热流体。

(3)断裂型。主要分布在板块内侧基岩隆起区或远离板块边界由断裂形成的断层谷地、山间盆地,如辽宁、山东、山西、陕西以及福建、广东等。这类地热资源的生成和分布主要受活动性的断裂构造控制,热田面积一般为几平方千米,甚至小于1 km²,热储温度以中温为主,个别也有高温,单个地热田热能潜力不大,但点多面广。

(4)断陷、坳陷盆地型。主要分布在板块内部巨型断陷、坳陷盆地之内,如华北盆地、松辽盆地、江汉盆地等。地热资源主要受盆地内部断块凸起或褶皱隆起控制,该类地热源的热储层具有多层性、面状分布的特点。单个地热田的面积较大,几十平方千米,甚至几百平方千米,地热资源潜力大,有很高的开发价值。

地质调查证明,我国盆地型地热资源潜力在2 000亿t标准煤当量以上。全国已发现地热点3 200多处,打成的地热井2 000多眼,其中具有高温地热发电潜力的有255处,预计可获发电装机容量5 800 MW,现利用的只有近30 MW。

我国一般把地热资源按温度进行划分,根据地热水的温度可将地热能划分为高温型(>150 ℃)、中温型(90 ℃~150 ℃)和低温型(<90 ℃)三大类,高温地热资源主要用于地热发电,中、低温地热资源主要用于地热直接利用。

根据地热资源的温度,全国已发现:

(1)高温地热系统,可用于地热发电的255处,总发电潜力为5 800 MW(30年),近期可以开发利用的10余处,发电潜力300 MW。

(2)中低温地热系统,可直接利用的2 900多处,其中盆地型潜在地热资源埋藏量,相当于2 000亿t标准煤当量。主要分布在松辽盆地、华北盆地、江汉盆地、渭河盆地等以及众多山间盆地如太原盆地、临汾盆地、运城盆地等,还有东南沿海福建、广东、赣南、湘南、海南岛等。

(三)广东省地热能资源及其分布

广东省地热资源丰富,按国土单位面积计算排序,仅次于台湾和云南,位居全国第三,开发前景好。有关资料显示,地热资源量达每天57.11万 m³,经勘查评价的地热田17个,总面积1 463 km²,初步探明的地热资源量为每天18.83万 m³。这些地热田中,除我国第一个地热发电站——丰顺邓屋地热田和从化温泉等名泉之外,还有湛江、茂名、恩平、清新、阳江新洲、台山和增城等一批经济价值高、开发潜力大的地热田。

广东省处于环太平洋地热带上,地质构造存在多条断裂带,例如:电白-龙川带、广州-从化-海陵带、北东向的莲花山带等。其中,莲花山断裂带横贯深圳、珠海、中山等珠江三角洲地区。在中山横栏的西南、新会南部、珠海斗门东南、沙湾南部等地都是形成较大型地热田的远景规划区。

20 世纪 60 年代以来,地质勘查部门对广东省地热资源进行了大量调查工作。到目前为止,全省共发现地热泉点约 270 处,温泉水天然流量总和超过每天 8 万 t,其中温度超过 80 ℃的近 30 处。广东省的地热资源基本属于 100 ℃以下的裂隙水热型,单个热田的面积大多不超过 1 km²,可采水量通常小于 10 000 t/d。广东省内有 5 个已知井口温度超过 90 ℃的地热资源点,但周围均有已建或在建大型温泉酒店,地热资源分流严重,投资建设浅层水热型商业地热电站有一定难度。

### 三、地热能的利用形式

对于地热能的开发利用,目前主要是在发电、采暖、育种、温室栽培和洗浴等方面,一般分为直接利用和地热发电两大类。

地热能直接利用非常广泛。在工业上,地热能可用于干燥、供暖、加热、制冷、脱水加工、提取化学元素、海水淡化等方面;在农业生产上,地热能可用于温室育苗、栽培作物、养殖禽畜和鱼类等;在浴用医疗方面,人们早就用地热矿泉水医治皮肤病和关节炎等,不少国家还设有专供沐浴医疗用的温泉。

利用地热能进行发电好处很多:建造电站的投资少,通常低于水电站;发电成本比火电、核电及水电都低;发电设备的利用时间较长;地热能比较干净,不会污染环境;发电用过的蒸汽和热水,还可以再加以利用,如取暖、洗浴、医疗、化工生产等。

# 第二节　地热资源的开发利用

### 一、地热能

地热是一种新型的能源和资源,同时也是绿色环保能源,它可广泛应用于发电、供热供暖、温泉洗浴、医疗保健、种植养殖、旅游等领域。所以,地热资源的开发利用不仅可以取得显著的经济效益和社会效益,更重要的是,还可以取得明显的环境效益。人类很早以前就开始利用地热能,如利用温泉沐浴、医疗,利用地下热取暖、建造农作物温室、水产养殖及烘干谷物等。但真正认识地热资源并进行较大规模的开发利用却始于 20 世纪中叶。地热能的利用可分为地热发电和直接利用两大类。

地热能是来自地球深处的可再生热能,它源于地球的熔融岩浆和放射性物质的衰变。地下水的深处循环和来自极深处的岩浆侵入地壳后,把热量从地下深处带至近表层。在有些地方,热能随自然涌出的热蒸汽和水而到达地面。通过钻井,这些热能可以从地下的储层引入地面供人们利用,这种热能的储量相当大。据估计,每年从地球内部传到地面的热能相当于 100 PW·h。地球内部是一个高温高压的世界,是一个巨大的"热库",蕴藏着无比巨大的热能。据估计,全世界地热资源的总量大约为 $14.5×10^{25}$ J,相当于 $4\ 948×10^{12}$ t 标准煤燃烧时所放出的热量。如果把地球上储存的全部煤炭燃烧时所放出的热量看作 100%,那么石油的储存量约为煤炭的 8%,目前可利用的核燃料储存量约为煤炭的 15%,而地热能的总储量则为煤炭的 1.7 亿倍。可见,地球是一个名副其实的巨大"热库"。

## 二、地热的分布

在地壳中,地热的分布可分为三个带,即可变温度带、常温带和增温带。可变温度带,由于受太阳辐射的影响,其温度有昼夜、年份、世纪甚至更长的周期变化,其厚度一般为 15~20 m;常温带,其温度变化幅度几乎等于零,其深度一般为 20~30 m;增温带在常温带以下,温度随深度增加而升高,其热量的主要来源是地球内部的热能。

按照地热增温率的不同,我们把陆地上的不同地区划分为正常地热区和异常地热区。地热增温率接近 3 ℃ 的地区称为正常地热区,远超过 3 ℃ 的地区称为异常地热区。在正常地热区,较高温的热水或蒸汽埋藏在地球的较深处。在异常地热区,由于地热增温率较大,较高温度的热水或蒸汽埋藏在地壳的较浅部,有的甚至出露地表。那些天然出露的地下热水或蒸汽叫作温泉。在异常地热区,人们也较易通过钻井等人工方法把地下热水或蒸汽引导到地面加以利用。

在一定地质条件下的地热系统和具有勘探开发价值的地热田都有其发生、发展和衰亡过程,绝对不是只要往深处打钻,到处都可以发现地热。作为地热资源,它也和其他矿产资源一样,有数量和品质的问题。就全球来说,地热资源的分布是不平衡的。明显的地温梯度每千米深度大于 30 ℃ 的地热异常区,主要分布在板块生长、开裂、大洋扩张脊和板块碰撞、衰亡及消减带部位。全球性的地热资源带主要有以下 4 个。

### (一)环太平洋地热带

环太平洋地热带是世界上最大的太平洋板块与美洲、欧亚、印度板块的碰撞边界。世界许多著名的地热田,如萨尔瓦多的阿瓦查潘,中国台湾的马槽,日本的松川、大岳等均在这一带。

### (二)地中海-喜马拉雅地热带

地中海-喜马拉雅地热带是欧亚板块与非洲板块和印度板块的碰撞边界。世界第一座地热发电站——意大利的拉德瑞罗地热田就位于这个地热带中。中国西藏的羊八井及云南腾冲地热田也在这个地热带。

### (三)大西洋中脊地热带

大西洋中脊地热带是大西洋板块裂开部位。冰岛的克拉弗拉、纳马菲亚尔和亚速尔群岛等一些地热田就位于这个地热带。

### (四)红海-亚丁湾-东非裂谷地热带

红海-亚丁湾-东非裂谷地热带包括吉布提、埃塞俄比亚、肯尼亚等地热田。

除在板块边界部位形成地壳高热流区而出现高温地热田外,板块内部靠近板块边界的部位,在一定地质条件下也可能形成相对的高热流区。对于大陆,其平均热流值为 1.46

热流单位,最大达到 1.7~2.0 热流单位,如中国东部的胶、辽半岛,华北平原及东南沿海地区等。

中国地热资源是比较丰富的,据估算,主要沉积盆地小于 2 000 m 的深度中储存的地热资源总量约为 $4.018\ 4\times10^{19}$ kJ,相当于 $1.371\ 1\times10^{12}$ t 标准煤的发热量。我国目前对地热资源的开发利用与常规能源相比,所占的比例是很小的,据权威部门统计,全国开发利用地热水总量为每天 93.67 万 $m^3$,年利用热量为 $5.648\ 5\times10^{16}$ J,约相当于 192.74 万 t 标准煤的发热量,此值仅是中国目前能量消耗总量 17.24 亿 t 标准煤的 0.1%。我国地热资源开发利用有以下特点:

(1)地热资源分布面广。据已勘查地热田的分布表明,全国几乎每个省区都有可供开发利用的地热资源。

(2)以中低地热资源为主。据现有 738 处地热勘查资料统计,中国高温地热田仅 2 处(西藏羊八井、羊易地热田),其余均为中低温地热田,其中温度在 90~150 ℃ 的中温地热田 28 处,占地热田勘查总数的 3.8%;90 ℃ 以下的低温地热田有 708 处,占地热田勘查总数的 96%。全国已勘查地热田的平均温度为 55.5 ℃,其中平均温度西藏最高,大于 88.6 ℃;湖南最低,为 37.7 ℃。

(3)地热田规模以中小型为主。在已勘查的 738 处地热田中,大、中型地热田仅 55 处,占 7.5%,但可利用的热能功率达 3 310.91 MW,占勘查地热田可利用热能的 76.7%;小型地热田有 683 处,占总数的 92.5%,其可利用热能功率仅为 1 008.05 MW,占总量的 23.3%。

(4)地热水水质以低矿化水为主,适合多种用途。在有水质分析资料的 493 处地热田中,水矿化度小于 1.0 g/L 的有 327 处,占总数的 66.3%;大于 3.0 g/L 的仅有 42 处,占总数的 8.5%。

(5)开发利用较经济的是构造隆起区已出露的中、小型地热田。这些地热田地表有热显示,热储层埋藏浅,勘查深度小,一般仅为 300~500 m,勘查难度和风险小。地下热水有一定补给,水质好,适用范围大。

(6)开发潜力大的是大型沉积盆地地热田。中国东部的华北盆地、松辽盆地具有很大的地热资源开发利用潜力,但其开发利用条件受到热储层埋藏深度、岩性、地热水补给条件的限制。开采利用 40 ℃ 以上的地热水,开采深度一般都需要 1 000 m 左右,有的地区地热水开采深度已超过 3 000 m。

## 三、地热直接利用情况

近年来,国外对地热能的非电力利用,也就是直接利用,十分重视。但进行地热发电的热效率低,温度要求高。所谓热效率低,就是说由于地热类型的不同,所采用的汽轮机类型的不同,热效率一般只有 6.4%~18.6%,大部分的热量白白地被消耗掉。所谓温度要求高,就是说利用地热能发电对地下热水或蒸汽的温度要求一般都要在 150 ℃ 以上,否则将严重地影响其经济性。而地热能的直接利用不但能量的损耗要小得多,并且对地下热水的温度要求也低得多,15~180 ℃ 这样宽的温度范围均可利用。在全部地热资源中,这类中、低温地热资源是十分丰富的,远比高温地热资源大得多。但是,地热能的直接利用也有其局限性。由于受载热介质——热水输送距离的制约,一般来说,热源不宜离用热的城镇或居民点过远;否则,投资多、损耗大、经济性差,是划不来的。

目前,地热能的直接利用发展十分迅速,已广泛地应用于工业加工、民用采暖和空调、洗浴、医疗、农业温室、农田灌溉、土壤加温、水产养殖及畜禽饲养等各个方面,收到了良好的经济技术效益,节约了能源。地热能的直接利用,技术要求较低,所需设备也较为简易。在直接利用地热的系统中,尽管有时因地热流中的盐和泥沙的含量很低而可以对地热加以直接利用,但通常都是用泵将地热流抽上来,通过热交换器变成热气和热液后再使用。这些系统都是最简单的,使用的是常规的现成部件。

地热能直接利用中所用的热源温度大部分在 40 ℃以上。如果利用热泵技术,温度为 20 ℃或低于 20 ℃的热液源也可以被当作一种热源来使用。热泵的工作原理与家用冰箱相同,只不过冰箱实际上是单向输热泵,而地热热泵则可双向输热。冬季,它从地球提取热量,然后提供给住宅或大楼(供热模式);夏季,它从住宅或大楼提取热量,然后又提供给地球蓄存起来(空调模式)。不管是哪一种循环,水都是被加热并蓄存起来,发挥了一个独立热水加热器的全部或部分功能。据美国能源信息管理局预测,到 2030 年,地热泵将为供暖、散热和水加热提供高达 68 Mt 油当量的能量。

## (一)地热供暖

将地热能直接用于采暖、供热和供热水是仅次于地热发电的地热利用方式。因为这种利用方式简单、经济性好,备受各国重视,特别是位于高寒地区的西方国家,其中冰岛开发利用得最好。该国在首都雷克雅未克建成了世界上第一个地热供热系统,如今这一供热系统已发展得非常完善,每小时可从地下抽取 7 740 t 80 ℃的热水,可供全市 11 万居民使用。由于没有高耸的烟囱,冰岛首都已被誉为"世界上最清洁无烟的城市"。此外,利用地热给工厂供热,如用作干燥谷物和食品的热源,用作硅藻土生产、木材、造纸、制革、纺织、酿酒及制糖等生产过程的热源也是大有前途的。目前,世界上最大两家地热应用工厂就是冰岛的硅藻土厂和新西兰的纸浆加工厂。虽然整体上我国地热供暖与国际的先进水平还具有一定差距,但也已经有近 20 年的历史,地热供暖技术发展也非常迅速。地热供暖主要集中在我国冬季气候较寒冷的华北和东北一带,在京津地区已成为地热利用中最普遍的方式。地热供暖不仅降低了煤炭资源对环境的污染,同时也能保证供暖质量。

## (二)地热浴疗、洗浴及游泳

地热在医疗领域的应用有诱人的前景,目前热矿水就被视为一种宝贵的资源,世界各国都很珍惜。由于地热水从很深的地下提取到地面,除温度较高外,常含有一些特殊的化学元素,从而使它具有一定的医疗效果。如饮用含碳酸的矿泉水,可调节胃酸,平衡人体酸碱度;饮用含铁矿泉水后,可治疗缺铁性贫血症;用氢泉、硫水氢泉洗浴,可治疗神经衰弱、关节炎及皮肤病等。由于温泉的医疗作用及伴随温泉出现的特殊地质、地貌条件,常常使温泉成为旅游胜地。在日本就有 1 500 多个温泉疗养院,每年吸引 1 亿游客到这些疗养院休养。我国利用地热治疗疾病的历史很悠久,含有各种矿物元素的温泉也很多,因此,充分发挥地热的医疗作用,发展温泉疗养行业是十分有前景的。

### (三)地热在工农业方面的利用

地热能在工业领域应用范围很广,工业生产中需要大量的中低温热水,地热用于工艺过程是比较理想的方案。我国在干燥、纺织、造纸、机械、木材加工、盐分析取、化学萃取及制革等行业中都有应用地热能。其中,地热干燥是地热能直接利用的重要项目,地热脱水蔬菜及方便食品等是直接利用地热的干燥产品。在我国社会主义市场经济不断发展的今天,地热干燥产品有着良好的国际市场和潜在的国内市场。

地热在农业中的应用范围也十分广阔。如利用温度适宜的地热水灌溉农田,可使农作物早熟增产;利用地热水养鱼,在 28 ℃水温下可加速鱼的育肥,提高鱼的出产率;利用地热建造温室,可育秧、种菜和养花;利用地热给沼气池加温,提高沼气的产量等。我国的地热农业温室分布面很广,但规模较小,其中包括蔬菜温室、花卉温室、蘑菇培育及育种温室等。北方主要种植比较高档的瓜果菜类、食用菌及花卉等;南方主要用于育秧。其中,花卉温室的经济效益较明显,发展潜力巨大,是地热温室发展的方向。随着国民经济的迅速发展和人民生活水平的不断提高,农业逐步走向了现代化进程,各种性能优良的温室将逐步建立起来。室内采用地热供暖,既安全经济,又无污染。

将地热能直接用于农业在我国日益广泛,北京、天津、西藏和云南等地都建有面积大小不等的地热温室。各地还利用地热大力发展养殖业,如培养菌种、养殖罗非鱼及罗氏沼虾等。

## 四、不同方式供暖成本比较和地热资源开发规划

地热井的综合造价不高。正常情况下,一口地热井的综合造价和燃煤锅炉相当,比燃油气炉少得多,且具有占地面积小、操作简单、运行成本低、无环境污染等优点。

目前,开发地热能的主要方法是钻井,并从所钻的地热井中引出地热流体——蒸汽和水加以利用。随着我国市场经济的快速、稳定发展,特别是城市化进程加快和人民生活质量的提高,地热市场的需求相当强劲,如中国北方高纬度寒冷的大庆地区,亟须大规模开发地热,以解决城镇供热问题;干旱的西北地区也亟须开发热矿水以开拓市场,发展第三产业,以及提高人民生活水平,改善生产和生活条件。

地热能的另一种形式主要是地源能,包括地下水、土壤、河水、海水等,地源能的特点是不受地域的限制,参数稳定,其温度与当地的平均温度相当,不受环境气候影响。由于地源能的温度具有夏季比冬季气温低、冬季比夏季气温高的特性,因此是用于夏季制冷空调、冬季制热采暖比较理想的低温冷热源。

随着经济建设的迅速发展和人民生活水平的不断提高,城镇化步伐加快,建筑物用能(包括制冷空调、采暖、生活热水的能耗)所占比例越来越大,特别是冬季采暖供热,由于大量使用燃煤、燃油锅炉,由此所造成的环境污染、温室效应、疾病等严重影响着人类的生活质量。因此,开发和利用地热资源,在建筑物的制冷空调、采暖、供热方面有着十分广阔

的市场,对我国调整能源结构、促进经济发展、实现城镇化战略、保证可持续发展等具有重要的意义。

# 第三节　地热发电概况

地热发电是新兴的能源工业,它是在地质学、地球物理、地球化学、钻探技术、材料科学以及发电工程等现代科学技术取得辉煌成就的基础上迅速发展起来的。地热电站的装机容量和经济性主要取决于地热资源的类型和品位。

## 一、国外地热发电简介

地热发电至今已有近百年的历史,世界上最早开发并投入运行的拉德瑞罗地热发电站,只有1台250 kW的机组。随着研究的深入、技术水平的提高,拉德瑞罗地热电站不断扩建,到全部机组投产后,总装机容量达到293 MW。此后,新西兰、菲律宾、美国、日本等一些国家相继开发地热资源,各种类型的地热电站不断出现,但发展速度不快。之后,由于世界能源危机发生,矿物燃料价格上涨,使得一些国家对包括地热在内的新能源和可再生能源开发利用更加重视,世界地热发电装机容量才逐年有较大的增长。

（一）美国地热发电

美国地热发电装机容量目前居世界首位,大部分地热发电机组集中在盖瑟斯地热电站。该电站位于加利福尼亚州旧金山以北约20 km的索诺马地区。该地区在发现温泉群、沸水塘、喷气孔等地热显示后,第2年钻成了第一口汽井,开始利用地热蒸汽供暖和发电。之后又投入多个地热生产井和多台汽轮发电机组,在盖瑟斯地热电站的最兴盛阶段,装机容量达到2 084 MW。但由于热田开发过快,热储层的压力迅速下降,蒸汽流量逐渐减少,使机组总出力降到1 500 MW左右,后来采取了相应对策才保持在目前1 900 MW的水平。

加州南部的帝国谷有小容量的地热电站共8座,总装机容量约为400 MW;洛杉矶以北300 km的科索地区也在利用地热发电,至今已装有9台机组,装机容量共计240 MW。

（二）菲律宾地热发电

菲律宾是全球重要的地热能市场。政府制定了各种优惠政策鼓励开发地热,已探明的地热能大于4 000 MW,计划今后10~15年内新增20 000 MW地热电力。

菲律宾地热发电装机容量居世界第二,地热发电已占全国电力的30%。在莱特岛和棉兰老岛地热电站建成后,又建了2座地热电站,这使得菲律宾成为世界上主要的地热发电国家。除国家电力公司经营的8座地热电站外,欧美和日本企业也参加了地热电站的开发经营。

（三）墨西哥地热发电

墨西哥是中美洲最大的石油输出国,发电燃料主要为石油。为了增加石油出口量,墨西哥采取了大量利用水力、天然气、煤炭、地热等发电的多样化能源政策。墨西哥的地热资源主要集中在塞罗·普里埃托地热田,该地热田位于墨西哥中部横贯东西的火山带。1973年建成第一座地热电站,装机容量为 3.5 MW,至今已有 16 台机组,地热发电量达 5 100 GW·h,占全国总发电量的 4.5%。目前最大的地热电站是塞罗·普里埃托地热电站,装机容量为 803 MW,最大单机容量为 110 MW。在墨西哥中部距墨西哥城西北 200 km 处的地热电站,装机容量为 93 MW。

### (四)意大利地热发电

意大利是世界上第一个从事地热流体发电试验和开发的国家。在拉德瑞罗进行了首次试验,第一座 250 kW 的地热电站开始运转。之后,进行了深井钻探和热储人工注水补给的研究,使已经开采多年的地热电站装机容量有所增加。

目前,意大利地热电站装机容量约为 631 MW,年发电量约为 4 700 GW·h。发电成本为 0.015 欧元/(kW·h),大大低于火电的成本[火电发电成本为 0.04 欧元/(kW·h)]。

### (五)日本地热发电

日本有丰富的地热资源。据调查,可以进行地热发电的地区有 32 处。地热资源量评价结果表明,在地表以下 3 km 范围内有 150 ℃以上的高温热水资源约 70 000 MW,已探明的资源量约为 25 000 MW。

日本曾建有几座小型地热试验电站,直到本州岛岩手县建成了松川地热电站,一台 20 MW 的机组投入运行。九州电力公司又在大分建成了大岳地热电站。之后又相继建成了大沼、鬼首、八丁原、葛根田等地热电站,且地热发电有了较快发展,建成了森、杉乃井、上岳、山川、澄川、柳津西山、大雾等地热电站。至今,全国已有地热电站 18 座,20 台机组,总装机容量 550 MW,并成功地将大量 200 ℃以下的热水抽汲到地面,利用低沸点的工质及热交换工作蒸汽驱动汽轮机发电,其中规模最大的是八丁原地热电站,有 2 台 55 MW 机组,装机容量为 110 MW。

### (六)新西兰地热发电

新西兰是世界上首先利用以液态为主的气、水混合地热流体发电的国家。北岛有一个长 250 km、宽 50 km 的地热异常带,怀拉基地热田就位于该地热异常带中央。据初步探测,该地区的地热资源为 2 150~4 620 MW。

1956年,新西兰开始建设怀拉基地热电站,并陆续投入多台不同类型的地热发电机组,其中包括背压式电站和凝汽式电站,总装机容量达到 190 MW。但由于长期开采使热储层压力降低,汽量减少。

新西兰还有另两个较大的地热田,一个是卡韦分,另一个是奥哈基地。奥哈基地热电站是一座奇特的地热发电站,电站位于断裂带上,这里地震频繁,工程技术人员把电站建在一个由大钢圈固定的 9 m² 面积的水泥墩上,能抗里氏 10 级地震。

## 二、我国地热发电概况

### (一)中低温地热流体发电

20世纪70年代,我国先后在广东、江西、湖南、广西、山东、辽宁、河北等地共建成7处利用100 ℃以下中低温地热流体发电的小型地热试验电站。

广东丰顺县邓屋,利用92 ℃地下热流体采用闪蒸法发电试验成功,当时的地质部还发去了贺电。首次发电装机容量为86 kW,之后采用双工质法的第2台试验机组装机容量为200 kW,第3台300 kW机组也投入生产。其中,1号机组、2号机组完成试验不久后都停运了,3号机组(300 kW,水温92 ℃,闪蒸)一直运行至因设备老化、腐蚀等问题停运。

在江西省宜春市建立的温汤地热试验发电站(2台机组装机容量为100 kW),是世界上因地制宜利用中低温地热水发电的范例。温汤热水温度只有67 ℃,设计为一套双循环地热发电试验装置,工质采用氯乙烷。由于氯乙烷的沸点只有12.5 ℃,当67 ℃的热水流入蒸发器,加热器内的低沸点工质氯乙烷立即汽化,蒸汽压力立即升高,主气门一开,蒸汽就推动汽轮发电机组发电。厂用电只需一台7 kW工质泵,就能得到50 kW的净电。这是全世界地热水温度最低的一座小型地热试验电站(美国阿拉斯加Chena电站记录的世界上中低温地热发电下限为74 ℃),整个电站的厂用电也是最少的,非常成功,这一成果还获得过全国科学大会奖。

湖南省宁乡市灰汤地热试验电站也是一个比较成功的电站。建成后利用98 ℃的温泉,装机容量为300 kW,电站由省电力系统统一管理,设备的建造和维护正规,正常运行30多年后因设备老化停运。

河北怀来县后郝窑,利用85 ℃的地热流体建立发电站,也是采用双循环发电系统,工质为氯乙烷,装机容量为200 kW。

辽宁营口市熊岳地热试验电站,热水温度为84 ℃,采用正丁烷作为双循环发电系统的工质,装机容量为200 kW。

山东招远市汤东泉地热电站,热水温度为98 ℃,装机容量为300 kW。

广西象州市热水村地热电站,热水温度为79 ℃,装机容量200 kW。

我国的中低温地热电站基本上是在计划经济时代建立的,虽然总装机容量1.6 MW微不足道,但都是当时科学工作者因地制宜、自主探索获得的宝贵经验,创造了利用67 ℃地热流体的世界最低温度发电历史,没用进口设备,没请外国专家,都是大学老师出图纸,工厂试生产,其技术是与世界同步的扩容闪蒸法和双工质循环法。但这些小型地热发电站均是试验研究性质,由于试验经费减少、设备腐蚀等因素,其中5处被认为没有经济效益而停止运行,仅广东省丰顺县邓屋和湖南省宁乡市灰汤各300 kW均运行至2008年,最终因设备过于老化而停运。

### (二)高温地热能发电

我国高温地热能发电有西藏的羊八井、朗久、那曲、羊易,云南的腾冲,台湾省的清水、土场。目前,仅羊八井地热电站仍在运行,其他电站均运行时间不长,因结垢等原因停运。

西藏羊八井地热电站是我国目前唯一仍在运行且效益较好的一个地热发电站。羊八井地热蒸汽田位于拉萨市西北 90 km 的青藏公路线上,为一面积 30 km² 的断陷盆地,有 10 多个地热显示区,沸泉组成的热水湖、大小喷气孔、热水泉星罗棋布。羊八井地热蒸汽田内的第一口钻孔探至地下 38~43 m 深时,蒸汽和热水混合物从钻杆外沿喷出,高达 15 m 以上,井口最大压力为 310 kPa,蒸汽流量为 10 t/h,井下温度达到 150 ℃ 左右。羊八井地热蒸汽田是我国目前已知的热储温度最高的地热田。我国第一座地热蒸汽电站在西藏羊八井建立,第一台 1 MW 试验机组发电成功,此后羊八井地热电站经过不断扩容,后又陆续组装完成了另 8 台 3 MW 机组,同时第一台 1 MW 试验机组退役。此后维持装机容量 24.18 MW,每年发电量 1 亿 kW·h 左右,在当时拉萨电网中曾承担 41% 的供电负荷,冬天甚至超过了 60%,被誉为"世界屋脊上的一颗明珠"。之后,"国家 863 计划"支持在羊八井地热电站新增安装了 1 MW 低温双螺杆膨胀发电机组,利用电站排放的 80 ℃ 废热水发电运行。至今,羊八井地热电站已运行 40 多年,每年运行 6 000 h 以上,年均发电量超过 1.2 亿 kW·h。此外,羊八井还建有地热温室种植多种蔬菜,一年四季向拉萨供应新鲜蔬菜。目前,西藏羊八井地热电站总装机容量为 25.18 MW。

西藏的地热电站还有羊易地热电站,井口工作温度为 209 ℃,装机容量为 30 MW;阿里朗久地热电站,2 台 1 MW 机组,总装机容量为 2 MW;那曲地热电站由联合国捐赠建设,采用美国 ORMAT 技术,井口工作温度为 110 ℃,装机容量为 1 MW,但该地热电站已经停运。

其他高温地热发电站有云南腾冲地热田,井口工作温度为 250 ℃,装机容量 12 MW;台湾清水地热电站建立了 2 台 1.5 MW 机组,装机容量为 3 MW;台湾土场地热电站也经建成,井口工作温度为 173 ℃,双工质,1 台机组,装机容量为 0.3 MW。

# 第四节　地热发电技术

## 一、概述

地热能实质上是一种以流体为载体的热能,地热发电属于热能发电,所有一切可以把热能转化为电能的技术和方法理论上都可以用于地热发电。由于地热资源种类繁多,按温度可分为高温、中温和低温地热资源;按形态分有干蒸汽型、湿蒸汽型、热水型和干热岩型;按热流体成分则有碳酸盐型、硅酸盐型、盐水型、卤水型。另外,地热水还普遍含有不凝结气体,如二氧化碳、硫化氢及氮气等,有的含量还非常高。这说明地热作为一种发电热源是十分复杂的。针对不同的地热资源,人们开发了若干种把热能转化为电能的方法。最简单的方法是利用半导体材料的塞贝克效应,也就是利用半导体的温差电效应直接把热转化为电能。这种方法的优点是没有运动部件,不需任何工质,安全可靠。缺点是转化效率比较低,设备难以大型化,成本高。除了一些特殊的场合,这种方法的商业化前景并不乐观。

另一种把热能转化为电能的方法是使用形状记忆合金发动机。形状记忆合金在较低温度下受到较小的外力即可产生变形,而在较高的温度下将会以较大的力量恢复原来的形状从而对外做功。但目前形状记忆合金发动机仅是一种理论上正在探索的技术,是否具有实用价值尚无定论。

热能转化成机械功再转化为电能的最实用的方法只有通过热力循环,用热机来实现这种转化。利用不同的工质,或不同的热力过程,可以组成各种不同的热力循环。理论上,效率最高的热力循环是卡诺循环。

朗肯循环是以水为工质的实用性热力循环。朗肯循环可输出稍大一点的功,但朗肯循环平均吸热的温度稍低于卡诺循环的平均吸热温度,说明朗肯循环的热效率比卡诺循环稍低一点,但差别很小。因此,在近似计算时,可以用卡诺循环的效率代替朗肯循环效率。在相同的温度条件下,卡诺循环具有最高的热效率,也可以认为,朗肯循环基本上达到了热力学所允许的最高效率,它是一个把热能转化为电能的十分优越的循环。这也是热力发电普遍使用朗肯循环的原因之一。

## 二、地热发电的热力学特点

对于一个常规能源发电厂来说,其首要的是追求在经济和技术许可的条件下具有最高效率。电站的效率越高,则消耗一定量的燃料就可得到更多的电能。根据热力学第二定律,温差越大,则循环的热效率就越高。但对于地热发电来说,热流体的温度和流量都受到很大限制,因此地热发电是如何从这些有限量的地热水中获取最大的发电量,而不是追求电站具有最高的热效率。实际上,效率和最大发电量并不是同一回事,从下面的分析就可以看出来。采用朗肯循环来发电,工质水首先要变成蒸汽,才能膨胀做功。如何从地热水中取得蒸汽,最简单的办法就是降低热水的压力,当压力低于地热水初始温度所对应的饱和压力时,就会有一部分热水变成蒸汽。这个过程叫作闪蒸过程。闪蒸出来的蒸汽就可以进入汽轮机膨胀做功。如果闪蒸压力取得比较高,则闪蒸出来的饱和蒸汽也具有较高的压力,其做功的能力就比较强,相应的热效率就比较高,但此时所产生的蒸汽量却比较少,相反,如果闪蒸压力取得低一点,则闪蒸出来的蒸汽的做功能力将下降,但是蒸汽的产值将增加。由于蒸汽量乘其做功量才是这股热水的发电量,很明显,当闪蒸压力近似于地热水初始温度所对应的饱和压力时,闪蒸出来的蒸汽具有最大的做功能力,但此时的蒸汽量接近于零,从而发电量也接近于零;相反,当闪蒸压力近似于冷却水温度所对应的饱和压力时,蒸汽量达到最大值,但此时蒸汽的做功能力接近于零,从而发电量也接近于零。因此,在上述这两个极端的压力之间,应该存在一个最佳的闪蒸压力,在这个压力下,地热水闪蒸出来的蒸汽具有最大的发电量。最大发电量并不是工程设计时应该取的最佳值,因为追求的应该是最大的净发电量,也就是电站的发电量减去维持电站运行所消耗的电量,如向电站输送冷却水时消耗的电量等。一般耗电量和电站的蒸汽量成正比,因此最佳发电量应小于最大值的发电量(最佳的闪蒸温度 $T$ 对应的最大发电量)。该点的发电量虽稍有减少,但蒸汽量也较少,这意味着等温放热过程中放出的热量较少,所需的冷却水也较少,输送冷却水的耗功也较少,通过比较,可以得到放大净发电量的工作点。

但在上面的分析中还忽略了另一个重要的参数——循环放热温度的选取。循环放热温度高,蒸汽膨胀做功的能力下降,发电量减少,但所需的冷却水温度升高,水量减少,因此耗电量也相应减少。所以,循环放热温度的确定必须通过分析对比,找出输出净功为最大值时的温度作为设计温度。

对于大多数地热(包括蒸汽型、干蒸汽型)资源来说,实际上在井底都有一定温度的高压热水,都可以按热水型地热资源的发电过程加以分析。但有时从一些高温地热井井口出来的流体都含有一定压力的汽水混合,如果简单地按井口参数进行汽水分离,分离出来的热水再进行一次或二次扩容来设计发电系统的话,这个系统不一定是最佳的,而应该根据井底热水的温度及地面冷却水的温度来决定采取什么样的热力系统和参数。如果采用深井热水泵的话,就可以保证对井口的压力的要求。

## 三、地热发电方式

要利用地下热能,首先需要由载热体把地下的热能带到地面上来。目前,能够被地热电站利用的载热体主要是地下的天然蒸汽和热水。按照载热体类型、温度、压力和其他特性的不同,可把地热发电的方式划分为地热蒸汽发电和地下热水发电两大类。此外,还有正在研究试验的地压地热发电系统和干热岩地热发电系统。

### (一)地热蒸汽发电

#### 1.地热干蒸汽发电

(1)背压式汽轮机发电系统的工作原理。首先把干蒸汽从蒸汽井中引出,先加以净化,经过分离器分离出所含的固体杂质,然后就可把蒸汽通入汽轮机做功,驱动发电机发电。做功后的蒸汽可直接排入大气,也可用于工业生产中的加热过程。这种系统大多用于地热蒸汽中不凝结气体含量很高的场合,或者综合利用于工农业生产和人们生活的场合。

(2)凝汽式汽轮机发电系统。为提高地热电站的机组出力和发电效率,通常采用凝汽式汽轮机地热蒸汽发电系统。在该系统中,由于蒸汽在汽轮机中能膨胀到很低的压力,因而能做出更多的功。做功后的蒸汽排入混合式凝汽器,并在其中被循环水泵打入冷却水所冷却而凝结成水,然后排走。在凝汽器中,为保持很低的冷凝压力(真空状态),设有两台带有冷却器的射汽抽气器来抽气,把由地热蒸汽带来的各种不凝结气体和外界漏入系统中的空气从凝汽器中抽走。

#### 2.地热湿蒸汽发电

(1)单级闪蒸地热湿蒸汽发电系统。不带深井泵的自喷井、井口流体为湿蒸汽的单级闪蒸地热发电系统。这种系统的闪蒸过程是在井内进行的,然后在地面进行汽水分离,分离后的蒸汽送往汽轮发电机组发电。从广义上说,它也是一种闪蒸发电系统。它和干蒸汽发电系统相比,所不同的是多了一个汽水分离器和浮球止回阀——防止分离出来的地热蒸汽中含有水分进入汽轮机。这类地热电站,在墨西哥的 Cerro Prieto,日本的大岳、大沼、鬼首、葛根田,萨尔瓦多的 Ahuachapan,苏联的 Pauzhetka 等,都有机组运行。

(2)两级闪蒸地热湿蒸汽发电系统。当由汽水分离器排出的饱和水温度仍较高时,为了充分利用这部分废弃热水的能量,可采用两级闪蒸发电系统,即在汽水分离器后多装一台闪蒸器,将分离器排出的饱和水在闪蒸器内闪蒸,产生一部分低压蒸汽,作为二次蒸汽,进入汽轮机的低压缸,和膨胀后的一次蒸汽一起,在汽轮机内一起膨胀至终点状态。这种两级闪蒸的地热电站,在新西兰的 Wairakei、日本的八町原和冰岛的 Krafla 都有运行。

## (二)地下热水发电

地下热水发电有两种方式:一种是直接利用地下热水所产生的蒸汽进入汽轮机工作,叫作闪蒸地热发电系统;另一种是利用地下热水来加热某种低沸点工质,使其产生蒸汽进入汽轮机工作,叫作双循环地热发电系统。

1.闪蒸地热发电系统

在此种方式下,不论地热资源是湿蒸汽田或是热水田,都是直接利用地下热水所产生的蒸汽来推动汽轮机做功。

根据水的沸点和压力之间的关系,就把 100 ℃以下的地下热水送入一个密封的容器中进行抽气降压,使温度不太高的地下热水因气压降低而沸腾,变成蒸汽。由于热水降压蒸发的速度很快,是一种闪急蒸发过程,同时,热水蒸发产生蒸汽时,它的体积要迅速扩大,所以这个容器就叫作闪蒸器或扩容器。用这种方法来产生蒸汽的发电系统,叫作闪蒸法。

地热发电系统也叫作减压扩容法地热发电系统。它又可以分为单级闪蒸地热发电系统、两级闪蒸地热发电系统和全流法地热发电系统等。

(1)单级闪蒸地热发电系统。由热水井出来的地热水先进入闪蒸器(亦称降压扩容器)降压闪蒸,生产出一部分低压饱和蒸汽及饱和水,然后蒸汽进入凝汽式汽轮发电机组将其热能转变为机械能及电能,残留的饱和水则回灌地下。如美国加州的 East Mesa 地热电站属于此类型。

(2)两级闪蒸地热发电系统。第一次闪蒸器中剩下来汽化的热水又进入第二次压力进一步降低的闪蒸器,产生压力更低的蒸汽再进入汽轮机做功。它的发电量可比单级闪蒸法发电系统增加 15%~20%。我国羊八井地热电站有的机组就是采用这种发电系统。

(3)全流法地热发电系统。全流法地热发电系统是把地热井口的全部流体,包括蒸汽、热水、不凝气体及化学物质等,不经处理直接送进全流动力机械中膨胀做功,而后排放或收集到凝汽器中,这样可以充分地利用地热流体的全部能量。该系统由螺杆膨胀器、汽轮发电机组和冷凝器等部分组成。它的单位净输出功率可比单级闪蒸法和两级闪蒸法发电系统的单位净输出功率分别提高 60%和 30%左右。

采用闪蒸法发电的地热电站基本上是沿用火力发电厂的技术,即将地下热水送入减压设备——扩容器,将产生的低压水蒸气导入汽轮机做功。在热水温度低于 100 ℃时,全热力系统处于负压状态。这种电站设备简单,易于制造,可以采用混合式热交换器。其缺点是设备尺寸大,容易腐蚀结垢,热效率较低。由于是直接以地下热水为工质,因而对于地下热水的温度、矿化度以及不凝气体含量等有较高的要求。

**2.双循环地热发电系统**

双循环地热发电也叫作低沸点工质地热发电或中间介质法地热发电,又叫作热交换法地热发电。这是在国际上兴起的一种地热发电新技术。这种发电方式不是直接利用地下热水所产生的蒸汽进入汽轮机做功,而是通过热交换器利用地下热水来加热某种低沸点的工质,使之变为蒸汽,然后以此蒸汽去推动汽轮机,并带动发电机发电;汽轮机排出的废气经凝汽器冷凝成液体,使工质再回到蒸发器重新受热,循环使用。在这种发电系统中,低沸点介质常采用两种流体:一种是采用地热流体作热源,另一种是采用低沸点工质流体作为一种工作介质来完成将地下热水的热能转变为机械能。双循环地热发电系统即由此而得名。常用的低沸点工质有氯乙烷、正丁烷、异丁烷、氟利昂-11、氟利昂-12 等。

在常压下,水的沸点为 100 ℃,而低沸点的工质在常压下的沸点要比水的沸点低得多。根据低沸点工质的这种特点,就可以用 100 ℃以下的地下热水加热低沸点工质,使它产生具有较高压力的蒸汽来推动汽轮机做功。这些蒸汽在冷凝器中凝结后,用泵把低沸点工质重新打回热交换器循环使用。这种发电方法的优点是,利用低温位热能的热效率较高;设备紧凑,汽轮机的尺寸小;易于适应化学成分比较复杂的地下热水。其缺点是不像扩容法那样可以方便地使用混合式蒸发器和冷凝器;大部分低沸点工质传热性都比水差,采用此方式需有相当大的金属换热面积;低沸点工质价格较高,来源少,有些低沸点工质还有易燃、易爆、有毒、不稳定、对金属有腐蚀等特性。双循环地热发电系统又可分为单级双循环地热发电系统、两级双循环地热发电系统和闪蒸与双循环两级串联发电系统等。

(1)单级双循环地热发电系统。发电后的热排水还有很高的温度,可达 50~60 ℃。

(2)两级双循环地热发电系统。两级双循环地热发电系统是利用单级双循环发电系统发电后的热排水中的热量再次发电的系统。采用两级利用方案,各级蒸发器中的蒸发压力要综合考虑,选择最佳数值。如果这些数值选择合理,那么在地下热水的水量和温度一定的情况下,一般可提高发电量 20%左右。这一系统的优点是能更充分地利用地下热水的热量,降低发电的热水消耗率;缺点是增加了设备的投资和运行的复杂性。

(3)闪蒸与双循环两级串联发电系统。该系统是前面的闪蒸系统与两级双循环系统的结合。

## (三)地压地热发电

地压地热是指埋深在 2~3 km 以下的第三纪碎屑沉积物中的孔隙水,由于热储层上面有盖层负荷,因而地热水具有异常高的压力,此外还具有较高温度并饱含着天然气。这种资源的能源由以下三方面所组成:①高温水势能;②高温地热能;③地压水中饱含的甲烷等天然气的化学能。甲烷等天然气是该资源开发的主要目标。

利用地压地热发电的方案有多种。地热水在高压及低压分离器中将天然气分离出来送往用户或发电。高压地热水通过水力涡轮发电机组利用其势能来发电,然后高温地热水在一个双工质循环中再利用其热能来发电。

## (四)干热岩地热发电

干热岩是由地球深处的辐射或固化岩浆的作用,在地壳中蕴藏的一种不存在水或蒸汽的高温岩体。地球上的干热岩资源占已探明地热资源的 30% 左右,其中距地表 4~6 km 岩体温度为 200 ℃的干热岩具有较高的开采和利用价值。

利用干热岩发电与传统热电站发电的区别主要是采热方式不同。干热岩地热发电的流程为:注水井将低温水输入热储水库中,经过高温岩体加热后,在临界状态下以高温水、汽的形式通过生产井回收发电。发电后将冷却水排至注入井中,重新循环,反复利用。在此闭合回流系统中不排放废水、废物、废气,对环境没有影响。

天然的干热岩没有热储水库,需在岩体内部形成网裂缝,以使注入的冷水能够被干热岩体加热形成一定容量的人工热储水库。人工网裂缝热储水库可采用水压法、化学法或定向微爆法形成。其中,水压法应用最广,它是向注水井高压注入低温水,然后经过干热岩加热产生非常高的压力。在岩体致密无裂隙的情况下,高压水会使岩体在垂直最小的应力方向上产生许多裂缝。若岩体中本来就有少量天然节理,则高压水会先向天然节理中运移,形成更大的裂缝,其裂缝方向受地应力系统的影响。随着低温水的不断注入,裂缝持续增加、扩大,并相互连通,最终形成面状的人工热储水库,而其外围仍然保持原来的状态。由于人工热储水库在地面以下,因此需利用微震监测系统、化学示踪剂、声发射测量等方法监测,并反演出人工热储水库构造的空间三维分布。

从生产井提取到高温水、蒸汽等中间介质后,即可采用常规地热发电的方式发电,如前所述。

干热岩地热发电与传统能源发电相比,可大幅降低温室效应和酸雨对环境的影响。干热岩地热发电与核能、太阳能或其他可再生能源发电相比,尽管目前技术尚未成熟,但作为重要的潜在能源,已具备了一定的商业价值。在采用先进的钻井和人工热储水库技术条件下,干热岩地热发电比传统火力、水力发电更具有电价竞争力,届时干热岩地热资源将成为全球的主导能源之一。

# 第五节　地热发电技术发展规划

## 一、高温岩体发电技术

高温岩体发电的方法是打两口深井至地壳深处的干热岩层。一口为注水井,另一口为生产井。首先用水压破碎法在井底形成渗透性很好的裂带,然后通过注水井将水从地面注入高温岩体中,使其加热后再从生产井抽出地表进行发电,发电后的废水再通过注水井回灌到地下形成循环。

高温岩体发电在许多方面比天然蒸汽或热水发电优越。干热岩热能的储存量比较大,可以较稳定地供给发电机热量,且使用寿命长。从地表注入地下的清洁水被干热岩加热后,热水的温度高,由于它们在地下停留时间短,来不及溶解岩层中大量的矿物质,因此比一般地热水夹带的杂质少。据日本中央电力研究所估算,干热岩发电成本接近水力发电成本,但目前仅处在试验阶段。

这种发电方式的构想是美国新墨西哥州的洛斯-阿拉莫斯国家实验室提出的。在地面以下 3~4 km 处有 200~300 ℃ 高温的低渗透率的花岗岩体,通过注入高压水制造一个高渗透的裂隙带作为人工热储层。然后在人工热储层中打一口注水井和一口生产井。通过封闭的水循环系统把高温岩体热量带到地面进行发电。洛斯-阿拉莫斯国家实验室在试验基地内钻的两口深度约为 3 km 的井,温度约为 200 ℃。这一循环发电试验进行了 286 d,获得 3 500~5 000 kW 的热能,相当于 500 kW 电能,从而在世界上首次证实了这种方案的可行性。日本在岐阜县上郡肘折地区也进行了高温干热岩体的发电试验,与美国洛斯-阿拉莫斯国家实验室试验不同的是,它钻探了 3 口生产井,开始在深度为 1 800 m、温度为 250 ℃ 的干热岩中进行了为期 80 d 的循环试验,获得约 8 000 kW 的热能。

## 二、岩浆发电技术

岩浆发电就是把井钻到岩浆囊,直接获取那里的热量进行发电。美国在圣地亚研究所进行了技术的可行性研究,至目前为止,仅在夏威夷用喷水式钻头钻探到温度为 1 020~1 170 ℃ 的岩浆囊中(进入岩浆囊深 29 m)。

## 三、联合循环地热发电技术

不同的地热发电技术,其进行单一的使用时会具有较低的循环效率,且通常在 20% 以下,这主要是由于存在较多的具有较高温度的尾水无法被有效利用。这就需要在未来的地热资源发电技术的发展中,将不同的发电技术进行综合利用。采用联合循环的方式不仅可以对地热资源中的高温部分进行有效利用,而且实现对其低温部分的有效利用,最大限度地提高对地热资源的利用,甚至可以将地热资源与其他的太阳能等资源进行结合来利用。

## 四、低温地热资源发电技术

在已探明的地热资源中,低温地热资源占据大多数,所以未来可以对卡琳娜循环发电技术进行深入研究和应用,发挥其可以对低温地热资源进行利用的优势,通过对其发电系统中的氨和水的比例进行优化来降低其对环境的影响,提高对低温地热资源的利用效率。

## 五、对中深层的地热资源进行利用

现代岩浆在地壳内广泛存在,其向上运动的过程中会与中深层的水进行耦合并形成具有较高热能的地热资源。此种资源通常位于距地面 3~10 km 的位置,而且温度可以达到 200 ℃ 以上,还具有较高的储量,此外,由于其具有较低的回灌要求以及较低的地下水矿化度,所以便于对其进行利用。

# 第六节　地热能开发利用的环境保护

地热能是一种可再生能源,虽然与常规能源相比,其对环境的影响较小,但随着人们环保意识的提高和环境法规的日益严格,在地热能的利用中仍然要重视环保问题。

地热能在开发利用中可能对环境造成的污染来自三个方面:一是地热水本身的化学成分,地热水中常含有 F、As、B、Hg、Pb 等化学成分,这些化学成分超过一定值,便会构成污染组分;二是来自使用地热水时用的添加剂,如防结垢、防腐蚀的添加剂,为清除某些成分,在地热水中加酸、碱及各种絮凝剂、凝结剂等化学药品,它们的含量一般不大,但会改变地热水的化学成分,对环境产生不利影响;三是利用过程中产生的污染物,如地热发电中需要的各种矿物油、清洗剂及泄漏的低沸点工质等带来的污染,又如水产养殖时水中的残饵和鱼类粪便等的污染,以及各种热利用中产生的废弃物,如来自除垢及处理水时产生的废污泥等的污染。这三类污染物随地热水的排放,可能造成对大气、地表与地下水源及土壤的污染。在地热开发利用中,应设法防止与减少污染,以及对污染进行治理。

## 一、地热尾水的排放

为了保护热储、防止地面沉降和避免污染地表水,要考虑地热尾水的排放。

### (一)尾水排放的原则

(1)排入环境的尾水必须符合排放标准。

(2)采用最佳的排放技术方案和合理的经济费用,既做到保护环境,技术可行,又节约经费。

(3)应考虑工程所在地区的区域污染系的构成和特点,即区域污染源的密集程度、污染源所处的位置、污染源的排放特征(排放污染物的物理、化学、生物特征等)以及当地气象气候、地质地貌、地上地下径流的水文状况等环境条件特征,对尾水排放方案及其对环境的影响进行论证与评价。

### (二)尾水排放途径

(1)排入城镇下水道。若地热利用工程距城镇较近,且有城镇下水工程设施,尾水也符合《污水综合排放标准》(GB 8978—1996),将尾水排入下水管网是较好的排放途径。

(2)排入地面水域。即排入江河、湖泊、运河渠道、水库等。但尾水应符合各类保护水源、工业、农业、景观用水区,珍贵鱼类与水产养殖等方面的排放标准。

(3)蒸发塘。开挖并筑堤,围出一大块地积存地热尾水,让其自由蒸发,在日蒸发量达 1 500~2 000 mm 的干旱区是可行的。蒸发塘不宜有与地表水系相连的出口,且应砌有不透水层,以防污染地下水。

(4)污水灌溉及地面渗散。主要是靠生物对尾水组成进行降解的一种处理方法,即利用土壤生物自净及植物吸收等作用处理有机尾水。为保护环境,防止有害有毒物质污染,灌溉水应符合农田灌溉水质标准。

（5）排入海洋。必须符合《污水综合排放标准》(GB 8978—1996)的有关规定。未达标准者,须经处理后并达到标准方可排入海洋。

（6）热储回灌。它是指借助某些工程设施将抽用后未被污染的地热水或其凝结水,用自流或压力方式注入热储层。这种方法可以增加地热水的补给量,保持热储压力,防止过量开采而引起地面沉降,减少地热水中有害成分及温度对地面环境的污染,同时也可从热储中取出更多的热量,因此回灌是延长地热田寿命和防止环境污染的重要手段。

深部热储的高渗透带是热储能否进行回灌的先决条件。因它既有利于回灌水下渗,又能从热储中"扫出"更多的热,使温度较低的回灌水在深部加热后再补给生产层。要根据热储层的岩性特征、渗透系数、地下水位、井的结构及设备条件等来选择回灌方式,主要采用无压(自流)、负压(真空)和有压(正压)三种方式回灌。回灌井的深度是井必须伸到热储层。一般采取比生产井深或同深,以较深为好,因较低温度的回灌水进入热储深部,通过加热后可再流向生产井。回灌井与生产井的相互位置是生产井在热田一边,回灌井在另一边,两种井的间距要大。回灌量与抽水量一般保持相当,以便维持地热田长久开采。

热储温度的变化是影响生产井寿命的不可忽视的因素,因此应通过分析整理回灌量、抽水量与压力、温度关系曲线,确定最佳回灌量。一般回灌量应该由小到大逐渐增加。

回灌中可能出现的问题包括堵塞、回灌井水质变坏、回灌井出砂等。回灌井是否堵塞,可通过检查回灌压力与回灌量记录数据判断。如回灌量不变而井内回灌水位(压力)逐渐或迅速上升,或保持一定的回灌压力而回灌量逐渐减少,甚至灌不进去,就可能出现堵塞。回灌井水质变坏,是由回灌井的井身损坏而渗入其他质差的水造成的。长期回灌后回灌井突然大量出砂,可能是由于回灌井的滤网破裂,严重的必须停止回灌。

研究开发热储性质及其回灌的反应,可由示踪剂试验测定。这种试验主要依靠在抽水试验用的观测井或回灌试验的回灌井中投入示踪剂,在生产井或周围的观测井中频繁取样观测示踪剂含量的变化,制取示踪剂含量随时间的变化曲线,确定热储渗透性的高低、生产井温度下降的程度等。常用示踪剂有:①化学示踪剂,包括碘盐、荧光染料等;②放射性示踪剂,包括 α 射线和 β 射线。

（三）尾水排放中的环境监测

它是地热开发利用过程中环境保护的重要组成部分,包括定期对受纳水体及土壤等采样分析,了解地热尾水排放对环境质量的影响及需采取的对策,检查执行环境标准的情况。

## 二、地热水的除氟

氟虽是人体必需的微量元素,但摄入过量的氟会引起氟中毒,导致氟牙症、腰酸腿疼、关节僵硬、甲状腺功能失调、肾功能障碍等。防止水源的氟污染,是环境保护的一个重要方面。许多地热水的含氟量很高,有的高达 20 mg/L,不仅远高于饮用水标准(1 mg/L)及渔业水域水质标准(1 mg/L),而且高于农田灌溉用水水质标准(3 mg/L)。因此,对高氟地热水必须进行除氟处理,方可利用或排放。

除氟方法有吸附过滤法、投药沉淀法、电渗析法、离子交换树脂法、反渗透法、水生植物吸收法等。

吸附过滤法是将地热水通过活性滤料床,氟被吸附,从而使水的氟含量达到要求的标准。使用后的滤料通过再生可重复使用。滤料有活性氧化铝、活性铝盐、羟基磷酸盐、沸石、复合胶泥、骨炭及其他多孔物料(如麦饭石、活性炭、炉渣等)。目前,国内应用最广泛的是活性氧化铝吸附过滤法。

投药沉淀法又称混凝沉淀法,多用于高含氟量水的前处理。沉淀剂有石灰、石灰-铝盐、石灰-镁盐、石灰-磷酸盐等。使用这种方法要注意含氟沉淀物带来的二次污染问题。

电渗析法是在外加直流电场参与下,使离子分离的电解过程。这种方法结构简单、操作容易,不需要特殊维修,可长期稳定运转。但有极化结垢问题,须定期清洗,才能稳定运转。

离子交换树脂法是用树脂材料中的氢离子或氢氧根离子置换水中氟化物的相应离子。交换树脂饱和后,通过再生可重复使用。这种方法除氟率可高达80%~90%。

反渗透法是使地热水强制通过半透膜而去氟,除氟率可达88%~92%。

水生植物吸附法是利用水生植物(如芦莲)吸收水中的氟,起到降氟的效果。在选择除氟方法时,应考虑地热水水流量大、温度高(一般是50~80 ℃)、水质成分复杂的特点。

此外,地热水对金属结构的腐蚀及防腐、地热水的防垢与除垢等问题也是地热能开发利用中值得注意与研究的问题。

# 第十一章 新能源与电网

## 第一节 新能源与特高压电网

### 一、电力网

电力系统是由发电、输电、供配、用电等环节组成的电能生产、传输、分配与消费的系统。

发电环节的发电厂又称发电站,是将自然界蕴藏的各种一次能源转换为电能(二次能源)的工厂,将其他形式的能量(煤炭、石油、天然气、水能、核能、太阳能、生物质能、地热能、潮汐能等)转换为电能的工厂。

根据能量转换方式,发电厂有多种发电途径:以靠燃煤炭、石油或天然气驱动涡轮机发电的称火电厂;利用水力发电的称水电站;利用核燃料为能源发电的电站称为核电站;还有利用太阳能(光伏、太阳能热力发电)、风能、生物质能、地热能、潮汐能等新能源发电的电站。由于利用化石能源(煤炭、石油、天然气)发电燃烧时会对环境产生污染,尤其是产生污染的温室气体二氧化碳,现在世界各国大力利用水能、太阳能、风能、生物质能、地热能、潮汐能等可再生能源发电,这些新能源不仅不排放二氧化碳,而且整个发电过程对环境污染也远远小于化石燃料。

电力网又称电网,是电力系统的一部分,电网包括输电、配电和用电环节,由变电站和各种电压的线路组成,是协调电力生产、分配、输送和消费的重要基础设施,用于联系发电厂和电力用户。

对应于电力系统,动力系统指电力系统和动力部分的总和。其中,动力部分包括火电厂的锅炉、汽轮机、热力网和用热设备。

电网中的重要组成部分输电网的功能是将发电厂发出的电力送到消费电能的地区,或进行相邻电网之间的电力互送,形成互联电网;配电网的功能是接受输电网输送的电力,然后进行再分配,输送到城市和农村,进一步分配和供给工业、农业、商业、居民以及有特殊需要的用电部门。

电力系统必须保证安全稳定运行。安全稳定是电力系统正常运行的最基本要求。安全就是指运行中所有电力设备必须在它们允许的电流、电压、频率的幅值和时间限额内运行,其不安全的后果可能导致电力设备的损坏;稳定是指电力系统可以连续向负荷正常供电的状态。

将火电厂的电力输送到电力用户,自然要通过电力网,同样将新能源发电站发出的电能输送到用户,也必须通过电网进行输送。电压越高,输送过程中损耗越小,电压越低,损耗越大。如果新能源电能通过低压电网进行传输，一方面输送距离不可能很远，另一方面线路电能损耗也较大。因此，远距离输送电力必须通过高压电网。

## 二、特高压电网

特高压电网是指 1 000 kV 交流电网或 ±800 kV 直流电网。输电电压一般分高压、超高压和特高压。国际上，高压通常指 35~220 kV 的电压；超高压(EHV)通常指 330 kV 及以上、1 000 kV 以下的电压；特高压指 1 000 kV 及以上的电压。高压直流通常指的是 ±600 kV 及以下的直流输电电压，±800 kV 及以上的电压称为特高压直流输电。

特高压电网的技术优势：

(1)输送容量大。能充分发挥规模输电的优势，采用 4 000 A 晶闸管换流阀，±800 kV 直流特高压输电能力可达到 640 万 kW，是 ±500 kV、300 万 kW 高压直流方式的 2.1 倍，是 ±600 kV、380 万 kW 高压直流方式的 1.7 倍。

(2)送电距离长。采用 ±800 kV 直流输电技术使得超远距离的送电成为可能，经济输电距离可以达到 2 500 km，甚至更远。我国用电负荷中心和能源产能中心呈逆向分布，即产能中心与用电负荷中心不一致，呈现相反分布特征，发电中心不是用电中心，我国负荷中心集中在东南沿海地区，而能源中心主要集中在中西部。唯有建设全国性的大电网，才能满足大规模可再生能源的远距离输送和异地消纳，远距离将可再生能源电力输送，关系到我国未来低碳电力目标的实现。

(3)线路损耗低。在导线总截面面积、输送容量均相同的情况下，±800 kV 直流线路的电阻损耗是 ±500 kV 直流线路的 39%，是 ±600 kV 级直流线路的 60%，可以提高输电效率，节省运行费用。远距离输电必须尽量减少输电损耗。

## 三、特高压电网是大型可再生能源发电输送的必然选择

特高压电网的最大特点就是长距离、大容量、低损耗输送电力。据测算，1 000 kV 交流特高压输电线路的输电能力超过 500 万 kW，接近 500 kV 超高压交流输电线路的 5 倍。±800 kV 直流特高压的输电能力达到 700 万 kW，是 ±500 kV 超高压直流线路输电能力的 2.4 倍。

我国 76% 的煤炭资源分布在北部和西北部；80% 的水能资源分布在西南部；绝大部分陆地风能、太阳能资源分布在西北部。同时，70% 以上的能源需求却集中在东中部。能源基地与负荷中心的距离在 1 000~3 000 km。

在负荷中心区大规模展开电源建设会受到种种制约，如对于火电厂就涉及煤炭运输问题、环境污染问题等。而且，建设火电还可以靠煤炭运输，而水电、风电由于不可能把水和风像煤那样运输，因此无法实现。一边是无法大规模建设电源点，一边又守着水能、风能等宝贵的清洁能源望水兴叹、望风兴叹，可见在负荷中心大规模开展电源建设这条思路是不可行的。因此，特高压电网是大型可再生能源发电输送的必然选择。

首先，特高压电网有利于资源优化配置。随着我国能源战略西移，大型能源基地与能

源消费中心的距离越来越远,能源输送的规模也将越来越大。在传统的铁路、公路、航运、管道等运输方式的基础上,提高电网运输能力,也是缓解运输压力的一种选择。特别是未来,中国优化煤电开发与布局,清洁能源的快速发展,以及构筑稳定、经济、清洁、安全的能源供应体系,迫切需要特高压电网发挥电网的能源资源优化配置平台的作用。

其次,特高压电网更是清洁能源大发展的必要支撑。中国的水能、风能、太阳能等可再生能源资源具有规模大、分布集中的特点,而所在地区大多负荷需求水平较低,需要走集中开发、规模外送、大范围消纳的发展道路。只有特高压才能够解决清洁能源发电大范围消纳的问题。在我国内蒙古曾出现过风电因为没有输送通道而送不出的问题,就是所谓的"弃风"现象。事实上,中国风电主要集中在三北地区,当地消纳空间非常有限。风电的进一步发展,客观上需要扩大风电消纳范围,大风电必须融入大电网,坚强的大电网能够显著提高风电消纳能力。特高压电网将构成我国大容量、远距离的能源输送通道。

## 四、特高压电网输送可再生能源实例

### (一)可再生能源发电特高压输送工程实例1——风电太阳能发电输送工程

为满足新疆哈密市的电力外送,尤其是风电资源的外送,同时解决河南电网电力紧缺,推动新疆跨越式发展,落实国家"疆电外送"战略,哈密南—郑州±800 kV 特高压直流输电工程建设并正式投入运行。这是世界上输送功率最大的直流输电工程,也是西北地区大型火电、风电基地电力打捆送出的首个特高压工程。

工程起于新疆哈密南换流站,止于河南郑州换流站,途经新疆、甘肃、宁夏、陕西、山西、河南 6 省(自治区),线路全长 2 192 km(含黄河大跨越 3.9 km),额定电压±800 kV,额定直流电流 5 000 A,额定输送功率 800 万 kW。与以往特高压直流输电工程相比,该工程输送容量更大、送电距离更远、技术水平更先进,代表了当前世界直流输电技术的最高应用水平。

新疆哈密市煤炭资源储藏量大、煤质好、埋藏浅、分布集中,同时还是我国千万千瓦风电基地之一,是不可多得的可同时大规模发展煤电和风电的大型能源基地。与新疆其他能源基地相比,哈密市局部消纳能力有限,距离华中负荷中心最近,具备优先开发条件。

工程投运后,每年可向华中地区输送电量 500 亿 kW·h,相当于运输煤炭 2 300 万 t,减少排放二氧化碳 4 000 万 t、二氧化硫 33 万 t,直接拉动新疆投资 1 000 亿元,拉动河南GDP 增长 2 500 亿元,经济效益和社会效益十分显著,成为连接西部边疆与中原地区的"电力丝绸之路"。

该特高压直流输电工程构建了西电东送大动脉,对服务西部大开发战略、推动新疆资源优势转化为发展优势、缓解华中地区用电紧张局面具有重要作用,打通了清洁能源大通道,为实现西北风电、太阳能发电的大规模开发、打捆外送和大范围优化配置,促进全国电力市场建设,有效解决雾霾问题创造了条件;带动了直流技术上台阶,推动特高压直流输电技术不断进步、日趋成熟,进一步巩固、扩大了我国在特高压输电技术开发、装备制造和工程应用领域的国际领先优势。

（二）可再生能源发电特高压输送工程实例 2——水电输送工程

为满足金沙江下游向家坝、溪洛渡等水电外送需要，同时解决用电负荷中心上海地区用电紧张，实施西电东送战略，国家核准建设向家坝—上海±800 kV 特高压直流输电示范工程，并投入运行。工程在±500 kV 超高压直流输电工程的基础上，在世界范围内率先实现了直流输电电压和电流的双提升、输电容量和送电距离的双突破，它的成功建设和投入运行，标志着国家电网全面进入特高压交、直流混合电网时代。

该特高压工程起于四川宜宾复龙换流站，止于上海奉贤换流站，途经四川、重庆、湖北、湖南、安徽、浙江、江苏、上海 8 省（直辖市），4 次跨越长江。线路全长 1 891 km。工程额定电压为±800 kV，额定电流 4 000 A，额定输送功率为 640 万 kW，最大连续输送功率为720 万 kW。

该工程投运后，每年可向上海输送 320 亿 kW·h 的清洁电能，最大输送功率约占上海高峰负荷的 1/3，可节省原煤 1 500 万 t，减排二氧化碳超过 3 000 万 t。

向家坝—上海±800 kV 特高压直流输电示范工程在超远距离、超大规模输电技术上取得全面突破，为加快我国西部地区清洁能源的大规模开发，提高非化石能源比重，形成可持续的能源供应体系，应对气候变化挑战奠定了坚实的基础，是迎接新能源革命的开创工程。国家电网全面进入特高压交、直流电网时代，为推动电力布局从就地平衡向全国乃至更大范围统筹平衡转变，为从根本上解决长期存在的煤电运紧张矛盾奠定了坚实的基础，是转变我国电力发展方式的关键工程。

# 第二节　新能源与智能电网

当前，各国都在大力发展新能源发电产业。然而新能源发电（如风力发电、太阳能发电等）都具有间歇性，当电网中的间歇性新能源电量达到一定程度时会对电网安全造成严重影响，如风电装机容量的突飞猛进给电网接入带来了巨大挑战。特别是中国规划建设 7 个千万千瓦级风电基地，风电无法就地消纳，需要依托高电压等级、大规模远距离输送，由此带来系统调峰调频、电网适应性、电压控制、安全稳定性等问题。如果新能源电量比例在 5% 以下，现有电网完全可以消纳。要解决电网对新能源发电的消纳能力，只有依靠智能电网。

## 一、智能电网概述

智能电网就是电网的智能化，它是建立在集成的、高速双向通信网络的基础上，通过先进的传感和测量技术、先进的设备技术、先进的控制方法以及先进的决策支持系统技术的应用，实现电网的可靠、安全、经济、高效、环境友好和使用安全的目标。

智能电网需要解决以下几个方面的问题：一是通过传感器连接资产和设备提高数字化程度；二是数据的整合体系和数据的收集体系；三是进行分析的能力，即依据已经掌握的数据进行相关分析，以优化运行和管理。

电网智能化体现在智能化变电站、智能发电、智能输电、智能配电网、智能用电和智能调度六大方面。智能变电站是采用先进、可靠、集成和环保的智能设备,以全站信息数字化、通信平台网络化、信息共享标准化为基本要求,自动完成信息采集、测量、控制、保护、计量和检测等基本功能,同时具备支持电网实时自动控制、智能调节、在线分析决策和协同互动等高级功能的变电站。

当前各国都在推进电网的智能化,各国对智能电网的定义以及智能电网建设的侧重点有所不同。

美国能源部对智能电网的定义是智能电网 2030 计划,即"Grid 2030",它将智能电网定义为:一个完全自动化的电力传输网络,能够监视和控制每个用户和电网节点,保证从电厂到终端用户整个输配电过程中所有节点之间的信息和电能的双向流动,可以看出它更侧重于电网用电侧的智能化。

在欧洲技术论坛上,将智能电网表述为:一个可整合所有连接到电网用户,所有行为的电力传输网络,以有效提供持续、经济和安全的电力。

中国物联网校企联盟表述智能电网为:智能电网由很多部分组成,可分为智能变电站、智能配电网、智能电能表、智能交互终端、智能调度、智能家电、智能用电楼宇、智能城市用电网、智能发电系统、新型储能系统。国家电网中国电力科学研究院表述为:以物理电网为基础(中国的智能电网是以特高压电网为骨干网架、各电压等级电网协调发展的物理电网为基础),将现代先进的传感测量技术、通信技术、信息技术、计算机技术和控制技术与物理电网高度集成而形成的新型电网。以充分满足用户对电力的需求和优化资源配置,确保电力供应的安全性、可靠性和经济性,满足环保约束,保证电能质量,适应电力市场化发展等为目的,实现对用户可靠、经济、清洁、互动的电力供应和增值服务。在中国对智能电网都是采用国家电网中国电力科学研究院的定义。中国智能电网更加强调特高压电网的智能化。

## 二、智能电网的特性

通过对智能电网的描述,可以得出智能电网的以下特点:

(1)坚强。在电网发生大扰动和故障时,仍能保持对用户供应电力,而不发生大面积停电事故;在自然灾害、极端气候条件下或外力破坏下仍能保证电网的安全运行;具有确保电力信息安全的能力。

(2)自愈。具有实时、在线和连续的安全评估和分析能力,强大的预警和预防控制能力,以及自动故障诊断、故障隔离和系统自我恢复的能力。

(3)兼容。支持可再生能源的有序、合理接入,适应分布式电源和微电网的接入,能够实现与用户的交互和高效互动,满足用户多样化的电力需求,并提供对用户的增值服务。

(4)经济。支持电力市场运营和电力交易的有效开展,实现资源的优化配置,降低电网损耗,提高能源利用效率。

(5)集成。实现电网信息的高度集成和共享,采用统一的平台和模型,实现标准化、规范化和精益化管理。

（6）优化。优化资产的利用，降低投资成本和运行维护成本。

## 三、新能源需要智能电网

目前，风能、太阳能等清洁能源的开发利用以生产电能的形式为主，建设坚强智能电网可以显著提高电网对清洁能源的接入、消纳和调节能力，有力推动清洁能源的发展。

智能电网应用先进的控制技术以及储能技术，完善清洁能源发电并网的技术标准，提高清洁能源接纳能力。

智能电网合理规划大规模清洁能源基地网架结构和送端电源结构，应用特高压、柔性输电等技术，满足了大规模清洁能源电力输送的要求。如位于我国河西走廊西段的酒泉市素有"世界风库"之称。甘肃省在此建设了我国首个千万千瓦级风电基地——甘肃酒泉千万千瓦级风电场，实现装机容量 550.45 万 kW，风电发电量突破 20 亿 kW·h。但是风电的外送和并网问题一直是困扰风电发展的大难题，只有通过加快建设特高压智能电网，才能提升对可再生能源的接纳能力，为可再生能源的发展提供高效的发展平台。

智能电网对大规模间歇性清洁能源进行合理、经济调度，提高了清洁能源生产运行的经济性。

智能化的配电、用电设备，能够实现对分布式能源的接纳与协调控制，实现与用户的友好互动，使用户享受新能源电力带来的便利。一般来讲，可再生能源发电的分布式供能具有不稳定和不连续的特点，当并网的分布式能源的系统数量越多时，对电网的冲击越大。而智能电网恰恰在这方面有着不可替代的优势，它实现了规模电能储存，做到了稳定、连续供电，其规模储能单元起到了"电能银行"的作用。以风电为例，由于风能的间歇性，特别是风能的高峰时间与用电的高峰时间大部分情况下不吻合，如果要使风能成为主要的能源，能量储存是不可缺少的，智能电网具备这样的能力。

# 第三节　能源互联网

## 一、能源互联网概述

互联网又称因特网、网际网，即是广域网、局域网及单机按照一定的通信协议组成的国际计算机网络。通过互联网，人们可以与远在千里之外的朋友相互发送邮件、共同完成一项工作、共同娱乐，通过互联网完成信息共享。

能源互联网可理解是综合运用先进的电力电子技术、信息技术和智能管理技术，将大量由分布式能量采集装置、分布式能量储存装置和各种类型负载构成的新型电力网络、石油网络、天然气网络等能源节点互联起来，实现能量双向流动的能量对等交换与共享网络。由中国首先提出的能源互联网是指将能源全部转化为电力，然后通过电力网进行互联，连成一个庞大的电力网络。

能源互联网采用先进的传感器、控制和软件应用程序，将能源生产端、能源传输端、能源消费端的数以亿计的设备、机器、系统连接起来,形成能源互联网的"物联基础"。大数据分析、机器学习和预测是能源互联网实现生命体特征的重要技术支撑。能源互联网通过整合运行数据、天气数据、气象数据、电网数据、电力市场数据等,进行大数据分析、负荷预测、发电预测、机器学习,打通并优化能源生产和能源消费端的运作效率、需求和供应,并随时进行动态调整。

## 二、关于全球能源互联网

21 世纪以来,以电为中心、清洁化为特征的能源结构调整加快推进,风能、太阳能、生物质能、海洋能、地热能等可再生能源大规模开发利用。随着技术的不断进步和新材料的应用,风能、太阳能、生物质能、海洋能、地热能等开发效率不断提高,这些可再生能源未来完全有可能成为世界主导能源。同时,绝大部分清洁可再生能源只有转化为电能才能高效利用。全球能源互联网的基本思想是将全球的能源转换为电能,再将全球的电能通过智能电网连接起来,不断提高电能在终端能源消费的比例。

全球能源互联网由跨洲、跨国骨干网架和各国各电压等级电网(输电网、配电网)构成,连接"一极一道"(北极、赤道)大型能源基地,适应各种集中式、分布式电源,能够将风能、太阳能、海洋能等可再生能源输送到各类用户,是服务范围广、配置能力强、安全可靠性高、绿色低碳的全球能源配置平台,具有网架坚强、广泛互联、高度智能、开放互动的特征。

构建全球能源互联网包括洲内联网、洲际联网和全球互联。重点是开发"一极一道"等大型能源基地、构建全球特高压骨干网架、推动智能电网在全球广泛应用、强化能源与电力技术创新。构建全球能源互联网具有显著的规模经济性和网络经济性,意义重大、影响深远,将保障全球能源安全、保护地球生态环境、实现人类社会共同发展。

推进全球能源互联网建设,实现"两个替代"(清洁替代和电能替代),为人类社会可持续发展做出重大贡献。清洁替代是在能源开发上以清洁能源替代化石能源,走低碳绿色发展道路,实现以化石能源为主、清洁能源为辅,向以清洁能源为主、化石能源为辅转变。电能替代是在能源消费上实施以电代煤、以电代油,推广应用电锅炉、电采暖、电制冷、电炊和电动交通等,提高电能在终端能源消费的比例,减少化石能源消耗和环境污染。

能源学者刘振亚认为,全球能源互联网是以特高压电网为骨干网架(也称为通道),以输送清洁能源为主导,全球互联泛在的坚强智能电网。

## 三、坚强智能电网是可再生能源电力的必然选择

20 世纪末,世界能源革命在全球兴起,各国能源和电力的发展面临着转型和升级,电网中的可再生能源电力的比例不断增大,也就是说,电网必须消纳大规模可再生能源电力,因此对电网的智能化要求越来越高,高度智能化成为电网发展的趋势。

未来电网的主要特性是:以非化石能源为主的清洁能源发电占较大的份额,欧美计划达到 70%以上,中国也计划力争超过 50%;主干电网和区域电网、配电网协调发展;采用

大容量、低损耗、环境友好的输电方式;电网的智能化越来越高;配电网可以实现智能化的双向互动。总之,未来的高度智能化以及配电网的智能且双向互动,为清洁能源电力提供保障。

不同电网的特点如表 11-1 所示。未来智能电网是可再生能源电力的必然选择。

表 11-1 不同电网的特点

| 电网类型 | 可以吸纳可再生能源电力份额 | 输送距离 | 输送电能损耗 | 与用户互动情况 |
|---|---|---|---|---|
| 低压电网 | 很小 | 小 | 大 | 不可能 |
| 特高压电网 | 很大 | 较小 | 很小 | 不可能 |
| 智能电网 | 很大 | 很大 | 很小 | 双向互动 |
| 未来智能电网 | 很大 | 很大 | 很小 | 双向互动 |

在中国国家科学技术奖励大会上,"国家电网智能电网创新工程"项目,以其对智能电网前沿技术和关键工艺的突破和对全球智能电网技术发展的引领,荣获 2014 年度国家科技进步一等奖。

智能电网极大地提升了电网接纳新能源的能力,实现了能源资源大范围配置,满足了客户多样化用电需求,已成为世界各国促进经济发展和保障能源安全的必然选择。智能电网是新能源可再生能源电力的必然选择。

# 第十二章　能源经济运行

## 第一节　新能源需求

新能源不仅是传统能源供给的有效补充,而且能够有效降低环境污染。新能源开发利用已经成为世界各国能源可持续发展战略的重要组成部分。本节主要介绍新能源需求的基本概念、新能源需求的主要影响因素和新能源需求预测问题。能源是经济和社会发展的重要物质基础。煤炭、石油、天然气等化石能源资源消耗迅速,生态环境不断恶化,特别是温室气体排放导致日益严峻的全球气候变化,人类社会的可持续发展受到严重威胁。新能源的开发与利用引起世界各国的广泛关注,越来越多的国家采取鼓励新能源发展的政策和措施,新能源的生产规模和使用范围正在不断扩大。新能源不仅是传统能源供给的有效补充,而且能够有效降低环境污染,因此许多国家将新能源作为国家加快培育和发展的战略性新兴产业之一,并为新能源大规模开发利用提供坚实的技术支撑和产业基础。新能源是缓解常规能源供给不足,保证能源安全和能源可持续性供应的根本出路,是从根本上减少环境污染、应对气候变化以及改善生态环境的战略举措。许多国家将开发利用新能源作为能源战略的重要组成部分,提出了明确的新能源发展目标。

### 一、新能源需求的基本概念

新能源需求是消费者在一定时期内,在各种可能的价格水平愿意而且能够购买新能源的数量。如果消费者对新能源只有购买的欲望而没有购买的能力,就不算需求。新能源需求必须是指消费者既有购买欲望又有购买能力的有效需求。消费者对社会产品和服务的需求是一种绝对需求;而新能源需求在很大程度上是一种派生需求,是由消费者对社会产品和服务的需求而派生出来的。新能源需求从本质上来说,类似于劳动、资本生产要素,因为新能源可以转换为生产过程中所需的动力,与劳动、资本等生产要素相结合,从而为市场提供产品和服务。新能源需求在实际应用中容易与新能源消费相混淆。新能源消费量是有效能源需求的反映,由于新能源需求一般很难测度,因此在实际分析中用新能源消费代替新能源需求。本章在不引起混淆的地方也不严格区分新能源需求与新能源消费两个概念。

### 二、新能源需求的主要影响因素

影响新能源需求的主要因素有:新能源的价格、技术进步、经济发展水平、政府的环保意识和环保政策等。由于影响新能源需求的因素很多,这些影响因素之间又互相影响,错综复杂,下面仅对几个主要因素做简单分析。

（一）新能源价格

与其他任何商品一样,新能源价格也是影响新能源需求的一个主要因素,并且新能源的市场化程度越高,新能源价格对能源需求的影响也越大。根据西方经济学的理论,新能源价格主要取决于新能源成本。目前,新能源的成本均比常规能源高。新能源发电成本通过影响新能源价格,进而对新能源需求产生影响。在市场经济条件下,新能源价格与新能源需求二者之间呈反向关系,即新能源价格上涨,新能源需求减少;反之,新能源价格下跌,新能源需求增加。

（二）技术进步

科技进步对新能源需求量的影响,主要表现在以下两方面:

（1）技术进步的能源"回弹效应"。也就是说,技术进步可以减少对能源的消费,但同时技术进步也可促进经济的增长,进一步增加对能源的需求,抵消了部分节约的能源。例如,消费者购买了更省油的汽车之后,单位里程的运行成本下降,可能会选择更频繁地驾驶;生产者也可能因为生产成本下降而扩大产量,从而有可能消耗更多的能源。这些十分常见的微观经济主体的行为反应,在总体上导致了宏观经济中原本可能实现的能源节省发生较大幅度的"回弹",节能减排的实际效果与预计目标产生严重背离。因此,科技进步对新能源的需求量会产生影响。

（2）科技进步使新能源的开发利用成为可能,从而导致能源消费结构的根本性变化,进而从根本上改变新能源需求量的发展变化趋势。例如,世界上主要的发电方式有火力发电、水力发电、光热发电、光伏发电、核能发电、地热发电、风能发电和海洋潮汐发电等。由于水力发电、光伏发电、风能发电和潮汐发电受地理位置的影响较大,具有间歇性和不稳定性,发电成本较高,而核能发电对技术水平的要求较高,因此目前世界上最主要的发电方式仍然是火力发电。但随着技术进一步发展和规模的扩大,新能源发电的成本会下降,火力发电的主体地位有可能被新能源发电所取代,从而增加对新能源的需求。例如,在太阳能利用方面,技术上是成熟的,但由于太阳能利用效率普遍偏低,成本较高,经济性较差,还不能(至少不容易)与常规能源竞争。随着太阳能利用效率的提高和成本的降低,经济上的竞争力将会增强,在未来还是可能与常规能源相竞争的。

（三）经济发展状况

随着国民经济的持续增长,能源需求日益增加,因能源生产结构、常规能源资源有限等因素的影响,能源供需矛盾逐步凸显。

我国能源供需缺口较大,并且将长时期存在,这就为新能源的发展提供了良好的发展机遇。由于新能源开发难度大,供给市场化起步晚,新能源商品化程度低,市场占有率仍然较低。一方面是持续扩大的能源供需缺口;另一方面是新能源的快速发展和低市场占有率。随着新能源技术的进步、新能源成本的下降和低碳社会的现实要求,新能源的市场占有率将逐步增加,面临较大的发展空间。在传统能源供需矛盾和化石能源消费带来的环境问题的双重压力下,对新能源的需求相应会增多。

### (四)政府的环保意识和环保政策

环境保护政策中对二氧化碳、氮氧化物、粉尘以及其他有害物质的排放限制,会抑制煤炭、石油、天然气等化石能源的使用,能源消费企业会逐步地改变能源消费结构,优先选择清洁的新能源,环境保护政策对新能源(如水力发电、光热发电、光伏发电、核能发电、地热发电、风能发电和海洋潮汐发电)的需求有促进作用。除上述介绍的几个主要因素外,季节与气温变化、新能源政策、消费者的主观偏好、消费习惯、传统能源的价格等也都会在不同程度上影响新能源需求。

# 第二节　新能源供给

## 一、新能源供给的基本概念

新能源供给是指在某一特定时期内,在每一价格水平上厂商愿意而且能够提供新能源的数量。根据定义,现实的新能源供给必须同时具备两个条件:一是厂商供给新能源的意愿;二是厂商供给新能源的实际能力,二者缺一不可,既有新能源供给的意愿又有新能源供给的实际能力才能形成现实的新能源供给。

## 二、新能源供给的主要影响因素

影响新能源供给的主要因素有新能源资源赋存、技术进步、政策因素、投入机制和市场环境。

### (一)新能源资源赋存

新能源资源赋存即新能源的蕴藏和储存量。新能源资源赋存是影响新能源供给的重要因素,是新能源供给的基础和重要保证。以我国为例,我国新能源分布广泛、资源丰富,几种主要新能源的资源赋存如下:

(1)太阳能。我国属太阳能资源丰富的国家,全国 2/3 以上地区年日照时数都大于 2 000 h,太阳能理论储量达 17 000 亿 t 标准煤/年。每年陆地面积接收的太阳辐射能相当于 2.4 万亿 t 标准煤,是 2050 年预期能源年总耗量的 280 倍。

(2)风能。我国气象局公布的首次风能资源详查和评价结果表明,我国风能开发潜力逾 25 亿 kW,陆上离地面 50 m 高度达到 3 级以上风能资源的潜在开发量约 23.8 亿 kW,我国 5~25 m 水深线以内近海区域,海平面以上 50 m 高度处可装机 2 亿 kW。

(3)生物质能。我国目前可供利用开发的资源主要为生物质废物,包括农作物秸秆、薪柴、禽畜粪便、工业有机废物、城市固体有机垃圾,以及自行培育的能源植物。此外,海洋能和地热能等其他新能源的蕴藏和储存量也很丰富,具备较好的开发和利用前景。

## （二）技术进步

目前大部分新能源技术尚不成熟，还处于产业化初期或研究开发阶段，技术进步是促进新能源发展的重要动力。在能源供给中，技术是一个重要的生产要素。从最原始的钻木取火到现在的风能发电等新能源技术的应用中可以看出，技术进步不断开辟着能源供给的新路径，是促进能源供给发展的重要推动力量。随着煤炭等化石能源的消耗以及化石能源对环境污染的加剧，世界各国对加大新能源的供给已达成了共识。在世界范围内，新能源技术尤其是太阳能、风能、生物质能等可再生能源技术的蓬勃发展，加快了新能源供给的实现步伐。

技术进步对新能源供给的巨大推动作用主要表现在以下三个方面：

（1）技术进步促进新能源资源的勘探和发现，拓展了新能源的种类，增加了新能源的储量。

（2）技术进步提供了新能源开发与利用的渠道，提高了资源的开发与利用效率，促进了新能源向可供利用能量的转化，是实现新能源供给的必要保障。

（3）技术进步拓宽了新能源利用方式，丰富了新能源应用领域，是推动新能源综合利用、循环利用、高效利用的关键因素。

## （三）政策因素

在现有技术水平与政策环境下，除水电和太阳能热水器有能力参与市场竞争外，大多数可再生能源开发利用成本高，再加上资源分散、规模小、生产不连续等特点，在现行市场规则下缺乏竞争力，需要政府政策扶持和激励。从国外的成功经验来看，发展新能源供给的关键是政府支持。政府诸如税收减免、财政补助、市场培育等优惠政策的支持是新能源产业发展的必要条件。目前，在新能源供给领域的政策体系还不够完整，经济激励力度较弱，相关政策之间缺乏协调，稳定性较差，还未形成支持新能源持续发展的长效机制。从世界范围看，新能源产业属于新兴产业，它作为一种战略性资源，在市场不完善的条件下，政府有必要对其进行政策干预。世界上很多国家均以制定新能源与节能政策为手段，通过一定的政府干预来协调宏观调控与市场机制的关系，促进新能源产业的发展。具体来说，影响新能源供给的能源政策主要有以下几大类：

（1）强制性政策。主要指政府制定的相关法律、法规和条例，政府批准的技术政策、法规、条例和其他一些具有指令性的规定。

（2）经济激励政策。向市场参与者提供经济激励来加强他们在新能源市场的作用。政府从财政和金融方面采取激励措施，是促进可再生能源技术商业化的重要政策手段。经济激励政策包括由政府制定或批准执行的各类经济刺激政策措施，如税收优惠、政府补贴、加速折旧、税收减免、低息贷款和信贷担保等。经济激励政策对新能源供给的主要着力点在于积极参与供给管理、引导资金流向、扩大新能源需求等方面，具体政策如制定和完善促进新能源发展的财税优惠和金融政策，从水资源、电价格、行政事业性和服务性收费等方面，对风力发电、光伏光热发电、生物质能利用等新能源项目给予特殊优惠。建立新能源产业资金保障体系，设立国家财政对新能源发展专项扶持资金。

（3）研究开发政策。是指新能源技术在研究开发和试点示范活动中，政府所采取的政策措施。国家对新能源研究开发政策主要体现在两个方面：一是资助新能源的研究与开发，给予大量的补贴；二是支持新能源的发展计划，制订并实施了一批较大型的发展计划。国家高度重视新能源和可再生能源领域的科技研发，通过建立国家实验室与研究中心等为机构和企业提供技术指导与支持。

（4）市场开拓政策。在新能源开发和利用过程中，采用某些有利于新能源技术进步的新运行机制和方法，如公开招标、公平竞争、联合开发方式等。同时，逐步开拓新能源消费市场，健全新能源市场供给机制。

### （四）投入机制

为了使新能源比传统能源更廉价，政府必须给新能源产业的发展提供强有力的资金支持。不少国家除实施大规模的产业投资外，还建立起节能与可再生能源发展基金，重点支持本国新能源的技术开发。这些发展基金主要来自电力附加费、污染税等，基金规模一般占到零售电量售价的 1%~4%。

### （五）市场环境

与常规能源成熟的技术和庞大的市场规模相比，新能源的开发利用成本普遍偏高，缺乏连续稳定的市场需求。以发电技术为例，如果燃煤发电成本为 1，则小水电的发电成本大约为 1.2 倍、生物质（沼气）发电为 1.5 倍、风力发电为 2.3 倍、光伏发电为 4 倍。高昂的成本是阻碍新能源市场化和商用化的直接原因。由于没有形成稳定的市场需求，自然很难吸引商家的投资，从而影响自身的发展。

新能源的开发利用成本高、难度大，在现行市场规则下缺乏竞争力，需要逐步改善市场环境，培养适合新能源供给的市场体制。

## 三、新能源供给的基本特点

### （一）新能源供给的可持续性

新能源资源储量丰富，具有可再生性特征，可供人类永续利用。例如，太阳能、风能、生物质能和海洋能等，不存在资源枯竭问题。我国新能源品种丰富，存量大，资源基础雄厚。我国新能源资源丰富，具有大规模开发的资源条件和技术潜力，可以为未来社会和经济发展提供足够的能源。因此，只要掌握了新能源开发和利用的技术，就能实现可持续性的新能源供给。

### （二）新能源供给的不稳定性

太阳能、风能等新能源由于受到昼夜、季节、地理纬度和海拔高度等自然条件的限制，以及气候变化等因素的影响，其能量供给极不稳定，还不具备大规模开发与供应的基础。太阳能、风能以及海洋能等新能源受时间影响较大，间断性的波动供能，致使持续性不强。

随着技术的发展,这种不稳定性也逐渐得到控制。目前已经有一些用于解决新能源供给不稳定性问题的方法,诸如,新能源的储备研究、新能源系统交互技术研究等。可以预见,随着新能源需求的增加,新能源的不稳定性将得到有效控制。

### (三)新能源供给的技术禀赋较强

新能源供给是以新技术为依托对新能源的开发利用过程。由于新能源高度分散,能量密度低,要使其转化成其他能量形式并储存起来,需要较强的技术禀赋。

技术禀赋是新能源供给的必备要素,相对于常规能源而言,新能源对技术的要求较高。目前,技术是制约新能源大规模供给的重要因素,新能源的开发、储存、转化、输送等各个环节都急需核心技术的支持。因此,新能源供给对技术禀赋提出了较高的要求。

## 四、新能源供给现状及发展前景

### (一)新能源供给现状

随着国际能源市场对新能源和可再生能源需求的不断扩大,世界新能源和可再生能源的开发利用开始进入商业化与产业化。

#### 1.太阳能

太阳能能源是来自地球外部天体的能源(主要是太阳)。人类所需能量的绝大部分都直接或间接地来自太阳。各种植物通过光合作用把太阳能转变成化学能在植物体内储存下来。煤炭、石油、天然气等化石燃料也是由古代埋在地下的动植物经过漫长的地质年代形成的。它们实质上是由古代生物固定下来的太阳能。地球上的风能、水能、海洋温差能、波浪能、生物质能以及部分潮汐能都是来源于太阳,所以广义的太阳能所包括的范围非常大,狭义的太阳能则仅限于太阳辐射能的光热、光电和光化学的直接转换。

太阳能发电主要有两种方式:光伏发电和光热发电。光伏发电系统采取的是光电转换方式,利用半导体界面的光生伏特效应而将光能直接转变为电能。光热发电是光热转换方式,将太阳能聚集起来,加热工质,驱动汽轮发电机进行发电。另外,还处于研究试验阶段的“光—化学”转换模式则是利用半导体将光能转换为电能,通过电解水制氢氧化钙以及金属氢化物分解储能。

“十四五”首年,我国光伏发电建设实现新突破,年度新增装机容量5 488万kW,同比提升13.9%,为历年以来年投产最多,连续9年稳居世界首位;累计装机容量突破3亿kW大关,达到3.06亿kW,连续7年位居全球首位。

集中式与分布式并举的发展趋势更加明显。2021年,分布式光伏年度新增规模约2 900万kW,历史上首次突破新增光伏发电装机容量的50%,约占53%。同时,在新增分布式光伏中,户用光伏的年度新增装机规模继2020年首次超过1 000万kW后,2021年首超2 000万kW,达到约2150万kW,发展势头强劲。消纳利用水平持续好转。2021年,全国光伏发电量3 259亿kW·h,同比增长25.1%,占全国全年总发电量的4.0%;利用小时数1 163 h,同比增加3 h;全国光伏发电利用率98%,与上年基本持平。新疆、西藏两地光伏消纳水平显著提升,光伏利用率同比分别提升 2.8 个百分点和 5.6 个百分点。

2021 年底,玉门鑫能 50 MW 太阳能热发电项目全面投运,我国太阳能热发电项目名单又添一员,累计装机规模持续上涨。截至 2020 年底,我国并网投运 8 座太阳能热电站,包含 2020 年底之前并网的中广核德令哈 50 MW 槽式项目等 7 座太阳能热发电示范项目和鲁能格尔木多能互补 50 MW 塔式项目(国家能源局多能互补示范项目)。通过运行调试、不断消缺,这些太阳能热发电示范项目的性能和发电量逐步提升。其中,作为我国首个大型商业化太阳能热示范电站,中广核德令哈 50 MW 槽式电站实现了连续运行 107 d 的记录,处于全球领先地位。首航高科敦煌 100 MW 熔盐塔式太阳能热示范电站 2020 年三季度发电量较 2019 年增长 31.3%,2021 年三季度再度增长 39.7%,目前电站各项性能指标仍在大幅度提升。青海中控德令哈 50 MW 太阳能热电站自 2019 年 10 月开始,除汽轮机发生故障的个别月份,绝大多数月份电站实际发电量达到或超过设计值。下一阶段,伴随大型风电光伏基地项目建设工作的陆续启动,我国太阳能热发电装机容量有望实现持续提升。

2021 年,我国光伏发电行业制造端的多晶硅、硅片、电池片、组件四环节年度合计产值突破 7 500 亿元,硅片、电池片、组件年度合计出口额超过 280 亿美元,创历史新高,制造端取得快速增长。2021 年,我国多晶硅年产量同比增长 28.8%,达到 50.5 万 t,连续 11 年位居全球首位;硅片年产量同比增长 40.7%,达到 22 700 万 kW;电池片年产量同比增长 46.9%,达到 19 800 万 kW;组件年产量同比增长 46.1%,达到 18 200 万 kW,连续 15 年位居全球首位。2021 年,多晶硅平均综合电耗同比下降 5.3%,硅片持续推进大尺寸和薄片化,N 型电池量产线开始布局,规模化生产的 P 型 PERC 电池平均转换效率同比提高0.3 个百分点,组件的最高功率从 2020 年的 600 W 提升至 700 W,龙头企业与中型企业差距进一步拉大。制造端各环节龙头企业加速扩产,多晶硅、硅片、电池片、组件四环节的产能均持续向行业排名前五名的企业(以下简称"top5")聚集。数据显示,2021 年,四环节top5 的年度合计产量占总产量的比例均超过 50%,其中多晶硅 top5 企业合计产量占比达86.7%、硅片 top5 产量占比达 84%;top5 平均产量同比持续提升,除多晶硅 top5 平均产量同比增长 27.5%,其他三环节增长幅度在 60%~70%。2021 年,颗粒硅市场关注度持续上升,市场占有率同比提升了 1.3 个百分点,达到 4.1%,伴随生产工艺的改进和下游应用的拓展,市场占比有望进一步提升。钙钛矿电池因其成本相对较低、光学和电学性能表现出色,在业内引发投资热潮,有望实现较快发展。

2.风能

风能是地球表面大量空气流动产生的动能。因地面各处受到辐射后气温变化不同和空气中蒸汽的含量不同,引起各地气压的差异,在水平方向高压空气向低压地区的流动,即形成了风。风能资源取决于风能密度与可利用的风能累计小时数。风能密度是单位迎风面积可获得的风的功率,它与风速的三次方和空气密度呈正比关系。风能量是丰富、近乎无尽、分布广泛、干净且能缓和温室效应的一种新能源,存在地球表面一定范围内。风能是由于空气受到太阳能等能源的加热而产生流动形成的能源,通常是利用专门的装置(风力机)将风力转化为机械能、热能、电能等各种形式的能量。风力发电是目前主要的风能利用方式。

风力发电的原理是利用风力带动风车叶片旋转,再透过增速机将旋转的速度提升,促使发电机发电。通常三级风就有利用的价值。而从经济合理的角度来看,风速大于4 m/s才适合发电,风力越大,经济效益也越大。按照风电场的位置不同,分为陆地风力发电场和海上风力发电场。海上风力发电的方式又可分为浅海座底式风力发电和深海浮体式风力发电两种。目前,荷兰维斯塔斯风电公司等将座底式风力发电在欧洲部分地区推向实用化,深海浮体式海上风力发电尚无先例。因海上风速更高并且易于预测,能够更好地解决并网问题,因而是目前风电发展的方向。

近年来,我国风电行业发展飞速。截至2021年底,我国陆上风电累计装机突破3亿kW,连续12年位居全球首位,海上风电累计装机达2 639万kW,跃居世界第一。最新数据显示,截至2022年11月底,全国累计风电装机量已达到35 096万kW,同比增长15.1%。同时,我国已具备大兆瓦级风电整机、关键核心及大部件自主研发制造能力,建立起了具有国际竞争力的风电产业体系,设备制造能力达到领先水平,全球最大风机制造国地位持续巩固加强。风电技术的快速迭代,带动我国风电成本快速下降。截至2021年,我国陆上风电平均度电成本较2012年下降48%。风电行业市场竞争力大幅提升,为2022年全面开展平价上网奠定重要基础。在风电等新能源领域,产业链成本的持续下降是必然趋势。风电产业链主要可分为上游零部件制造、中游风机整机制造、下游风电场建设运营等三个环节。其中,上游和中游为风电产业链的制造环节。风电大型化、规模化趋势可以降低度电成本,为风电带来成本优势,同时也对风电制造提出更高要求。加快推进技术迭代升级,更好满足能源市场需求,不仅是风电行业发展的迫切需要,更是整个风电制造产业争夺市场份额的必然选择。

风电零部件制造环节,也就是风电产业链的上游环节,主要包括叶片、轴承、齿轮箱、塔筒、发电机、铸件轮毂等,海上风电还包括海底电缆、桩基等。

零部件制造环节的生产专业性较强,部分细分领域具有较高技术门槛。近年来,在国家大力支持下,我国风电制造产业技术创新能力快速提升,带动产业链多环节国产化替代水平大幅提高,主要部件基本实现国产化。根据国际能源咨询公司伍德麦肯兹提供的数据,截至2019年,我国风电制造核心部件中塔筒国产化率达100%、发电机国产化率达93%、机舱国产化率达89%、齿轮箱国产化率达80%、变流器国产化率达75%、叶片国产化率达73%。但在部分关键环节,我国风电制造相关企业仍未能实现技术突破。例如,轴承环节的国产化替代程度整体相对较低,其中主轴轴承的国产化率为33%,齿轮箱轴承的国产化率不到1%。当前,我国风电行业已正式取消中央财政补贴,全面进入平价上网阶段。在风电设备大尺寸、大功率、大型化的发展趋势之下,我国最高已推出陆上6.7 MW系列机型与海上16 MW系列机型,制造的叶片最长达到103 m,最高轮毂高度超过170 m,风电制造技术门槛持续提升、行业规模明显扩大。下一阶段,在风机总成本中占比相对较大、技术门槛相对较高的部分环节实现技术突破,将成为整个风电行业降本增效的重要推动力量。

3.生物质能

生物质能是仅次于煤炭、石油、天然气的第四大能源,一直是人类赖以生存的重要能源之一。在世界能源消耗中,生物质能占总能耗的14%,但在发展中国家占40%以上。

广义的生物质能包括一切以生物质为载体的能量,具有可再生性。生物质能主要是指植物通过叶绿素的光合作用将太阳能转化为化学能储存在生物质内部的能量。生物质通常包括水生植物、油料植物、木材及森林、工业废弃物、农业废弃物、城市有机废弃物以及动物粪便。生物质能的能量转化途径主要有三种:直接燃烧、热化学转换和生物化学。

生物质发电是指利用生物质,通过直燃、混燃(直接混燃与气化混燃)和气化(直接气化与联合循环气化)三种方式进行发电,具体包括沼气发电、农林废弃物气化发电、农林废弃物直接发电、垃圾焚烧发电、垃圾填埋气化发电等。目前,国际上大力推广的是混燃技术(将生物质与煤、燃油等在传统锅炉内进行混合燃烧)发电。生物气化发电主要是通过垃圾掩埋方式获得的,其余的则是通过农业生物气化发电厂和沼气发电厂制备。生物燃料是指通过生物质生产生物乙醇和生物柴油等,来替代柴油和汽油。生物乙醇一般是以谷物、甘蔗以及其他含淀粉或者糖类的农作物及其废弃物为原料经过生物发酵的方法制成的。

我国理论生物质能资源为 50 亿 t 左右标准煤,是我国总能耗的 4 倍左右。在可收集的条件下,我国可利用的生物质能资源主要是传统生物质,包括农作物秸秆、薪柴、禽畜粪便、生活垃圾、工业有机废渣与废水等。农业产出物的 51% 转化为秸秆,年产约 6 亿 t,约 3 亿 t 可作为燃料使用,折合 1.5 亿 t 标准煤;林业废弃物年可获得量约 9 亿 t,约 3 亿 t 可能源化利用,折合 2 亿 t 标准煤。甜高粱、小桐子、黄连木、油桐等能源作物可种植面积达 2 000 多万 $hm^2$,可满足年产量约 5 000 万 t 生物液体燃料的原料需求,畜禽养殖和工业有机废水理论上可年产沼气约 800 亿 $m^3$。

2020 年我国生物质发电量超 1 300 亿 kW·h,我国生物质发电新增装机容量 543 万 kW,累计装机容量 2 952 万 kW,同比增长 22.6%。全年生物质发电量累计 1 326 亿 kW·h,同比增长 19.4%。其中,垃圾焚烧发电:2020 年新增装机 311 万 kW,累计 1 533 万 kW。全年累计发电量为 778 亿 kW·h,发电量较多的省份为广东、浙江、江苏、山东、安徽。农林生物质发电:2020 年新增装机容量 217 万 kW,累计装机容量 1 330 万 kW。全年累计发电约 510 亿 kW·h,发电量较多的省份为山东、安徽、黑龙江、广西、江苏。沼气发电:2020 年新增装机容量 14 万 kW,累计装机容量 89 万 kW。全年累计发电量为 37.8 亿 kW·h,发电量较多的省份为广东、山东、浙江、四川、河南。

2021 年上半年生物质发电继续保持高速增长,2021 年 1~6 月,生物质发电新增装机容量 367.4 万 kW,生物质发电累计装机容量达 3 319.3 万 kW,生物质发电量 779.5 亿kW·h,同比增长约 26.6%。年发电量排名前六位的省份是广东、山东、浙江、江苏、安徽和河南,分别为 97.7 亿 kW·h、90.7 亿 kW·h、69.2 亿 kW·h、65.4 亿 kW·h、56.0 亿 kW·h。

4.地热能

地热能的利用可分为两大类,即地热发电和直接利用。地热发电的原理与火力发电一样,均是利用蒸汽的热能在汽轮机中转变为机械能,再带动发电机发电。根据载热体类型、温度、压力以及其他特性的不同,可将地热发电方式划分为蒸汽型和热水型两类。由于受地理条件的限制,目前地热能开发比较缓慢,在全球还没有发展到商业化,解决的办法是推广热水型发电的双循环系统或增强地热系统技术。

地热能是一种新的洁净能源,在当今人们的环保意识日渐增强和能源日趋紧缺的情况下,对地热资源的合理开发利用已愈来愈受到人们的青睐。截至 2020 年底,全球地热发电装机容量为 15 608 MW,其中美国、印度尼西亚、菲律宾地热装机容量排名全球前三位,分别为 3 700 MW、2 289 MW 和 1 918 MW,占全球地热装机容量的比例分别为 23.7%、14.7% 和 12.3%。我国地热发电装机容量排第十九位,仅占全球地热发电装机容量的 0.22%,我国地热能利用程度较低,开发利用潜力大。

5. 海洋能

海洋能是指依附在海水中的可再生能源,海洋通过各种物理过程接收、储存与散发能量,这些能量以潮汐、波浪、环流、温度差及盐度梯度等形式存在于海洋之中。潮汐能和波浪能来自月球、太阳以及其他星球的引力,其他海洋能都源自太阳辐射。潮汐能是指海水在潮涨和潮落时形成的水能。它包括潮汐和潮流两种运动方式所包含的能量,其来源是源于月球和太阳对海水的引力作用。潮水在涨落中蕴藏着巨大能量,这种能量是永恒、无污染的能量。

潮汐能利用技术在海洋能利用技术中最为成熟,已经走向商业化阶段,形成了产业。除小型 10 W 航标灯用波浪能装置小批量生产外,波浪能利用的大型装置都还处在示范阶段,潮汐能与温差能利用装置也正处于示范阶段。

随着全球能源绿色低碳转型,海洋能开发日益受到重视,但仍主要处于技术研发阶段,产业规模较小,且经济性不高。据统计,目前全球已有 31 个国家开展了海洋能利用研究工作,其中美国、加拿大、澳大利亚、芬兰、法国、爱尔兰、意大利、葡萄牙、西班牙、瑞典和英国等国家一直处于海洋能源产业开发的前沿,开展了较多的测试项目并投入较多研发资金。截至 2020 年底,全球潮汐能、潮流能、波浪能、温差能和盐差能发电累计装机容量分别达到了 521.5 MW、10.6 MW、2.31 MW、0.23 MW 和 0.05 MW,潮汐能发电累计装机容量占海洋能累计装机容量的 98% 以上。目前,海洋能平准化发电成本仍处于较高水平,潮汐能/潮流能平准化发电成本为 0.2~0.45 美元/(kW·h),波浪能平准化发电成本为 0.3~0.55 美元/(kW·h)。

中国海洋能发展也已经由装备开发进入到了应用示范发展阶段。根据国际能源署测算,中国运行和在建海洋能发电装机规模约为 7.5 MW(其中潮汐能 4.35 MW,潮流能 2.15 MW,波浪能 1 MW),年并网发电量约为 7 GW·h。

潮汐能是目前发展最为成熟且已实现商业化应用的海洋能,主要利用方式是发电。潮汐能利用海湾、河口等地形,建筑水堤,形成水库,利用潮差所产生的能量进行发电,平均潮差 3 m 以上即具有实际应用价值。就具体发电方式而言,潮汐能发电分为单库单向电站、单库双向电站和双库连续发电电站,由于双库连续发电经济性较差,应用较少。潮流能发电原理是将水流水平运动产生的动能转化为机械能再转化为电能的过程,发电装置主要分为水平轴水轮机、垂直轴水轮机、潮流风筝、振荡水翼式、阿基米德螺旋式等方式。载体方式分为桩柱式、底座式、漂浮式等。目前,潮流能发电装置主要采用的是水平轴水轮机,占到了潮流能产业研发投资的 76%,且已经实现了兆瓦级别的应用;垂直轴水轮机、潮流风筝和振荡水翼式仅有样机海试或小规模入网试验。阿基米德螺旋式尚未进行海试。水平轴潮流能水轮机主要包括风车式、空心贯流式和导流罩式三种。英国是目前潮流能发电技术最先进的国家,开发利用早、投产项目多。中国是世界上为数不多的掌握规模化潮流能开发利用技术的国家,技术研究机构包括浙江大学、哈尔滨工程大学等。浙江大学在舟山摘箬山岛研发的 650 kW 大长径比高效水平轴海流能发电机组于 2017 年完成研制并成功并网发电,并于 2020 年再次并网发电。位于浙江舟山秀山岛东南海域的第一期 LHD 潮流能发电装置装机容量为 1.7 MW,已连续并网运行约 57 个月,累计上网电量超过 167 万 kW·h;2022 年 2 月,单机 1.6 MW 潮流能发电机组"奋进号"在舟山下海,使得 LHD 潮流能发电工程总装机容量达到 3.3 MW,3 月 10 日实现并网,并网功率为 1.03 MW,标志着我国潮流能开发利用向低成本、规模化应用迈出了重要一步。哈尔滨工程大学研发的"海能Ⅲ"由两个 300 kW 垂直轴式潮流能机组构成,采用漂浮式的载体方式,已进行过海试。波浪能发电主要是将海洋表面波浪的动能和势能转换为电能的过程。近年来,波浪能开发技术逐步走向成熟,部分装置实现了产业化应用,但目前波浪能技术种类较为分散,尚未有明确的技术方向,未进入到技术收敛期。波浪能发电一般可以分为振荡水柱式、浮子式和越浪式,又可进一步细分成多种技术领域。参考国际能源署,八种主要的波浪能利用装置分别是:振荡水柱式、衰减器式(筏式)、点吸收式、振荡摇摆式、旋转质量式、水下压差式、越浪式和激波式。

温差能发电技术是一种通过利用海洋表层水和深海水域之间的温差(热梯度)来产生能量的过程或技术。一般可按照热力循环分为开式循环、闭式循环和混合式循环。为提高温差能利用效率和安全性,国际上自 2010 年之后建成的温差能发电系统均采用闭式循环。盐差能发电是将盐浓度不同的海水之间的化学电位差能转化为电能的过程,主要分为渗透压法和反向电渗析法两种方法。挪威开展盐差能研究较为积极,Statkraft 公司建造了 15 kW 的水塔式渗透压盐差能装置,SaltPower 公司正在开展渗透压盐差能商业化应用,REDstack 公司开展了反向电渗析法样机研发。然而,全球范围内盐差能研究始终未能进入实际应用领域。

(二)新能源发展趋势

根据欧洲联合研究中心(JRC)的预测,到 2030 年可再生能源在全球能源结构中的比例将达到 30% 以上,2040 年可再生能源将占总能耗的 40% 以上,2100 年可再生能源在全球能源结构中将占到 80% 以上,基本上完成对传统化石能源的替代。随着技术进步和规模扩大等因素的影响,新能源和可再生能源的发电成本将逐步下降,如果考虑到其代理的社会和环境方面的收益,新能源和可再生能源在电力系统中将越来越具有竞争优势。尤其是因上游成本"瓶颈"的突破和产业链的初步形成,新能源和可再生能源中的风能和太阳能已具备明确的产业化前景。随着生产规模的扩大、生产工艺的提升,风能和太阳能发电成本有可能在 3~5 年内大幅度降低,达到或接近核电的发电成本,将大大低于火力发电的成本。至于光伏发电成本何时能降到与常规能源发电成本相当,各国给出的预期有所不同。总之,随着光伏发电成本的下降,实现平价上网已经为期不远了。若考虑到碳税等方面的影响,这一成本优势还将进一步扩大。可再生能源供热、供暖及生物质燃料的成本也在逐年下降。

近年来,许多国家制定了可再生能源发展目标、法规与政策,支持可再生能源的发展,可再生能源产业规模在逐步扩大,技术水平不断提高,新能源已成为实现经济可持续发展的重要能源。

**1.风电**

(1)大规模化。随着风力发电技术的不断成熟,风电场的规模越来越大,单个风力发电机组的容量也不断增加。目前,全球最大的风力发电机组的容量已经超过 18 MW。

(2)低成本化。风力发电的成本一直是制约其发展的主要因素之一。未来,风力发电技术将会更加成熟和普及,随之带来的是成本的不断降低,从而使其更具竞争力。

(3)智能化。随着智能化技术的不断发展,风力发电系统将实现更高效、更可靠的运行管理。智能化技术将成为风电行业未来的重要趋势之一。

(4)绿色发展。在全球气候变化日益加剧的背景下,绿色发展成为了世界各国的共同目标。风力发电作为一种清洁能源,将会得到更加广泛的应用和发展,以满足人们对能源环保、可持续发展的需求。

(5)多能互补。随着能源的多元化发展,未来风力发电将会与其他清洁能源如太阳能、水能等形成多能互补的发展模式,以更好地满足人们对清洁能源的需求。

(6)智慧电网。未来的电网将会越来越智能化,能够实现更加灵活的能源调度和优化。风力发电系统将会与智慧电网紧密结合,以实现更高效、更可靠的电力供应。

**2.太阳能光伏**

太阳能光伏电池在未来的应用中,主要以染料敏化太阳能电池、高效低价硅丝光电池、太阳能炼硅技术、高效聚光硅基电池为主。染料敏化太阳能电池是由多层结构组成,通过类似光合作用的过程形成太阳能电池,转换效率也比较理想。硅金属丝太阳能电池能够大范围吸收太阳能光谱,借助硅丝自身的结构特点,节省了高纯度硅的消耗量,高效低价硅丝光电池的转换效率较高、成本低廉。太阳能炼硅技术借助太阳能炉应用,在直径为2.6 cm左右的球体范围内聚集一万倍以上的太阳光,得到充足的能量进行高纯度硅冶炼,该技术大大提高了光电池的电力,以此技术为基础的高效聚光硅基电池的转换效率较高。以上各项技术手段是太阳能电池未来的应用趋势,目前需要持续不断地探究和发展。太阳能光伏发电技术在未来的应用和发展中,通过对可再生能源的充分利用,大大降低了对环境的污染和对化石能源的消耗,体现了我国建设所遵循的可持续发展理念。太阳能光伏发电技术的应用前景体现在分布式光伏电站的推广应用、光伏建筑一体化应用、混合式光伏发电系统设计、太阳能商品四个方面。光伏发电站的推广使用结合社会用电的需求最大限度地丰富了发电的类型,将独立的发电系统设立在偏远地区,降低了发电成本,解决了电网延伸不足的问题。光伏建筑一体化指的是将光伏发电技术和建筑结合在一起,不仅体现了清洁环保的设计理念,当供电系统发生故障无法正常运行时,光伏建筑内的供电将会不受到异常故障的影响,例如太阳能光伏屋顶、墙壁、窗户的设计就是该应用下的重要产物。混合式光伏发电系统是一项组合设计,结合了光伏发电系统和其他发电系统,将多种发电系统的优势结合在一起,把单个发电系统中的缺点规避和消除。太阳能商品应用广泛,形式多样,设计简单,为人们的生活体验带来全新的改变。

**3.生物质能**

生物质分散供热和天然气替代技术和产品处于快速发展阶段,产业规模、经济效益、减排效益日益显著;城镇、乡村分散利用生物质能源作为生活能源的技术、产品日趋成熟,国家/地方政府对新型城市化中利用生物质能源政策措施进一步强化,分布式生物质能技术为新型城镇化提供能源供应和环境保护解决方案的地位初步确立。此阶段发展的重点产业包括:生物质气化集中供气系统、生物质集中供热系统、生物质热电气联供系统、生物质替代 LPG 燃料集成系统、垃圾热解焚烧设备、垃圾/生物质混合碳化/气化系统、垃圾分级及综合利用、户用沼气模块化系统等。传统燃煤燃气替代、城镇/农村清洁生活能源供应、农村生态环境保护是生物质能分布式利用的三大发展方向,相关核心技术包括碱金属腐蚀及结焦控制技术、高效生物质气化技术、生物质热解/碳化技术、秸秆干发酵技术,生物质气化燃气净化技术,生物燃气净化提纯技术、生物燃气低污染燃烧及发电技术等。其中,生物质能燃煤燃气替代方面,关键技术已基本成熟,大部分系统完成应用示范,如果在政策和经济性方面具备条件,预计在 5～10 年内可实现产业化并进行大规模推广应用;农村生态环境保护方面,秸秆等固废利用技术已具备产业化条件,分散规模的垃圾/污水处理系统、户用沼气升级、秸秆沼气制备等关键技术处在研发阶段;城镇/农村清洁生活能源供应方面,生物质清洁利用技术处于工程示范阶段,核心技术问题包括生物质成型燃料家用采暖模块化技术、生物质家用燃气模块化技术等。基于目前相关核心技术的研发及其应用现状,我国分布式生物质能源技术近期主要处于进行技术完善和应用示范阶段,预计到 2030 年前大部分关键技术将基本成熟,具备产业化的条件。

4.地热

(1)热泵技术是地热利用较为成熟的技术,目前已进入商业化发展阶段。地源热泵是陆地浅层能源通过输入少量的高品位能源(如电能),实现由低品位热能向高品位热能转移的装置。20 世纪末,地源热泵技术设备趋于完善,欧美国家开始大力推广地源热泵的应用。21 世纪以来,地源热泵得到大面积推广应用,国内地源热泵产业也呈现出高速发展态势。整体看,我国地源热泵产业发展无论是研发还是应用都走到世界前列,地源热泵的从业企业已从最初的寥寥数家增加到数千家,应用地域已从北京、沈阳等试点城市扩大到天津、河北、辽宁、江苏、上海等众多地区。

(2)地热发电技术是地热科研的主要研究领域。全球地热发电模式主要包括适用于高温热田的干蒸汽发电系统、适用于中高温热田的扩容式蒸汽发电系统、适用于中低温热田的双循环发电系统,其中扩容式蒸汽发电系统在地热发电市场占比约 57%,是地热发电的主力。法国市场调查公司 Report Linker 预计,2020～2027 年间,上述三种发电系统的年均复合增长率将分别达到 8.4%、10.6%、8.8%,到 2027 年,扩容式蒸汽发电系统仍将占据全球地热发电市场的主要份额。

目前我国在中高温地热发电技术领域最成熟、成本最低,中低温地热发电技术成熟度和经济性还有待提高,干热岩发电系统则处于研发阶段。随着中低温地热发电及增强型地热发电系统关键技术的突破,我国地热能开发利用将逐步向地热发电高端业务延伸。

(3)干热岩地热资源开发是地热研究的热点,未来的发展方向是经济高效干热岩开发利用技术。干热岩内部不存在或仅存在少量流体,全球探明的地热资源多数为干热岩型地热资源。干热岩温度高,开发利用潜力大,应用前景广阔。目前涉及干热岩的高温钻井完井技术,以及压裂技术、换热和发电技术,均处于试验阶段。增强型地热系统是开发干热岩型地热资源的有效手段,通过水力压裂等储层刺激手段将地下深部低孔、低渗岩体改造成具有较高渗透性的人工地热储层,并从中长期经济地采出相当数量的热能加以利用。随着研究的不断深入,增强型地热系统的概念也不仅仅局限于干热岩内,一些传统的地热储层,如温度较高的富水岩层,也可以经过适当的改造而形成增强型地热系统加以利用。

我国陆区干热岩资源勘查已确定几个利于开发的靶区,未来开发深部干热岩资源无疑是我国地热资源开发的一项重要课题。考虑到储层深度大、储层低孔低渗且赋存条件复杂等因素,储层改造和高温深井的钻井完井技术依然是我国今后干热岩开发的核心问题。

5.海洋能

一是要推动潮流能、波浪能等规模化利用和装备成熟,二要加快建立和完善产业发展配套政策措施,三是加快产业发展公共支撑服务平台建设,四要发挥好社会组织推动产业发展和技术进步的作用,筹备建立中国海洋可再生能源产业联盟。

# 第三节　新能源和可再生能源投融资分析

## 一、新能源和可再生能源投资

由于新能源和可再生能源在世界能源供应中占据着越来越重要的地位,世界各国十分重视新能源和可再生能源的开发利用。从新能源和可再生能源的发电技术来看,可持续能源领域的投资主要集中在风能行业,排在第二位的是太阳能。

## 二、新能源和可再生能源的投资特点

(1)风能、太阳能仍然是新能源投资的重点和热点。目前,太阳能、风能、乙醇和生物燃油等已经成为有竞争力的能源形式。近十年来,全球乙醇燃料和风能的消费表现出快速增长态势,而太阳能的消费呈现出平稳状态。其中,风能、太阳能、氢能和燃料电池以及生物质能的发展速度比较快。活跃的新能源投资将进一步促进全球新能源市场的持续繁荣。技术相对成熟的太阳能和风能仍然是新能源产业投资的重点。

(2)发达国家仍是新能源市场主力,新兴国家成为投资重点。由于新能源产业发展是从发达国家开始的,发达国家一直是利用新能源的主力军。从新增金融投资额的区域分布来看,欧洲的新增金融投资额达到437亿美元,占全球金融投资额的36.7%。北美和南美洲的新增金融投资额为323亿美元,占全球金融投资额的27.1%。可见,欧洲和美洲新增金融投资额占全球金融投资额比例高达63.8%。随着全球环保意识提高,印度、中国等新兴国家已成为新能源发展的重要力量。发达国家的新能源企业已经在新兴国家投资建厂,风险资本、私募基金等投资机构纷纷涌入。

(3)新能源产业战略特征日趋显著。在2008年金融危机之前,为了降低对石油的依赖程度,世界各国将发展新能源产业作为国家的替代能源战略。2008年金融危机后,新能源产业战略特征越来越明显,各国都将发展新能源产业作为本国应对危机、寻找新的经济增长点、承担温室气体排放责任的手段。新能源产业已经从单纯的替代能源上升至国家摆脱金融危机、占领未来经济新增长点的重要举措。

## 三、新能源和可再生能源的融资分析

从新能源和可再生能源供给的发展历程来看,大部分新能源利用始于20世纪70年代,普及于20世纪90年代初。国外新能源和可再生能源经过几十年的发展,投融资体系已日臻完善,在新能源和可再生能源的整个生命周期内提供了各种融资手段。新能源融资方式主要有政府财政支持、风险资本、私募基金、上市融资、碳交易融资、信贷、资产并购等。

根据弗农的产品生命周期理论,一个产品的生命周期可以划分为新产品的引入阶段、新产品的成长成熟阶段和标准化阶段。在生命周期的不同阶段,产品特征、生产投入和市场结构都是不一样的。因此,在新能源产业发展的不同阶段,新能源的融资方式也有所不同,这有效地促进了新能源和可再生能源的商业化发展。

(1)技术开发阶段。在新能源和可再生能源的技术开发阶段,R&D投资是制约生产的关键因素,在这个过程中存在巨大的风险和不确定性。在这个阶段必须有足够的利益激励来诱导企业进行研发投入,并承担风险。因此,新能源和可再生能源在技术开发阶段,融资方式主要是依靠政府投资。此外,风险资本与私募基金也会以天使投资的形式融资。

(2)试点示范阶段。尽管新能源技术已经具备实用化,但是还不成熟,风险投资与私募基金通过风险投资支持新能源技术朝商业化方向发展,扶持创业企业运营。

(3)商业化阶段。在新能源技术成熟阶段,日益标准化的生产技术使得生产过程中的规模经济效应越来越明显。为了降低生产成本,提升企业竞争力,企业通过证券市场上市或并购来融资,以实现规模化经营。与此同时,风险资本与私募基金也通过这一途径退出,获得其应有的收益。

(4)形成产业集群阶段。新能源技术广泛铺开,企业可以在债券市场融资,或者是通过碳金融市场实现环境效益(减排)的市场收益。

## 四、新能源和可再生能源发电成本的特点

与煤炭、燃油、天然气等常规能源相比,新能源和可再生能源的发电成本有如下特点:

第一,新能源和可再生能源的发电成本变化快,成本核算和计量难度大。与已经成熟稳定的常规化石能源相比,新能源和可再生能源技术不断演化升级,其发电成本也在不断变化。由于新能源和可再生能源技术在短时间内的快速进步,新能源和可再生能源的发电成本每年甚至更短的时间都在变化。因而,新能源和可再生能源的发电成本核算和计量比较困难。

第二,从长期来看,新能源和可再生能源的发电成本有程度不同的下降空间。可再生能源是新兴的产业,在可再生能源开发利用的初期,成本一般较高,随着技术进步和产业规模的扩大,可再生能源成本表现出下降的趋势,且下降空间较大,尤其是太阳能光伏发电和风能发电的成本在逐年下降。

第三,新能源和可再生能源的初始投资成本高,资金成本比例大,原料/燃料成本小。大部分可再生能源发电项目的初始固定资产投资规模大,长期运营中,资金成本在总成本中所占比例大,而运行与维护成本则较低,原料/燃料成本在总成本中所占比例很小或不计。

第四,新能源和可再生能源发电存在一定的隐性成本。风能、太阳能以及海洋能等资源具有自然资源的属性,具有间歇性的特点,因而,风电、太阳能发电、海洋能发电等可再生能源发电也有间歇性,不可能提供稳定的电力输出。可再生能源发电既不能调峰,也不能作为稳定的基荷,其电力品质相对比较差。可再生能源电力上网,除电网常规的延伸建设外,还需要电网配备额外的补偿设备,这增加了可再生能源的电力成本。目前,这一部分的隐性成本在可再生能源电力成本核算中没有被考虑进去。由于该隐性成本与整个电网的布局、建设等因素有关,因此,难以定量计算可再生能源电力上网的隐性成本。

## 五、新能源和可再生能源的价格体系

除水电外,制约可再生能源发电发展的主要因素是上网条件和上网电价。强制上网政策是促进可再生能源发电发展的前提。由于可再生能源具有间歇性,无论从安全和技术角度,还是出于对经济利益的考虑,电网对可再生能源发电持一种忧虑和排斥的态度。因此,为了促进可再生能源发展,一些国家采用强制手段,实行可再生能源电力强制上网政策。德国、丹麦、瑞典、瑞士、希腊及葡萄牙等国家均实施了可再生能源发电的强制上网政策,并取得了很好的成效。

可再生能源电力能够上网后,影响可再生能源电力市场发展规模的重要因素是电价。目前,为了促进可再生能源发电的发展,许多国家采用合适的价格政策为可再生能源发电提供合理的收益保障。因可再生能源资源条件差异,经济发展水平和负担能力不同,各国在支持可再生能源电价政策的表现形式和价格水平上也有所不同。为了保障可再生能源发电的合理收益,各国的可再生能源发电不是直接参与电力市场的价格竞争,而是根据政府法规与政策实行特殊的优惠上网电价。

(1)固定电价体系。固定价格是指政府直接明确规定各类可再生能源电力的市场价格,电网企业必须根据此价格向可再生能源发电企业支付费用。目前,实施固定电价政策的国家已经超过40个,欧盟中有12个国家采用了固定电价政策,另外,美国的一些州也实施了类似的政策。实施这种价格体系的典型国家是德国,德国实施固定电价的效果非常显著。可再生能源由于其资源分布的地域差异,各公司支付可再生能源发电高电价的额外负担是不均衡的。但德国法律规定,四大输电公司平均承担这些额外费用,并通过四大输电公司之间的结算来实现额外费用的平衡。

(2)浮动价格体系。浮动价格体系是参照常规电力销售价格,制定一个合适的比例,可再生能源发电价格随常规电力的市场变化而浮动;或者是以固定奖励电价加上浮动竞争性市场电价作为可再生能源发电的实际电价。浮动价格体系既考虑到了可再生能源的发电实际成本,又与电力市场的电力竞价机制挂钩。西班牙是浮动价格体系的代表国家。

(3)招标电价体系。招标电价是指政府对特定的一个或一组可再生能源发电项目进行公开招标,综合考虑电价和其他指标来确定项目的开发者。在此体系下,评标的主要因素之一是项目电价,因此中标的可再生能源发电项目得到的电价是确定的、固定的,而对于每一个或每一组项目来说,得到的电价都各不相同。

英国非化石燃料公约招标采购制度已实施数年,取得了一定的效果,可再生能源的开发成本大幅度下降。但是,竞争性也带来了一定的缺点,由于竞标得到的价格过低,造成合同的履行率很低,许多投资商不能按照合同建成项目。

(4)绿色电力价格体系。绿色电价(电力价格)是政府根据机会成本法制定的可再生能源电力价格,终端消费者按照规定价格认购一定数量的可再生能源电量,认购后颁发的"绿色证书"一般不用于以盈利为目的的交易,而是作为对消费者支持绿色电力的一种表彰。绿色电价是否可行,依赖于居民和企业对绿色电价的认同与支付能力,只有在那些公众(企业)社会责任意识较强、居民收入水平较高的国家与地区才会有效。采用绿色电力价格体系的典型国家是荷兰。

## 六、可交易绿色证书机制

### (一)可再生能源配额制的基本概念

可再生能源配额制的概念最初是由美国风能协会在加利福尼亚公共设施委员会的电力体制改革项目中提出的,随后该政策以各种形式被传播到世界多个国家。由于政府设定或直接干预新能源和可再生能源的上网电价,可能会因市场机制的缺失,导致发展新能源和可再生能源的社会成本偏高,进而影响到新能源和可再生能源的发展与推广。因而,基于可再生能源配额制的可交易绿色证书机制,已逐渐成为发达国家鼓励与推动新能源和可再生能源发展的创新政策。

可再生能源配额制是指一个国家或者一个地区的政府用法律的形式对可再生能源发电的市场份额做出的强制性的规定,其主要做法是政府在电力生产和销售中以法律的形式规定可再生能源发电在电力供应中必须达到一定比例,并对相应的责任主体(电力生产商、电力零售商等)形成配额,即一定时期内必须完成的一定量的可再生能源电力生产或电量消费,否则将进行处罚。与此同时,政府还核准责任主体需要完成可再生能源电力生产或电量消费,并颁发相应的绿色证书,以此凭证来与配额相匹配,对于那些未能完成配额的责任主体,为了弥补其应尽的配额责任,可以在绿色证书交易市场上购买超额完成配额的责任主体的多余绿色证书。

### (二)可再生能源配额制的基本特征

(1)配额具有法律的强制性,它是通过法律和法规的形式,保障在较长时期内实现可再生能源的量化发展目标,即保证可再生能源发电的市场需求。

(2)通过建立市场竞争机制,达到最有效地开发和利用可再生能源资源的目的。

(3)对于可再生能源发电高出常规电价的差价,应该采用社会分摊原则,即消费者分摊原则。谁消费谁分摊,多消费多分摊。充分体现出可再生能源发电产生的环境和社会价值。

## (三)可再生能源配额制的运行机制

在配额制的运行机制设计中,第一,规定一个明确的可再生能源发展目标;第二,确定由哪个部门负责组织,包括对整个过程的监管;第三,指定一个配额义务承担者来具体执行;第四,规定目标实现的过程中需要完成哪些具体的义务。此外,还要制定一个基于立法的奖励或惩罚措施保证实施。

在可再生能源配额制政策下,义务承担者为了完成义务,可采用以下两种方式:一是义务承担者自己建设可再生能源发电设施;二是从其他已经完成了规定配额的电力企业手中购买其超额完成的"义务量",从而获得绿色证书。因此,可再生能源发电可以在电力市场与绿色证书市场上实现交易。

(1)证书注册。实施可再生能源强制目标,旨在激励已有可再生能源发电站额外发电和鼓励新建可再生能源发电项目。因此,基准平均发电量由管理办公室确认;基准之上的额外发电量,合法实体有权创造大规模发电证书(LGCs)。新装的小型可再生能源系统,遵照当地、州、联邦政府的要求,由清洁能源委员会取信的单位安装,使用清洁能源委员会公布的信用列表内的系统组件,并取得合格许可后,可申请创造小规模技术证书(STCs)。STCs 应在系统安装 12 个月内申请,因注册、销售过程烦琐,系统拥有人通常分配 STCs 给第三方代理人(例如零售商或安装单位)注册、交易。所有的证书均通过网络在可再生能源证书(REC)注册器上直接创造,经管理办公室确认后方可用于买卖和提交。

(2)义务比例。大规模可再生能源目标指明了在 2030 年前,每年可再生能源发电站的发电量。每年的可再生能源比例(RPP)依据当年可再生能源发电目标、估算义务主体电力的获得量、前一年证书提交超额或不足、每年免税证书预期量等由可再生能源管理办公室发布。义务主体适用的年度 RPP 和向电网获得的总电量,决定当年其应购买和提交的证书量。

(3)证书交易。电站除去卖给电网的电力,可将 LGCs 在开放的市场上交易给有义务的实体,获得额外收益。STCs 代理人为了获得其所有权,会支付给系统拥有人一定的财务利益,如其价值可在系统安装时预先作为补贴。STCs 可在市场上自由交易,此外,作为保障,管理机构还专门为 STCs 成立了自愿的结算所,以 40 澳元的固定价格交易 STCs 的中心措施。证书的所有权通过交易人之间的付款合同,直接在线转让。

(4)证书提交。法律要求义务主体每年分别购买并提交满足其义务的 LGCs 和 STCs 证书,提交后的证书不再有效,不可再进行买卖。当年没有提交规定数量的义务主体,需要支付差额费。任何证书拥有者,包括所有者、代理人、义务主体等,可以在任何时间自愿提交证书,从而相对创造更多市场需求,提高证书市场价格。

(5)太阳能乘数。太阳能乘数是额外增加合格的新装小型发电系统产生的 STCs 数量的机制,要求太阳能光伏系统装机容量不超过 100 kW,小风电装机容量不超过 10 kW,小水电系统不超过 6.4 kW,并仅适用于在合适地点(如家庭、公寓住宅、商店等)首先安装的 1.5 kW 并网单元或 20 kW 离网单元(当立法规定的年度离网目标未达到时)。根据系统适用的太阳能乘数的倍数,使合格系统在通常情况下所创造的 STCs 数目翻倍,来增加系统可创造的 STCs 总数。

# 参考文献

[1]张恒旭,王葵,石访.电力系统自动化[M].北京:机械工业出版社,2021.

[2]韩常仲,蔡锦韩,王荣娟.电气控制系统与电力自动化技术应用[M].汕头:汕头大学出版社,2022.

[3]滕福生,滕欢,周步祥,等.电力系统调度自动化和能量管理系统[M].2版.成都:四川大学出版社,2021.

[4]何良宇.建筑电气工程与电力系统及自动化技术研究[M].北京:文化发展出版社,2020.

[5]张静.电力系统分析与仿真[M].南京:东南大学出版社,2022.

[6]张建宁,吕庆国,鲍学良.智能电网与电力安全[M].汕头:汕头大学出版社,2019.

[7]李颖,张雪莹,张跃.智能电网配电及用电技术解析[M].北京:文化发展出版社,2019.

[8](美)阿里·凯伊哈尼.智能电网可再生能源系统设计原书[M].2版.刘长浥,贺敬,译.北京:机械工业出版社,2020.

[9](日本)佐藤拓郎,(美国)丹尼尔·M·卡门,段斌,等.智能电网标准:规范、需求与技术[M].周振宇,许晨,伍军,译.北京:机械工业出版社,2020.

[10]王林.火电厂热工自动化技术[M].哈尔滨:哈尔滨工业大学出版社,2020.

[11]江得厚,董锐锋,张雪盈.超低排放燃煤机组运行分析与灵活性控制[M].北京:中国电力出版社,2020.

[12]岳光溪,顾大钊.煤炭清洁技术发展战略研究[M].北京:机械工业出版社,2021.

[13]李春.新能源与发电技术研究[M].北京:中国商业出版社,2021.

[14]年珩.新能源发电技术[M].北京:机械工业出版社,2023.

[15]焦岳超,卞芳方,刘勇.新能源发电与并网技术研究[M].哈尔滨:哈尔滨工业大学出版社,2021.

[16]朱永强,赵红月.新能源发电技术[M].北京:机械工业出版社,2021.

[17]王长贵,崔容强,周篁.新能源发电技术[M].北京:中国电力出版社,2023.

[18]沈润夏,魏书超.电力工程管理[M].长春:吉林科学技术出版社,2019.

[19]唐志伟,王景甫,张宏宇.地热能利用技术[M].北京:化学工业出版社,2018.

[20]冯斌,孙赓.电力施工项目成本控制与工程造价管理[M].北京:中国纺织出版社,2021.

[21]刘念,吕忠涛,陈震洲.电力工程及其项目管理分析[M].沈阳:辽宁大学出版社,2018.

[22]刘树森.配电网规划设计技术[M].沈阳:辽宁大学出版社,2017.

[23]李立涅,郭剑波,饶宏.智能电网与能源网融合技术[M].北京:机械工业出版社,2018.

[24]钱显毅,张刚兵.新能源及发电技术[M].镇江:江苏大学出版社,2019.

[25]孙瑞娟.新能源发电技术与应用[M].北京:中国水利水电出版社,2020.

[26]韩巧丽,马广兴.风力发电原理与技术[M].北京:中国轻工业出版社,2018.

[27]褚景春.海洋潮流能发电技术与装备[M].北京:电子工业出版社,2020.